管理資訊系統概論

徐茂練　編著

全華圖書股份有限公司　印行

序

自從資訊技術開始應用到企業組織，資訊管理這個學術領域就開始發展，至今越是凸顯其重要性。資訊管理主要的任務是連結資訊科技與組織應用，而管理資訊系統是資訊管理這個學域的主要專業領域，甚至我們可以用管理資訊系統來代表資訊管理學域。

更具體而言，我們把管理資訊系統視為一系列應用於管理工作的資訊系統的集合。管理工作的代表內容是擬定決策、規劃與控制、溝通與協調、組織與領導，管理資訊系統的目的是要支援包含策略戰術與作業層面的這些管理活動。管理工作最主要的目的是要提升績效，可以用效能及效率來衡量；或者從策略的角度說，管理工作最主要的目的是提升競爭優勢，可以用獲利及持續獲利來衡量(政府、非營利機構或社會企業會有不同衡量方式)。在這裡，我們將管理資訊系統定位為：採用資訊系統以提升績效或提升競爭優勢。

採用資訊系統是一個投資的概念，其基本原理就是成本效益評估。然而適當的資訊系統要能夠與使用者單位密切結合達成績效目標，卻是一件不容易的工作。首先是使用者的需求要先把握，才能購買或設計適當的系統。使用者的需求是複雜的，可能需要不同類型、不同來源的資訊；系統在技術上也是日新月異、千變萬化，這造成系統的選擇或建置相當困難。

如果從組織層面來講，問題就更棘手，組織有不同使用者要用不同的系統，組織資訊需求也是全面性的，欲了解組織的資訊需求極其相對的重要性，是複雜的工作，此項工作完成才能得出系統發展的優先順序。尤其現今的資訊系統，使用者已經不限於組織員工，還包含供應商、合作夥伴、顧客甚至社會大眾，資訊需求的複雜度更高。

資訊系統需要與組織緊密連結，這需要技術與管理部門合作，管理資訊系統這門學科，至少要包含技術面、管理面的專業知識。技術面指的是資訊技術、分析模式以及資訊系統發展的能力；管理面指的是策略規劃、投資評估與財務規劃、組織流程、使用者行為以及資訊資源管理。實務上面對這麼複雜的需求與技術的多變，資訊系統的策略規劃、系統設計與評估等議題，需要有一個完整的架構來引導一系列的決策，提升資訊系統的效益，本書就是在這個考量之下而誕生的。

本書首先運用基本的邏輯架構來描述管理資訊系統的定義、重要性，再介紹資訊通訊技術相關元件，對於系統的角色與內涵，有了明確的說明；其次，針對系統發展，從策略規劃到系統發展流程及專案管理，均有詳細介紹，提供系統發展流程；最後說明管理資訊系統在各個領域的實務應用。本書寫作時文筆相當淺顯易懂，也引用許多實例說明，每章之後均有與該章主題相關之實務個案，以供討論，是一本相當適合大專院校管理資訊系統課程之教科書，或資訊管理相關課程之教科書及參考書籍。

由作者才疏學淺，此書又匆匆付梓，疏漏之處，恐在所難免，期望各界先進，不吝指正。

徐茂練　109.12

目錄

目錄

第四篇 應用篇

▸CH10 企業應用系統

▸CH11 知識管理與智慧系統

▸CH12 電子商務

▸CH13 社群媒體資訊系統

▸CH14 資訊安全與社會議題

第一篇
角色篇

01

資訊系統的角色與重要性

學習目標

◆ 了解資訊系統的重要性。
◆ 了解資訊系統的定義及功能。
◆ 了解資訊系統成功的條件。

章前案例

牧德科技開外掛，力推零痛感改革

　　牧德科技是1988年由中華大學教授汪光夏帶學生創立的，是台灣極少數學者創業的案例。在沒有龐大金援下，創業之初，牧德團隊除了熱情、拚勁，但無法有架構完整的軟硬體設備，因此名為科技公司，許多作業流程還是傳產公司的樣貌。

　　直到2014年間，隨著業務愈來愈龐大，牧德董事長汪光夏發覺公司許多運作出現了瓶頸，了解數位轉型是大勢所趨，他和總經理陳復生便開啟了一連串革命。

　　有別於許多公司的數位革命，通常會大撒幣，導入昂貴的系統，牧德事先盤點自己的盲點，旋即發現「業務」、「客服」及「行政」是最急於翻轉的痛點。牧德為了因應自家公司的需求，在導入ERP系統時，自行開發了許多量身訂做的外掛程式，稱之為「牧德縱貫線」。

　　陳復生覺得外購的ERP未必完全適合，例如訂單進來之後要不要開始採購?交期是何時?牧德有自己的考量。因此在主ERP下，自行外掛次系統，發揮文化、系統皆相容的優勢，並保持彈性，讓數位轉型幾近零痛點。

　　牧德也自行開發「業務拜訪系統」，將所有業務拜訪的客戶都詳實記錄，系統能標示客戶被拜訪次數、成效如何?基層業務初步Call客戶後，何時要由中高階層主管出馬?將這些都建置預報機制，讓主管一目瞭然。「品質服務系統」能將客服的問題進行系統化管理，且智慧派工，現階段牧德售出的機器，還設有QR Code，一掃描，客戶和牧德的維修人員隨即能遠距對焦，甚至線上解決，且省掉大筆交通費。為此，牧德還設置了一個戰情系統，24小時專人輪班，及時解決客戶的初階問題，亦監測客戶的機台年限，提醒業務人員主動出擊，爭取換機。

　　牧德科技拚數位的做法如下：

(1) 盤點痛點：找出業務、客服、行政三大痛點，對症下藥。

(2) 自開外掛：導入ERP系統時，自行開發「牧德縱貫線」外掛次系統，更具彈性。

(3) 轉骨三帖：業務拜訪、品質管理、戰情回報系統，提升效率與服務。

何以牧德有能耐開發程式？陳復生回憶，2014年時，牧德僅有兩位IT人員，一位修電腦，另一位修軟體，後來人員增至八位，專司系統開發，汪光夏說，決心驅動一切，他的堅持及同仁的落實，讓公司進階到另一個層級。原本知名度不高的公司，自從2014年推動數位轉型，自2016年起有了爆發式的成長，2018年營收更從2016年的8.09億飆升至31.12億。

(資料來源：台灣百頁數位轉骨，如何再衝30年榮景？，遠見雜誌，2019/12，pp. 164-185)

通常我們將資訊系統視為工具，運用這個工具可以提升企業的競爭力，資訊技術越進步，該工具的能力越大，企業越有數位化的需求，就越需要這個工具。牧德科技的個案讓我們了解資訊系統的角色及重要性，並對資訊系統的功能有初步認知。

▶1.1 資訊技術與企業e化

一、資訊通訊技術

一般而言，資訊通訊技術(Information Communication Technology, ICT)包含硬體、軟體及通訊網路，電腦硬體包含主機、伺服器、終端設備及周邊設備。軟體區分為系統軟體與應用軟體，系統軟體是由作業系統及其他具共通目的的軟體(例如掃毒、數學運算等)所構成，主要是用來指揮硬體操作，作業系統包含UNIX、Linux(網路作業系統)、DOS、Windows、Chrome(電腦作業系統)、Android、iOS(智慧手機作業系統)等；應用軟體則是專為使用者特定用途而開發的程式，例如SAP、Oracle或鼎新電腦的ERP、Salesforce.com的CRM軟體等。應用軟體執行時也需要資料，常見的資料管理和儲存軟體包含IBM的DB2、MS的MySQL等。通訊網路則是由終端設備、轉接設備、以及傳輸介質(如光纖)所構成，在一定的規則之下，用以傳輸資料的系統，而網際網路則是傳輸規則為TCP/IP的通訊網路。

網際網路技術的進步，造成許多新的技術應用，包含雲端運算、物聯網、大數據等。在資料處理方面，物聯網所蒐集的資料會透過網路層加以傳輸，這些資料逐漸可累積成大數據，進行大數據分析或人工智慧的應用，產生許多的價值，例如人員監控、遠距服務、疾病防治等。人工智慧技術也增加了技術應用的深度與便利性，例如醫生運用影像識別來閱讀病歷及病情，協助診斷與監控，又例如社群網站臉書、IG上的許多圖片、影片、照片資料，以及大街小巷裝設的自動監視器影像資料、RFID所記錄的顧客資料，這些大數據(Big Data)，結合人工智慧技術，產生許多的發展及應用空間。

在網頁技術方面，web 2.0技術造成社交網站的發達，影響人們的生活方式以及企業電子商務與網路行銷的手段。web 2.0技術的主要特色是使用者自製內容，使用者及時控制，以便進行社會互動與分享。其中社群及分享網站，包含臉書、推特、YouTube等網站，可以分享文件、照片、影片等，個人可以表達自我，增進人際互動；另一種技術是類似維基百科的共同編輯網站，使用者可以在平台上共同創造內容。

資訊技術一開始只是科學家工程師作為實驗的工具，漸漸的應用到企業，一開始只適用於企業中詳細而且例行作業的支援，通常稱為交易處理系統，然後逐漸往中高階主管的方向應用，處理不確定性及高彙整性的資料，也處理質性資料而建立知識管理系統支援知識工作者。當然，現在的資訊系統已經可以支援跨組織的活動，甚至支援消費者或社會大眾，例如供應鏈管理系統、顧客關係管理系統、電子商務及網路行銷系統等。

資訊通訊技術的進步，對企業的影響也就越大，其應用的潛力越高，投入資訊通訊技術的資本也越來越增加，資訊技術的應用，有時也成為企業競爭的武器。

二、企業e化

從管理的角度來說，企業總是在追求競爭力或是提升績效。

提升績效的方法很多，其中之一就是運用資訊通訊技術或是採用資訊系統，例如運用薪資系統來提升計算薪資的效率，利用POS系統來提升結帳、補貨、銷售績效分析的效率或是提供新的服務。這樣的方式稱之為e化。

我們可以對企業e化做一個操作型的定義，那就是：企業的所有工作、任務或流程中，採用電腦來處理的比率。例如教師教學是學校的工作之一，有沒有運用遠距教學或電子化學習系統就代表教學這項工作有沒有e化，當然學校還有其他行政的工作，越多的工作採用電腦處理，例如選課、成績、差勤、會計等，就代表e化程度越高。當今有許多數位化公司的出現，例如亞馬遜，代表這些公司e化的程度非常高。

三、企業e化的重要性

由於電腦計算、傳輸的速度非常快，記憶的容量非常大，因此在e化的過程中，可以將資料處理的速度及正確性大大提升，也改變了競爭態勢，尤其數位化公司的出現，更是改變了產業結構，不少企業更因此而無法存活。所以，許多的企業都對資訊科技做了許多的投資。

當然，直接由技術的功能來看ICT對企業的影響就更具體了。以往是用基本的資料庫來處理薪資、帳單等交易的資料，現在可以用大數據處理許多全文、圖像或是影片資料；以往是企業內部傳播資料，現在是網際網路無遠弗屆，甚至物聯網的技術讓許多的物品也都可以連上網路。無線網路技術甚至讓行動商務變得非常的方便。

為了要讓大家更了解資訊系統的功用，我們將資訊系統產生的效益區分為以下三大類：

(1) 提升效率：也就是運用資訊系統降低成本，提高生產力，最基本的例子就是薪資或帳單的運算，銀行的存款與提款作業。就更大範圍的系統而言，Walmart的零售連結系統連結全球分店，使得成本降低，效率提升。

(2) 提升效能：也就是運用資訊系統產生新的產品、服務或建立新的經營模式。例如POS系統讓便利商店提供繳費、購票等新的服務；Google的 Android OS服務；而Apple的iPod、iTune、iPhone，建立了新的經營模式。

(3) 建立與維持對外關係：運用資訊系統可以跟顧客與供應商建立親密關係，當然這種關係也是可以讓雙方效能與效率提升。例如便利商店運用電子訂貨系統(Electronic Order Systems, EOS)讓訂貨變得更有效率；而飯店的顧客關係管理系統(Customer Relationship Systems, CRM)則可以透過個人化推薦、自助服務等方式，提升顧客忠誠度。

　　若從策略面的競爭優勢來說，通常所謂競爭優勢是獲利以及持續的獲利(非營利機構及政府或社會企業有不同目標)，而低成本及差異化策略就是常見的獲利方法。有許多與資訊系統相關的方法可以降低成本或是形成差異化。例如促銷可以提升銷售而分攤成本提升效率、採用自動化設備而提高生產力、運用自動化提升規模經濟而提升效率、開發新產品新服務產生差異化的效果等等。就某種程度而言，低成本及差異化可以對應到上述的效率與效能兩大效益，而建立與維持對外關係也是透過效率與效能提升競爭優勢。

　　當然競爭優勢也有不同的程度，首先所謂「生存的條件」指的是必備的競爭要素，也就是說，若不具備該項資訊系統，則無法生存，例如雜貨店因為沒有POS系統而無法生存，銀行若沒有自動提款機ATM，也很難競爭。其次，所謂「競爭優勢」就是企業若具有該項資訊系統或技術，則具有競爭優勢，也就是營利企業的獲利能力。第三，所謂的「策略優勢」就是具有該項資訊系統或技術，競爭者一時追趕不上，在一段期間內(如2-3年)，可以保持優勢，也就是營利企業的持續獲利能力。

‣1.2 資訊系統的定義

一、系統的定義

　　一般而言，我們可以將系統定義為：將投入轉換為更有價值產出，以達成預設的目標的一組相互關聯的元件，如圖1.1所示。

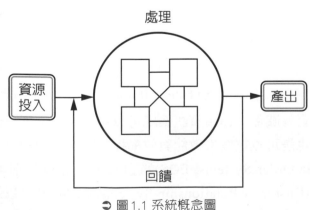

◯ 圖1.1 系統概念圖

系統的元件包含輸入、處理、輸出、目標、回饋。回饋是一種控制的概念，藉由將偵測產出(或中間產出)結果、與目標比較、採取修正措施(若有必要的話)等三大步驟，確保系統的運作效能。資訊系統亦可能設計有此回饋的功能。

更具體地說，我們可以將這世界一分為二，我們能夠掌控的部分就稱之為系統，而與系統有關卻無法掌控的部分就稱之為環境。系統有許多的特性，第一個特性是系統範圍，系統的範圍是您有興趣且可(相對強度)掌控的，例如一家公司的總經理所對應的系統是整個公司，而競爭者、顧客等與公司有關又相對難以掌控的就是環境。又例如生產部經理的系統是生產部門，銷售部門與生產部門有關，但卻不受生產部門控制，視為生產部門的環境。

其次，系統的存在具有其目的性，通常系統的產出是要達到某些目標，而該目標要對環境有貢獻，這才能展現系統的價值。例如企業的產出通常是產品與服務，而該產出要能滿足市場的需求，市場就是這家公司的環境。

第三，系統將投入轉為有價值的產出，這需要有一些處理的機制，系統的投入、產出、處理機制等均為系統的元件，尤其處理機制，需要有更具體的描述。處理機制的元件可視為子系統，而有效地處理機制要靠這些子系統之關聯性運作。當然系統是由哪幾個子系統所構成並非唯一，而是有不同的角度。例如企業產出產品與服務，其處理機制可能包含研發、生產、銷售等功能部門，也可能是物料(物質)處理與資訊流程。描述一個大學，其處理機制可能是學術單位與行政單位，也可能是大學部與研究所，或是日間部與進修部。要用哪種方式描述系統元件並沒有單一的答案，而是要看我們從甚麼角度描述系統。

系統的第四個特性是階層性，如果我們視一家公司為一個系統，那該公司的部門就可視為子系統。再以生命系統而言，細胞是器官的子系統，而我們的消化系統或呼吸系統又是由許多的器官(子系統)所構成。

二、資訊系統

資訊系統是系統的一種類型，其輸入為資料，產出為資訊，而該資訊要對資訊系統的使用者有價值，才能符合系統的定義。因此，我們可以說將資料轉為資訊之機制為資訊系統。若該機制是使用電腦技術來轉換，則稱該資訊系統為電腦化資訊系統(Computer-Based Information Systems, CBIS)。

更明確的資訊系統定義如下：

一組具備相互關聯的電腦技術元件，負責蒐集(或存取)、處理(資料處理)、儲存與散播資訊，以支援使用者，提升其工作價值之系統。

資訊系統可大略區分為技術元件及應用系統兩部分，技術元件包含硬體、網路及作業系統；應用系統則包含應用程式、資料庫、操作人員及流程等。

如果使用者是管理者，我們就可稱該資訊系統為管理資訊系統。管理者主要的工作是決策制定、規劃與控制、作業管理，也包含協同合作、問題分析、甚至創造新產品。

在前述定義之下，我們可以將管理資訊系統的元件描述如下：

(1) 輸入：資訊系統的輸入是資料，資料是代表事實、事件的符號。

(2) 處理及儲存元件：包含硬體、網路、作業系統、介面等技術元件，以及應用程式、資料庫等應用系統元件。

(3) 輸出：資訊系統的輸出是資訊，資訊是對使用者有價值的訊息，通常是由資料經過運算、分析等處理過程而得。

(4) 使用者介面：使用者介面可能包含硬體的電腦螢幕、手機螢幕、資訊螢幕等，也可能包含應用系統輸出輸入的媒體設計，例如文字、表格、圖形、影像等。

(5) 目標：資訊系統，尤其是應用系統的目標是產出的資訊對使用者有價值，例如快速正確地結帳是點銷售系統(Point of sales)結帳功能的目標。

而管理資訊系統的環境就包含：

(1) 使用者與使用者的工作。

(2) 組織。

(3) 組織的外部環境。

我們可以用一個示意圖來表達資訊系統(圖1.2)，典型的資訊系統結構包含輸入(資料)、轉換(應用程式)、輸出(資訊)資料庫及資料庫管理系統。資料庫是儲存資料的場所，資料庫管理系統是管理資料庫的存取、更新、新增、刪除等功能的程式，從使用者的角度而言，資料處理的功能是要將讀入的資料或資料庫中的資料，轉換為對使用者有用的資訊，進行該資料轉換動作的元件，稱為應用程式，

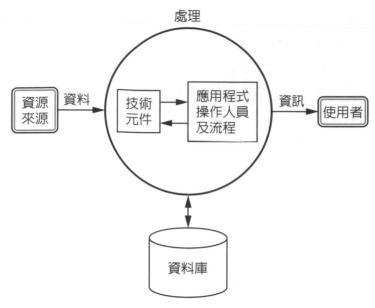

● 圖1.2 資訊系統基本邏輯

　　資訊系統的應用程式運作的過程中，使用者依據本身業務上的目的，從系統中取得資訊，資訊的取得，乃是透過應用程式的運算、分析以及對DBMS的查詢而得。舉例而言，使用者可能爲業務經理，爲了了解某種產品五月的銷售金額，以便調整其促銷手法(業務目的)，必須由系統中，取得某產品五月份的銷售金額，此時應用程式的主要功能如下：

(1) 讀入產品名稱、時間(月份)及所欲運算之標的(銷售金額)。

(2) 指揮DBMS至產品資料表中找出相對應產品的價格資料，至交易資料表中，調出日期爲五月份的該產品的交易數量。

(3) 將合乎條件(五月份)的各筆資料之價格與交易數量相乘後加總，即得到某產品五月份之交易額。

(4) 列印結果於報表。

　　上述交易金額的計算只是應用程式將資料轉換資訊的方法之一，還有許多資料處理的方法。應用程式處理資料的方法包含篩選、計算、分析及判斷，分別說明如下：

(1) 篩選：主要的處理方式是從資料庫中，選取合乎某些條件的資料紀錄或資料紀錄的部分欄位。所謂合乎的條件稱爲準則，準則包含欄位名稱及其條件值，例如，可從人事資料庫中，篩選職稱爲經理的員工紀錄，其中職稱爲欄位名稱，「＝經理」則爲該欄位之值，又如摘錄出年齡大於50歲的員工，年齡爲欄位名稱，「>50」爲欄位值。

(2) 計算：主要是運用數學公式或統計的計數等方式，計算所欲求得的結果，例如，欲計算利潤，乃是經由「(價格－成本)×銷售量」這個公式計算而得。計算過程中的資料項目亦來自資料庫欄位或是使用者輸入之條件。

(3) 分析：乃是透過統計、管理科學或計量經濟等模式進行分析，例如，運用線性規劃模式來分析生產線之最適生產量或是運用迴歸模式與時間數列模式來做銷售預測。分析模式與計算公式主要的不同點在於前者的變數是不確定性的，例如，「銷售預測」這個變數值為100，並非準確的數值，而是機率性的，也就是銷售預測值有某百分比(例如95%)的機率介於(100-x)和(100+x)之間。

(4) 判斷：指的是應用程式仿如人腦一樣具有推論的功能。傳統的專家系統便是具有判斷能力的應用程式，將專家的知識加以表達，並儲存於知識庫中。應用程式仿如一個具有推論功能的引擎，稱為推論引擎，透過此種過程使得應用程式具有推論的功能。若推論過程中，又有自動累積處理的知識，而具有學習能力之應用程式，稱為「智慧系統」，智慧代理人(Intelligent Agent)為具有判斷及學習能力的智慧程式。

特別需強調的是，資料庫中各資料表的產品名稱、價格、交易日期、交易數量等欄位值稱為資料，而輸出結果「某產品五月份的交易額」稱為資訊。資料與資訊的差別在於資訊是對使用者(此處為業務經理)有價值的資料，可能會影響使用者的決策或調整其行為(例如，因銷售金額不佳而調整其廣告預算或提升其產品品質等)。而將資料轉換為資訊之機制稱為資訊系統，其主要元件為應用程式、DBMS及資料庫。(註：其他元件尚包含硬體、作業系統、網路等，本書假設其存在，而不加以討論)

雖然資料與使用者並無直接相關，但是資訊卻都是由各項資料經由計算、分析、篩選而得到，使用者對於資訊的需求也就決定資料庫的欄位以及應用程式運算的方式，以前述計算某產品五月份銷售金額的例子來說，前述三個資料表的欄位是足夠的，但若要運算某產品五月份的利潤，我們可以得知運算公式如下：

利潤 ＝ 銷售量×(價格－成本)

由於產品資料表中並沒有「成本」這個欄位，因此應用程式也就無法計算出利潤，若使用者有需要利潤這項資訊，則在資料庫設計時，必須在產品資料表中，加上「成本」欄位，並在應用程式中加上前述的利潤運算公式。

　　由前面的敘述，我們可以明瞭資料與資訊之間的關係，所有蒐集的資料，置於資料庫中，配合應用程式，產生使用者所需的資訊。而資訊需求，則是由使用者的業務需求而定，例如，業務經理為評估銷售績效，需要求取銷售量、利潤等資訊，為了預估市場需求，也是由歷史銷售量來推估，也就是說，使用者決定了資訊需求，而資訊需求決定了應用程式以及資料庫的形式，就邏輯的觀點，資料庫的形式最主要的便是資料庫中應該包含哪些資料表，而各個資料表所需的欄位有哪些？當然，所有的資料蒐集活動，也都是依據這些資料庫的欄位來蒐集。

▶1.3 有效的資訊系統

一、資訊系統有效的條件

　　資訊系統主要任務是要支援組織的運作，當系統導入到使用者組織時，使用者需要有使用系統的意願與技能，使用者可能因此而調整工作內容或流程，甚至整個組織的結構也可能因而調整，這些因素都有顧慮到的時候，資訊系統才能真正發揮其功用。因此有效的資訊系統應包含技術面與非技術面的因素。我們可以把資訊系統視為技術面，而組織的使用者是社會面，偏向使用者的行為觀點。

二、技術面的因素

　　技術面的因素主要包含科技與分析模型兩大項，科技又區分為資訊通訊技術與系統建置兩項，分析模型包含計量模型與智慧模型，也就是說技術面所需的知識技能包含資訊通訊技術、系統建置、計量模型與智慧模型分別說明如下：

(1) 資訊通訊技術：主要包含硬體、軟體、資料庫、網路等技術元件。硬體包含主機及周邊設備，其中由使用者直接操作的裝置又稱為端點設備，如個人電腦、智慧型手機等；軟體包含系統軟體與應用軟體，系統軟體用以控制硬體，作業系統是典型的系統軟體，應用軟體則是讓使用者解決其問題的軟體，例如會計系統、ERP 等。資料庫是儲存及管理資料的單元，資料庫的有效操作往往依賴資料庫管理系統(Batabase Management Systems, DBMS)。網路則是連結各個電腦的系統。

(2) 系統建置：所謂系統建置是將電腦系統轉為資訊系統，一般而言電腦系統比較偏技術面，其績效指標強調電腦處理、傳輸的速度，以及儲存的容量，或是系統的可靠度等。資訊系統則是偏向應用面，也就是依據使用者得需求來建置適當的系統，如前述的會計系統、ERP等，從績效指標而言，資料處理的速度與容量當然也很重要，但是更重要的指標是系統所產出的資訊必須符合使用者的需求。因此，系統建置是要建置資訊系統供使用者使用，包含自行開發系統、委外開發、外購或是雲端租用等，這些都是技術面的因素。

(3) 計量模型：包含管理科學模型、計量經濟模型、統計模型等，均採用數學模型來解決管理問題，這些模型都可能納入資訊系統中，供資料分析之用，例如線性規劃、迴歸分析模型等。

(4) 智慧模型：用智慧模型這個詞是比喻由資料所建構出來的模型是隱藏性的、事前未知的、或是由人工智慧學習而來的模型，例如運用資料採礦(Datamining)所得出的關聯模型等，該模型也可以用型態(pattern)來表示，或是知識管理的專家系統模型等。

三、社會面的因素

組織內外的使用者也是影響系統成效的因素，其因素以社會面稱之，包含專業領域與管理領域兩大項，專業領域指的是使用者所從事的專業領域工作，因為資訊系需要滿足使用者的需求，因此專業領域區分為專業知識與社會心理知識兩部分；管理領域則是指負責進行資訊系統投資決策及使用效能的工作，包含投資評估與專案管理大項，也就是說社會面的知識技能包含專業知識、社會心理知識、投資評估與專案管理四項內容，分別說明如下：

(1) 專業知識：專業知識就是領域知識，資訊系統的發展者必須要了解該知識，才能提供有效的資訊系統，例如機械專業與電子專業，其所需資訊不同，又例如生產部門與銷售部門所需資訊特質亦不同，而高階主管與基層人員所需的資訊特質更是不同。

(2) 社會心理知識：資訊系統的有效導入與社會學及心理學有關，社會學探討人與人之間的關係，也就是系統使用者之間的關係，心理學強調個人的內心狀態，如情緒、態度、價值觀等，了解使用者心理對於提升系統使用率相當有幫助。

(3) 投資評估：在策略上需要決定整個企業需要投入多少經費來建置那些系統，系統的選擇需要做投資評估，因此需要經濟學的知識來支援。

(4) 專案管理則是運用專案管理知識技能協助系統建置的有效性；導入的有效性則須配合組織結構調整、流程改變以及績效評估制度等。

▶1.4 本書章節之安排

導入管理資訊系統是一個組織變革的過程，系統導入之前，需要對系統的整體架構有所了解，本書的第一篇為角色篇，第 1 章「資訊系統的角色與重要性」，介紹資訊系統的定義及其效益；第 2 章「資訊系統的分類」則是依據系統的分類更詳細介紹各類的系統；第 3 章「組織與資訊系統」主要說明組織結構與企業流程、資訊部門的角色與職責、以及資訊系統對組織及產業的影響。

第二篇為技術篇，描述資訊系統的技術元件，包含第 4 章「資訊技術基礎建設」、第 5 章「資料處理」、第 6 章「通訊網路」。

第三篇為建置篇，主要敘述資訊系統建置的過程，包含第 7 章「資訊系統策略規劃」、第 8 章「資訊系統建置」、第 9 章「專案管理」。

第四篇為應用篇，比較詳細地介紹管理資訊系統的應用狀況，包含第 10 章「企業應用系統」、第 11 章「知識管理與智慧系統」、第 12 章「電子商務」、第 13 章「社群媒體資訊系統」。第 14 章「資訊安全與社會議題」則是針對資訊安全、倫理議題與社會議題做說明。

本書各章前後均附一個實務個案，個案的思考問題討論，宜聚焦於該章的主題內容，進行深入的討論，必要時可蒐集該個案更詳細、更新穎的資料，或以其他個案進行同主題之比較。

本章案例

台灣櫻花智能服務得來速，廚衛老店獲新「機」

　　2013年，櫻花集團董事長張永杰上任後，鎖定以消費者體驗為核心的概念，推動「品牌、產品、通路、服務」的升級原則。到了2017年台灣櫻花40周年慶時，櫻花產品已經導入智能化，公司營運管理進入完全無紙化，生產部分則開始導入人工智慧與機器手臂，而服務更推出「服務4.0」，更進一步配合高單價、高質感路線，升級B2C專賣通路「櫻花廚藝生活館」的店格。

　　台灣櫻花首先由總公司成立客服中心統一接電話，確保不漏失任何訊息，接著導入顧客關係管理系統(CRM)，將過去的資料進行整合，包含購買履歷、接觸履歷，無論是電話叫修、上網瀏覽到寄出顧客回函卡，全都在資料庫裏面，並運用大數據概念，將累積數十年的資料，予以分析應用。「服務4.0」就是整合CRM、派工系統，以及GPS衛星定位，可以掌控全台每一位服務人員的狀況。因為每個服務人員都拿平板、沒有紙張了，當客服中心接到客服電話，要維修、要安檢的時候，幾分鐘內，案件就會跑到各個轄區服務人員的平板裡面。

　　「櫻花廚藝生活館」導入虛擬實境技術(Virtual Reality, VR)，以「可設計、可銷售、可生產」的「三可」概念，在生活館門市由設計師與消費者現場討論，並輸出3D虛擬實境圖與報價，為消費者量身訂做專屬需求的廚房。

　　未來櫻花還將導入AI自動化生產系統「KAM廚具智慧製造」，將來店端設計好、消費者認可之後，平板點下去就直接進入機器生產線，也就是說，現在仍由人工進行的拆單、進料、生產等工作環節，將來會全部由系統處理，交期過去需要九天，未來可望降到四天。為了提升消費者滿意度，櫻花也搭配這個人工智慧的生產流程，提升服務品質與時效。櫻花要求工班人員必須先通過台灣櫻花的測驗與認證，而且在裝修前，工班還會透過「夥伴雲」APP，確認施工的各項細節。這些看似苛刻的要求，正是讓台灣櫻花品牌不斷提升的關鍵。

　　台灣櫻花拚整合再升級的作法彙整如下：

(1) 導入CRM＋大數據、派工系統、GPS、客服隨時懂你。

(2) 善用客戶資料，爭取主動推薦機會。

(3) 六標準差設計，準確擊中顧客痛點。

(4) 導入AI自動化生產系統，快速滿足顧客需求。

(資料來源：未來每家企業都是科技業。全球產業瘋「數位轉型」，能力雜誌，2019, Aug，pp. 48-79)

思考問題

　　台灣櫻花導入了哪些資訊系統？這些系統對公司產生哪些效益？

本章摘要

1. 資訊通訊技術(Information Communication Technology, ICT)包含硬體、軟體及通訊網路,電腦硬體包含主機、伺服器、終端設備及周邊設備。軟體區分為系統軟體與應用軟體,系統軟體是由作業系統及其他具共通目的的軟體(例如掃毒、數學運算等)所構成,主要是用來指揮硬體操作。

2. 資訊通訊技術的進步,對企業的影響也就越大,其應用的潛力越高,投入資訊通訊技術的資本也越來越增加,資訊技術的應用,有時也成為企業競爭的武器。

3. 將資訊系統產生的效益區分為:提升效率、提升效能、建立與維持對外關係三大類。若從競爭優勢來說,效益有不同的程度,包含「生存的條件」、「競爭優勢」、「策略優勢」。

4. 資訊系統是系統的一種類型,其輸入為資料,產出為資訊,將資料轉為資訊之機制為資訊系統。更明確的資訊系統定義為:一組具備相互關聯的電腦技術元件,負責蒐集(或存取)、處理(資料處理)、儲存與散播資訊,以支援使用者,提升其工作價值之系統。

5. 管理資訊系統的元件包含:輸入、處理及儲存元件、輸出、使用者介面、目標等,而其環境包含:使用者與使用者的工作、組織、組織的外部環境。

6. 應用程式處理資料的方法包含篩選、計算、分析及判斷。

7. 有效的資訊系統應包含技術面與非技術面的因素,我們可以把資訊系統視為技術面,而組織的使用者是社會面,偏向使用者的行為觀點。從技能需求的角度,技術面所需的知識技能包含資訊通訊技術、系統建置、計量模型與智慧模型;社會面的知識技能包含專業知識、社會心理知識、投資評估與專案管理四項內容。

資訊系統的分類

學習目標

◆ 了解「應用系統」分類的原則。

◆ 了解「應用系統」有哪些類別以及主要應用。

◆ 了解網際網路時代電子商務及社群媒體的主要應用。

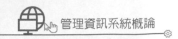

員工換上IT腦，瑞助營造多了千手千眼

　　早在2008年，瑞助營造董事長張正岳就決心開始推動數位化，找來曾在醫界擔任資訊主管的丁宏祈，協助打造瑞助營造專屬的數位系統。如今，瑞助已成為營造業的數位領頭羊。全公司力行無紙化簽核、雲端會議室，更創建數位模型部門。2017年瑞助能接下五度流標的台中花博場館，跌破眾人眼鏡，創造如期展開的奇蹟，靠的也是數位管理能力。

　　丁宏祈面對一群習慣在工地作業、與工人為伍的員工，他第一步做的是打造員工的IT思維。開啟員工數位腦後，便將全台40多個工地現場、上百個外包團隊的運作，運用數位科技串連起來。以季會議為例，早年每次開會，除了貼公佈欄，還得一通一通電話通知。到了會議現場，仍有人漏帶文件，造成會議停滯。後來開會就靠大螢幕的視訊會議，每年光省下從各工地趕來開會的公投交通成本，就有100萬。

　　針對頭痛的購料、工地管理，亦是轉型重點。在瑞助，有一套「採發評比系統」，藉由快速的系統運算，能評估出CP值最高的供應商，讓瑞助在承攬統包工程案件時，往往能因係項成本精準掌握，屢屢得標。

　　瑞助所擁有的「數位模型部門」，更是厲害，過去常常房子蓋到一半，才發現設計圖有問題，現在數位模型部門在施工前先3D列印模型，能讓工程品質幾近零誤差。

　　在多達550名員工的瑞助，每次專案要編組，也非易事。瑞助因此設置一套「人資整合系統」，系統平時就將所有員工的職能、評價、經歷建檔，每每案子一來，即可依員工專長、手上的案量，進行配對、調度。

　　至於工地現場，由於在營造業，基層工人多半外包，由工頭領著派遣工、臨時工前來，常會造成人員管理上的漏洞、黑數。因此，瑞助建置「指紋辨識系統」，在各工地都設置指紋辨識機，所有工人進出工地都要刷「指紋」。

瑞助營造拚數位的具體方法歸納如下：

(1) 培養IT腦：推動無紙化、視訊會議，讓員工養成使用不同數位智能的習慣。

(2) 數位串聯：全台四十多個工地現場、上百個外包團隊無縫接軌。

(3) 人資整合：將員工職能、評價、經歷建檔，依專長、案量來配對與調度。

(台灣百頁數位轉骨，如何再衝30年榮景?，遠見雜誌，2019/12，pp. 164-185)

瑞助營造在企業的各個流程，依其需要而建置資訊系統，不同的需求則建置不同的系統，透過系統的分類，讓我們更了解這些系統。

▶ 2.1 資訊技術與企業e化

一、資訊系統的分類原則

為了討論方便，我們先將資訊系統的範圍縮小在應用系統，也就是資料處理的部分，硬體及作業系統暫時不予考慮。

應用系統的角色與功能在於支援組織內外使用者，使用者不同，所需資訊系統(包含資訊產出及處理方式等)也不同，因此，我們由使用者的角度來區分資訊系統類型。

我們先從系統的產出「資訊」來談起。不同使用者有不同的資訊需求，描述資訊需求的特質可先討論資訊內容，再依據資訊內容討論產出需求及處理需求。

二、資訊內容特質

我們可以由以下四個角度來討論資訊內容的特質：

(1) 質與量：質的資訊通常使用文字或圖像描述，分析起來需要牽涉到語意或是判斷，或是用內容分析來計算同類型的概念；量的資訊則較為單純，可以運用數學方式進行運算，包含確定的與不確定的資訊，其處理方式也有所不同，而且並不是所有的管理問題相關資訊都能用量化表示。

(2) 專業領域：指的是使用者工作的專業領域，包含行業別的資訊不同、部門別所需資訊亦不同。例如行銷部門需要市場、商機、顧客資訊，生產部門則需要產能、良率等資訊。而專業知識也跟不同產業有關係，例如機械產業、生物技術產業等，其研發、生產、行銷部門之資訊也會有所不同。

(3) 解析度：所謂解析度是指資訊表達詳細的程度，例如以資料的個體來說，某個產品項的銷售量資訊是最詳細的，某類產品的銷售量資訊則解析度較低，全公司產品銷售資訊其解析度最低。解析度也可以從時間構面來考慮，每日銷售量解析度最高，年銷售量就低。一般而言越基層主管所需的資訊其解析度越高，高階主管則反之。

(4) 內外部來源：內部資訊包含產能、產量、成本等，外部資訊則包含競爭者資訊、顧客需求，甚至科技**趨勢**、股票行情等。一般而言，越基層主管所需的資訊來源越是以內部資訊為主，高階主管則需要較多的外部資訊。

二、資訊需求

資訊需求是指使用者因為完成其工作或其他事情所需要的資訊，也就是資訊系統的資訊產出要符合這個資訊需求。資訊需求包含資訊內容、產出格式、產出時間等，分別說明如下：

(1) 資訊內容：也就是前述的四項資訊內容的特質。

(2) 資訊產出格式：資訊產出的格式可能包含文字、統計圖表、影像、動畫等，使用者對於產出的格式主要的考量因素是專業因素，越專業的使用者，就需要用越專業越正式的格式來表達資訊，較不專業的使用者可能需要越簡單明瞭或趣味性的表達方式。

(3) 時間需求：是指資訊系統產出資訊的時機點，有些系統是週期性的產出報表資訊，有些依需求而產出，有些系統更能及時產出資訊。總而言之，資訊必須要配合使用者進行決策、規劃控制、作業管理或其他用途的時機。

三、資訊處理需求

資訊處理需求是資訊系統所產出的資訊為了滿足資訊需求，系統所需做的處理。前述的資訊特質屬於產出資訊的特質，而這些特質都會影響資訊處理需求，例如進行運算、若則分析、統計模擬、知識推論等。在系統發展的過程中，這些處理需求均會被轉化為更技術面的資料庫、軟體、硬體需求。

▶2.2 企業資訊系統的分類

　　依據上述的資訊特質，我們從使用者的角度來作資訊系統的分類。主要分類的準則包含專業領域、管理階層、對外連結三大項，以下分別說明之。

一、專業領域

　　專業領域是依據部門的專業分工來做系統分類，包含生產作業資訊系統、行銷與銷售資訊系統、財務與會計系統、人力資源資訊系統、研發資訊系統等。基本原則是「某某資訊系統」就是支援某某管理活動、部門或流程的資訊系統。每個領域所需的資訊內容不同，例如生產需要產能、品質等資訊，行銷銷售則需要市場、銷售績效資訊。當然各部門也會因為管理階層不同而需要對資訊有不同處理，例如前述的銷售績效資訊，銷售人員需要個別產品或是某小範圍銷售區域的銷售績效資訊，銷售部門經理則需要全部產品的銷售績效資訊。依據功能領域的資訊系統分類如圖2.1所示。

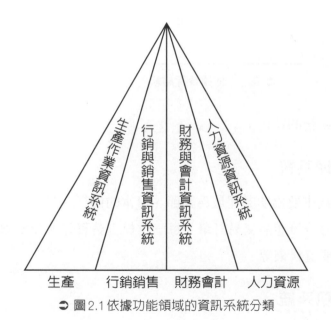

生產　　行銷銷售　財務會計　人力資源

➲ 圖2.1 依據功能領域的資訊系統分類

二、管理層級(管理團隊)

　　資訊系統由組織階層可區分為交易處理系統(TPS)、管理資訊系統 (MIS) 、決策支援系統 (DSS)、知識管理系統(KMS)、高階主管資訊系統 (EIS)。一般而言交易處理系統對應到組織的最基層；而管理資訊系統、決策支援系統、知識管理系統主要是中階主管在使用，高階主管資訊系統則為高階主管所使用，依據管理層級的資訊系統分類如圖2.2所示。

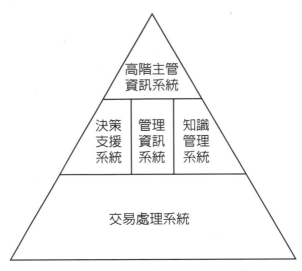

> 圖2.2 依據管理層級的資訊系統分類

　　以下說明各系統的特色：

(一)、交易處理系統

　　交易處理系統主要協助處理最為細節、日常的例行交易或作業，例如處理每一筆採購的帳單、每一筆產品交易訂單、每一位員工薪資等。交易處理系統是公司所有資訊分析的重要資料來源。

(二)、管理資訊系統

　　管理資訊系統是彙整交易處理系統的資料成為適當的報表，供中階主管使用的資訊系統(董和昇譯，2017)。例如彙整某類產品的交易績效、彙整某產品某月份的交易績效、彙整每月份公司加班費用等。

（三）、決策支援系統

決策支援系統的使用者亦為中階主管，只是該系統所處理的資訊是不確定性的資訊。不確定性的資訊的原因是中階主管面臨半結構化或不結構化的問題，這些問題的解決方案與成果之間的關聯性較不確定，也面臨許多需要預測的情況（例如：銷售預測），需要有更多的分析或試算。

不確定性的資訊常常用統計上的機率分配表示，所計算出來的資訊無法提供正確單一的答案，只能得出可能範圍。例如統計前一個月的產品銷售狀況，是確定的資訊，該資訊可以用月報表來表示，是屬於管理資訊系統的任務。若要預測下個月的銷售量，則是不確定的資訊，只能採用預測的方式，得出可能的答案。在運用適當的預測模式之下，可採用若則分析(What-if analysis)方式提供可能的答案。例如預測模式的自變數之一若為景氣狀況，若-則分析可以得出類如「若景氣很好則下個月銷售量為Q1；若景氣普通則下個月銷售量為Q2；若景氣很差則下個月銷售量為Q3」之類的答案，再由決策者去進行決策判斷。

因此決策者在使用決策支援系統時，會輸入各種可能參數，系統在回答相對該參數的答案，使用者與系統隨時在互動的。

如果決策模式是群體決策，亦即由多位決策者採用投票、共識決、多數決等方式進行決策。支援此種決策知系統稱為群組決策支援系統(Group Decision Support System, GDSS)，主要功能是支援群組的創意提案、方案討論以及決策制定。

當然群組決策支援系統也包含群組軟體(Groupware)與工作流程系統(Work Flow System)(林東清，2018)。群組軟體用以支援群組工作，或稱為協同工作，包含分散在不同地點或是前後工程(如研發與生產)的協同合作，支援方式為文件共享、意見溝通、群組討論與會議等。工作流程系統主要功能是將工作流程與相關人員之間的工作予以自動化，電子表單、電子公文是典型的工作流程。

(四)、知識管理系統

　　從知識處理的流程而言，知識由蒐集(或創造)、分類整理、儲存、傳佈、取得乃至知識的應用，以便創造價值。知識類型分為內隱知識(Tacit Knowledge)與外顯知識(Explicit Knowledge)。「內隱知識」是指高度內隱專業的且個人化，是無法用文字描述的經驗知識，且是不容易文件化與標準化的獨特性知識，所以不易形成與溝通，必須經由人際互動才能產生共識。而「外顯知識」是能以形式、系統語言，如外顯事實、公理、標示被傳播的，它能以參考手冊、電腦程式、訓練工具等被編撰且清楚表達，因此，顯性的知識可以自知識庫中直接複製使用，其特點是與人分離。

　　知識處理是一個複雜的過程。可能包含解釋，亦即賦予所蒐集訊息之意義；可能包含學習，亦即由現有知識加以推論衍生，而增加更多知識的過程；可能包含創造，亦即透過思考、實驗等方法，找出新知識；也可能包含分享或整合，亦即將不同人員的知識加以整合或共同使用。知識需要創造或取得，其最終目的是要有效運用，而知識分類知識分享與傳播等，均為知識的有效運用而設。因此，我們將企業內部知識處理流程區分為知識創造、知識分類與儲存、知識分享與移轉、知識應用等步驟。

　　知識管理系統主要處理的資訊內容是知識，因此其資料的形式(知識庫)與傳統的資料庫有所不同，而處理的方式是採用判斷或學習的方式來進行，稱為知識推論。例如醫師使用的專家系統，其知識庫儲存症狀、疾病、處方等相關知識，其處理方式是推論那些症狀可能是哪種疾病，例如發燒、咳嗽、流鼻水等症狀可能是感冒，也可以推論出哪些疾病在特定病人特質(如體重、年齡、藥物過敏等)需要用那些處方。這樣的專家系統某種程度可以取代醫師看診的工作。

(五)、高階主管資訊系統

　　高階主管資訊系統主要目的是提供高階主管能夠掌握企業全局所需的資訊，包含由TPS、MIS彙整上來的各部門績效資訊，也包含來自外部的競爭者、市場甚至總體環境資訊。高階主管資訊系統可比喻成汽車的儀表板，駕駛者可以從儀表板上掌握車速、油量、轉速、溫度等駕車的重要資訊。高階主管由此系統能夠掌握經營狀況及環境變化的資訊，以便做出適切的決策。高階主管資訊系統往往設於企業總部或運籌中心，高階主管可以坐鎮其中，運用智慧儀表板掌握全局。

三、連結企業的系統

連結企業的系統包含本身的應用系統以及企業與外部連結的系統。企業本身的應用系統稱為企業系統，也就是企業資源規劃系統(ERP)。對外連結的系統包含與供應商連結的供應鏈管理系統，以及與客戶連結的顧客關係管理系統。

網際網路技術普及之後，也開始運用於這些連結企業的系統，例如運用入口網站來整合企業內部的應用系統，也就是原來使用ERP建置的系統或是其他的企業功能，可以使用網頁技術(WWW)來建置。企業內部運用網際網路技術建置應用系統稱為e化企業(e-Business)，而企業對外的連結若採用網際網路技術則稱為電子商務(Electronic Commerce, EC)。運用網際網路來建置各項系統主要的好處是成本低、相容性(標準化)高，但其缺點則是資料安全的威脅較大。連結企業的典型系統分類如圖2.3所示。

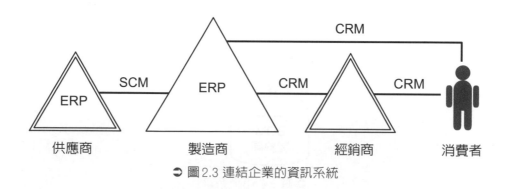

➲ 圖2.3 連結企業的資訊系統

以下先從ERP開始介紹，ERP有許多模組，幾乎可以支援企業各部門的運作，為了更容易了解系統的內容，我們先從物料模組(MRP)開始介紹。

(一)、MRP

物料需求規劃系統(Material Requirement Planning, MRP)主要是支援生產部門的生產管制與物料管理作業。當訂單傳到生產管制部門時，便需要安排生產作業，稱為排程。依據生產排程，生管人員需要在適當的時間點將零件(零件品項及數量)送到生產線適當的位置，因為同時往往有數種產品在生產，每種產品在所需的零件有些不同、有些重複，因此備料是一件複雜的工作，需要MRP的支援。

　　一般而言，訂單是由產品項、數量及時間構成，也就是指定甚麼時間要哪項產品多少數量給誰。每一項產品都是由許多零組件所構成的，描述每一個產品是由那些零組件，以及該零組件相對應的數量及成本的文件稱為物料單(Bill of Material, BOM)。如果訂單是一百台的電腦，而假設每台電腦需要一顆CPU、8顆DRAM(當然還有其他非常多的零組件)，哪我們就可以知道需要100顆CPU以及800顆DRAM，生管人員就可採取相對應的備料行動，而當倉庫的物料被領走之後，其存量若低於安全庫存，則需要通知採購部門進行採購作業。這樣的運算就是MRP的功能之一。MRP系統如圖2.4所示。

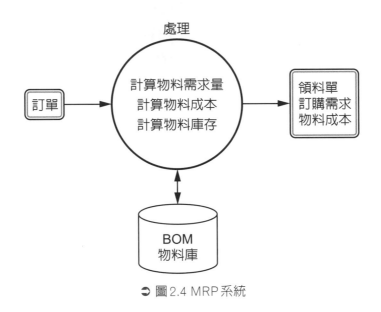

● 圖2.4 MRP系統

　　MRP的投入(Input)是訂單，其處理的主要邏輯如下：

(1) 訂單的產品數量 *BOM(Bill of Material)= 各物料的數量，各物料的數量作為領料之通知；各物料的數量計算出物料成本

(2) 各物料的數量 vs. 安全庫存的數量作為訂購之依據

　　因此，MRP系統的產出包含領料單、訂購單、物料成本，而系統的主要使用者是生產管制人員及物料管制人員。

　　當然，MRP系統也可能包含銷售預測，以便處理訂單，因此MRP主要模組包含銷售預測、生產與存貨管制、物料管理、物料採購等。

（二）、MRPII

更進階的MRP系統稱為製造資源規劃系統(Manufacturing Resource Planning, MRPII)。概念上就是增加更多的系統模組以支援更多的工作，MRPII幾乎可以支援整個生產程序，除了原有MRP模組之外，主要增加的模組包含會計、銷售及通路。

（三）、ERP

企業資源規劃ERP(Enterprise Resource Planning, ERP)就是一般所稱的企業系統，其模組幾乎可以支援整個企業的運作，包含前述兩個系統的模組以及財務、人力資源等模組，甚至也提供供應鏈管理系統的介面。

（四）、SCM

供應鏈管理系統(Supply Chain Management, SCM)是指連結供應商的系統，這是比較傳統而狹義的定義，目前許多人已經將供應鏈是為整個通路的價值網絡。

SCM的基本功能是支援物料採購，企業通常是由採購部門向供應商的銷售部門購買物料或零組件，其間主要的資訊往來包含需求、規格、報價、確認、付款、帳單等，這些都是由SCM來協助完成。

（五）、CRM

顧客關係管理系統(Customer Relationship Management, CRM)則是支援企業與顧客之間的作業，其內容與SCM相仿，其中有兩個主要不同點，第一，顧客可能包含企業顧客(如經銷商)，也可能包含消費者；第二，針對企業顧客與消費者顧客，其建立及維持關係的方法更為多元。

顧客關係管理乃是企業與顧客建立及維持長程關係，以提升顧客終身價值的管理活動。也就是說，顧客關係管理除了傳統的取得顧客作為之下，還特別重視維持顧客關係。維持顧客關係是希望買賣雙方的關係持久，衡量持久關係的指標是「顧客忠誠度」，指的是顧客再購或是口碑推薦的意願與行為。如果以顧客向企業購買的金額來衡量顧客價值，那顧客一輩子向企業購買的金額總和就是「顧客終身價值」(Life Time Value, LTV)，顧客關係管理的目標就是顧客終身價值的極大化。

其次，顧客關係管理的第二個特色，是將投入於顧客互動的花費視為投資，一般而言，行銷領域的觀點是將投入於行銷組合的金錢視為費用，而顧客關係管理的觀點則是視顧客為資產，認為不同顧客群（顧客區隔）其投資報酬率有所不同，因此對於各顧客群所投入的金額亦有所不同，目標是所有顧客終身價值的總和為最大。也就是說，企業需要將顧客依據潛在投資報酬率的大小來做區隔，這種區隔主要是以購買行為作為區隔變數，例如：最近購買時間（Recency）、購買頻率（Frequency）、購買金額（Monetary）等，這就是 RFM 分析。

(六)、EERP

EERP是擴充(Extended)的ERP，上述企業內外的系統，若能連結得很好，就成為跨組織的資訊系統，因此，我們可以說：

$$EERP=SCM+ERP+CRM$$

▶2.3 電子商務系統

一、電子商務

電子商務的狹義定義是運用網際網路技術來支援商務活動，較廣義的電子商務是結合網際網路與其他電子媒體甚至非電子媒體。

網際網路具有相強大的功能來支援商務活動，例如：

(1) 傳輸能力：優越的頻寬可以快速傳輸多媒體資料，且具有強大連接能力(連接性)及雙向溝通能力(互動性)。

(2) 運算能力：資料處理自動化，包含計算、篩選、分析、判斷等。

商務活動可能包含交易，交易之前的行銷活動，以及交易之後的售後服務。較廣義的商務也包含企業內部活動。

電子商務就是運用電子媒體來支援這些商務活動。電子媒體包含網際網路的某項服務(如WWW、E-Mail)、網際網路、其他電子媒體(如電話、傳真)、非電子媒體等。

從交易對象來說，電子商務可區分為企業間電子商(B2B)、企業對消費者(B2C)、消費者對消費者(C2C)，三大類型，各有其不同的經營模式。近年來也形成由消費者發動的電子商務(C2B)。

電子商務的基本流程如下(以B2C為例)：

(1) 消費者進到商家網站瀏覽商品。

(2) 將中意的商品置入購物車。

(3) 依據最終購物車選定的商品進行結帳。

(4) 選擇付款方式(例如信用卡付款、貨到付款等)。

(5) 若選擇信用卡付款，需要經過驗證、清算等動作以完成付款。

(6) 寄送商品。

因此，為了有效執行電子商務，需要有下列成員之加入：

(1) 買家或消費者。

(2) 賣方或網路商店。

(3) 銀行與付款服務單位：其中買方的信用卡銀行稱為發卡銀行，商家開戶的銀行稱為收單銀行，經驗證後，便可將信用卡中的金額轉入收單銀行的商家帳戶。

(4) 認證與公信單位。

二、Intranet 與 Extranet

前面有講到，運用網際網路來建置各項系統的缺點是資料安全的威脅較大。因此在技術上會採取一些安全措施，包含防火牆、資料加密等。

如果企業運用網際網路或網頁的方便性，並採用防火牆以及身分認證的方式來建構企業內部的應用系統，稱為企業內網路(Intranet)，某些情況下，企業內網路就等同於企業的入口網站。也就是說，企業內網路使用網際網路的標準和網頁技術來創造私人的網路，可以存取整個企業內的資料，企業內網路能創造網路化的應用。

如果企業與上下游供應商或合作夥伴關係密切，可能共同採用網站來建立系統，對外同樣採用防火牆措施，就稱之為企業間網路(Extranet)。簡言之，企業間網路是允許授權的供應商和客戶可以有限度的存取公司內的私人網路。

三、電子化政府

政府也可以採用電子商務的方式提升服務物品，這也包括政府對企業及對人民兩部分，運用網際網路輔助對企業的服務，例如投資審核、貿易商情資訊等，稱為政府對企業的電子商務(G2B)。對人民的服務如報稅、醫療健保等則稱為政府對民眾的電子商務(G2C)。

四、電子商務經營模式

電子商務執行時有許多特定的模式，以下針對B2C、B2B電子商務與行動商務列舉幾個比較常見的經營模式。

B2C電子商務經營模式之例如下(林東清，2018)：

(1) 入口網站：主要的功能是運用搜尋引擎供瀏覽者搜尋，以作為瀏覽者進入其他內容網站或目的網站的入口，其主要的收入是來自廣告費，例如Yahoo!、Google等。

(2) 線上內容提供者：主要的功能是提供數位內容的網站，包含新聞、期刊、電影、音樂等，主要收益來自訂閱收入，例如Netflix、YouTube等。

(3) 線上零售商：主要功能是透過網站來銷售實體產品，主要收益來自銷售收入，例如Amazon等。

(4) 線上仲介商：主要功能是透過搜尋方式，尋找買賣雙方，並協助進行交易，主要收益來自佣金收入，例如104人力銀行、Trivago等。

(5) 線上市場創造者：主要功能是創造一個交易市場，並制定交易規則，也就是拍賣網站，主要收益來自佣金收入，例如Alibaba等。

(6) 線上社群提供者：主要是經營社群，聚集消費者，以分享資訊或是進行交易，主要收益來自廣告或佣金收入，例如FB、Line等。

(7) 應用服務提供者：主要是在網站上租賃Web的應用系統，諸如ERP、CRM、SCM等，或是提供其他的雲端服務，包含IaaS、PaaS、SaaS。

B2B電子商務經營模式之例如下(林東清，2018)：

(1) 電子化採購(e-Procurement)：以一家大型買方企業為主，建置自動化採購網站，匯集有合作關係的產品、目錄，並提供自動化採購流程、廠商搜尋、比價、訂單追蹤等功能。

(2) 直接銷售(Direct Sell)：大型買家為了降低中間商剝削，自行建置Extranet系統進行交易活動。

(3) 電子批發商(e-Distributor)：大型批發商建置B2B交易系統，匯集各家供應商多種產品，提供自動化客戶搜尋、比價、推薦、物流、金流等服務。

(4) 電子交易市集(e-Exchange)：由第三方中立單位，建立交易平台，供多對多的買賣交易。

行動運算主要的技術背景是無線通訊網路與行動終端設備的發達，因此可以運用無線網路及手持裝置(如智慧型手機)進行相關的商務活動。

行動商務的發展讓電子商務也額外增加一些功能，包含運用定位系統提供偵測地理位置、接觸的人物或商家的資訊，稱為適地性服務；也包含行動支付、線上與線下整合(O2O)等功能，更包含情緒運算、擴增實境(Augmented Reality)等技術的運用。

行動商務主要的類型扼要說明如下(林東清，2018)：

(1) 行動行銷：包含行動網站、簡訊傳遞。行動網站主要是透過App或是手機直接瀏覽網站的方式上網，行銷方式包含行動是橫幅廣告、行動是搜尋引擎廣告等；簡訊傳遞則是透過簡訊傳遞服務(Simple Message Service, SMS)傳遞行銷訊息給潛在消費者。行動行銷也包含適地性服務行銷、行動社群網路行銷、行動搜尋行銷、情境感知行銷等應用類型。

(2) 行動交易：包含行動購物、QR Code、行動票券(利用手機下再有價票券)、行動付款等。

(3) 行動服務：例如行動銀行、行動仲介等。

五、網路行銷

透過網站進行行銷也是普遍的活動，這可能搭配原有的4P行銷，在網路上進行廣告、促銷、比價等活動，或將網站視為銷售通路，甚至運用網站提供新產品活服務(包含數位產品)。

常見的網路行銷方式列舉如下：

(1) 搜尋引擎行銷(Search Engine Marketing, SEM)：主要包含關鍵字行銷及搜尋引擎最佳化(Search Engine Optimization, SEO)。關鍵字行銷指的是企業透過付費贊助(Paid Inclusion Policy)與競標方式，將自己的網站列入在搜尋引擎關鍵字的搜尋結果頁；搜尋引擎最佳化則是利用網頁不同的設計與撰寫技巧，將自己的網站列入搜尋結果的最前面，而吸引消費者點選(林東清，2018)。此時需要了解搜尋引擎排序的原則，其主要的指標包含普及率(例如流量、與其他網站鏈結、評論網站的排名等)、內容相關性(關鍵字與網頁關鍵字、標題、目錄等相關性)等。

(2) 推薦引擎行銷(Recommendation Engine Marketing)：運用類似搜尋引擎的技術，辨識消費者的消費行為，而適時推播給目標客群的行銷手法。推薦引擎主要包含內容導向篩選(Content-Based Filtering)、協同過濾(Collaboration Filtering)、知識導向篩選(Knowledge-Based Filtering)三種技術(林東清，2018)。

(3) 網紅行銷(Key Opinion Leader, KOL)：網紅指的是在網路上具有影響力的人，也就是對一定數量的網友具有感染力，而能夠影響這群人的想法或行動的人(林東清，2018)。網紅行銷就是在IG、FB等社群平台，透過與網紅的合作，達到代言或業配等行銷效果的手法。

(4) 聯盟式行銷(Association Marketing)：網站透過聯盟計畫，將自己網站當成一個入口網站，引導自己的顧客點選到其他合作網站，彼此交叉銷售，並互相收取轉介傭金(林東清，2018)。

(5) 智慧行銷(Intelligent Marketing)：主要是透過人工智慧的機器學習或類神經網路之深度學習技術，協助網路行銷，包含更了解瀏覽者的瀏覽行為、做更具體的預測或是監測廣告績效等，以提升網路行銷之績效。例如聊天機器人的應用、預測消費模式、精準推薦等。

(6) 其他：包含行動行銷、部落格行銷、社群網路行銷等。

▶ 2.4 社群網路

第二版的全球資訊網技術Web2.0最主要的特色是網站允許使用者提供內容，這樣的技術形成許多的社群網站，例如FB、IG、推特、Wiki、Youtube等等，這些社群網站提供框架，由使用者貢獻內容。使用者可以進行社交、意見分享、團隊討論、互通訊息等，因而加入社群網站。透過這樣的分享，網站聚集人氣、蒐集會員資料、蒐集內容，可以做出很多的應用，當然需要在隱私權的範圍中執行。

從科技使用動機的角度來說，人們加入社群媒體的主要動機是滿足某些需求或是獲得某些價值，主要的價值包含(林東清，2018)：

(1) 社會價值：能夠透過認識新朋友、聯繫舊朋友、關心老朋友、找到失聯朋友等方式提產生社交價值，社群媒體提供了分享資訊、分享照片、會員資訊、通知與搜尋等功能滿足此社會價值。

(2) 娛樂價值：社群媒體提供類似電視、遊戲、影音等方式的娛樂、讓瀏覽者產生有趣、好玩、放鬆等娛樂價值。

(3) 心理價值：個人在心理上包含情緒、情感、態度認知等，甚至自我認知、自我肯定、自我成長、自我實現等，均可能透過社群媒體而產生影響，主要理由是社群媒體提供自我接露、自我表達、自我檢視等功能，對上述的心理狀態均可能產生影響。

(4) 實際效益：透過社群媒體，使用者可能產生知識增進、口碑及影響力提升、建立職業上的人脈等方式，產生具體的效益。

一、社群媒體的分類

有這麼多的價值需求，加上技術的進步，社群媒體日益昌盛。社群媒體的分類包含(林東清，2018)：

(1) 協同專案型(Collaborative Project)：如維基百科、開源軟體等(Open Software Source)等。

(2) 部落格和微型部落格(Blogs and Microblogs)：如痞克幫(PIXNET)、Twitter、微博等)。

(3) 內容社群(Content Community)：如Youtube、IG等。

(4) 社交網站：如FB、LINE、微信、LinkedIN等。

(5) 虛擬遊戲世界(Virtual Game Worlds)：如Word of Warcraft等。

(6) 虛擬社會(Virtual Social World)：如Second Life等。

企業運用社群網路，可以善用社群網路提供之功能，主要功能包含下列六項(董和昇譯，2017)：

(1) 輪廓(Profile)檔案：設定成員的輪廓資料，例如成員姓名、學歷、專業等。

(2) 內容分享：分享、儲存及管理文件、簡報、圖像及視訊等內容。

(3) 匯入及通知：針對指定的個人及群組，提供及時資訊串流、狀態更新及公告。

(4) 團體及團隊工作坊：建立群組分享資訊、協同作業或執行工作專案。

(5) 貼標籤及社群書籤：臉書按讚，能夠對特定內容表示喜歡、不喜歡或其他感受。

(6) 許可及隱私：具有許可及隱私功能，保護個人或群組織內的隱私，也就是資訊只能在群組成員中流動。

就企業而言，主要的目的是採用資訊技術以提升競爭力。當然，一般的企業也可以經營社群，用以凝聚員工共識、知識交流或是提升知名度甚至顧客忠誠度。而企業如何運用這些社群網站進行商務及行銷活動也是重要的議題，例如在臉書可以投廣告、可以經營粉絲頁，在YouTube，可以做影片行銷。

社群企業運用社群媒體主要的目的包含產品促銷、關係建立、了解意見、獲得創意、顧客服務、口碑提升、夥伴互動等(林東清，2018)。

二、社群商務

　　社群商務主要的意義是運用社群媒體提升商務績效，這裡指的商務與電子商務所指的商務是一樣的。但是運用社群媒體卻產生更多可能的商業模式，例如共享經濟中所談的平台模式，代表性的例子是Uber、AirBnb等。又例如社群採購模式，例子是團購網站運用優惠折扣吸引大量的買家共同採購某項商品或服務。

　　運用社群網站也可以提升許多行銷的績效，例如線上口碑行銷（包含線上評論）、部落格行銷、YouTube行銷、社群採購、社群直播行銷等。

　　社群商務也衍生出群眾募資的方案，包含群眾募資、群眾投票、群眾創意等。群眾募資並非純粹募款，而是行銷手法，其目的是先確認是否有需求，再依據該需求進行製造，因而降低產品賣不出去的風險。

本章個案

國泰世華靠數位玩出創新服務

　　當信用卡刷卡因為額度限制而授權未過，你會換張卡還是取消消費？消費者一個不經意的動作，不只讓銀行失去當筆消費得刷卡額，甚至還有失去該名客戶的可能！為了解決這個痛點，國泰世華銀行就做到主動發送簡訊，讓你無須親自進線客服，只要按一個鍵，馬上就調高額度，立即消費。

　　以往，銀行透過傳統分行經營客戶關係，如今，從電腦、手機等數位通路來的客戶越來越多，顧客的行為在變，銀行就要跟得上，國泰金控數位暨數據發展中心為了「立即」滿足數位通路客戶的體驗，自主研發「即時決策系統」（RTDM），解決這個問題。依據信用卡數據分析，國泰世華銀行的客戶中，每年因額度不夠而放棄刷卡的金額高達上億。若透過客服最快也要超過數十分鐘的等待，才能調額成功，錯失消費者當下刷卡的時機。使用上述方案，竟讓該行平均每筆刷卡消費金額較之前高出六成。

　　2019年八月，國泰世華銀行數位品牌KOKO和國泰產險聯手推出的「KOPlay酷玩險」，首創透過手機App，一站式完成線上投保、查詢與理賠。其中，針對表演、遊樂場或滑雪等三種有價售票活動，還有特殊的「慰問金」，而成為市場熱議的亮點。這堪稱是一項服務創新，解決旅客手續冗長的困擾，可在一分鐘完成投保，最快兩小時生效。消費者預先填妥航班資訊，若遇班機延誤，只須拍照上傳登機證，就能理賠。

本章個案

　　近來首創把Combo數位帳戶和信用卡二合一的KOKO，也推出量身核貸服務「Free's貸」服務，最核心的功能是「分次動撥」，可預先申請額度後，再陸續動用，大幅減輕還款負擔。目前，以小型創業/SOHO族，及有臨時急用、新婚或購物裝潢族群為主要客戶，他們平均借30萬元，是一般信貸的六成。

　　此外，國泰還有秘密武器，2019年九月剛滿周歲的智能客服「阿發」，目前平均每天服務銀行2萬名客戶，滿意度超過九成五，媲美真人。例如，當客戶想掛失信用卡，只要跟阿發說：「我信用卡掉了/不見了」阿發就會詢問，是否要辦理「一鍵鎖卡」，這也是創新功能。

(資料來源：王姿琳，額度低刷卡不過?大數據一鍵即刻救援，商業週刊1624期2018.12，pp. 70-72：國泰世華滿足全方位體驗，精準數據洞察生活大小事中信銀打造最有溫度的服務，遠見雜誌，2019.10，pp. 121-123)

思考問題

　　國泰世華銀行導入了哪些資訊系統？這些資訊系統分別對應哪些創新服務？這些資訊系統分別屬於甚麼類別？

≣ 本章摘要 ≣

1. 資訊需求包含資訊內容、產出格式、產出時間等，資訊處理需求是資訊系統所產出的資訊為了滿足資訊需求，系統所需做的處理，例如進行運算、若則分析、統計模擬、知識推論等。

2. 依據部門的專業分工來做系統分類，包含生產作業資訊系統、行銷與銷售資訊系統、財務與會計系統、人力資源資訊系統、研發資訊系統等；資訊系統由組織階層可區分為交易處理系統(TPS)、管理資訊系統(MIS)、決策支援系統(DSS)、知識管理系統(KMS)、高階主管資訊系統 (EIS)。

3. 連結企業的系統包含本身的應用系統以及企業與外部連結的系統。企業本身的應用系統稱為企業系統，也就是企業資源規劃系統(ERP)；對外連結的系統包含與供應商連結的供應鏈管理系統，以及與客戶連結的顧客關係管理系統。

4. 網際網路技術普及之後，也開始運用於這些連結企業的系統，例如運用入口網站來整合企業內部的應用系統、電子商務(Electronic Commerce, EC)、網路行銷等。

5. 電子商務是運用網際網路技術來支援商務活動，商務活動可能包含交易，交易之前的行銷活動，以及交易之後的售後服務。從交易對象來說，電子商務可區分為企業間電子商(B2B)、企業對消費者(B2C)、消費者對消費者(C2C)。

6. 如果企業運用網際網路或網頁的方便性，並採用防火牆以及身分認證的方式來建構企業內部的應用系統，稱為企業內網路(Intranet)，如果企業與上下游供應商或合作夥伴關係密切，可能共同採用網站來建立系統，對外同樣採用防火牆措施，就稱之為企業間網路(Extranet)。

7. B2C電子商務經營模式包含：入口網站、線上內容提供者、線上零售商、線上仲介商、線上市場創造者、線上社群提供者、應用服務提供者等；B2B電子商務經營模式包含電子化採購(e-Procurement)、直接銷售(Direct Sell)、電子批發商(e-Distributor)、電子交易市集(e-Exchange)等；行動商務主要的類型包含行動行銷、行動交易、行動服務等。

8. 常見的網路行銷方式包含搜尋引擎行銷(Search Engine Marketing, SEM)、推薦引擎行銷(Recommendation Engine Marketing)、網紅行銷(Key Opinion Leader, KOL)、聯盟式行銷(Association Marketing)、智慧行銷(Intelligent Marketing)等。

9. 人們加入社群媒體的主要的價值包含社會價值、娛樂價值、心理價值、實際效益等。

10. 社群媒體的分類包含協同專案型(Collaborative Project)、部落格和微型部落格(Blogs and Microblogs)、內容社群(Content Community)、社交網站、虛擬遊戲世界(Virtual Game Worlds)、虛擬社會(Virtual Social World)等。

11. 社群企業運用社群媒體主要的目的包含產品促銷、關係建立、了解意見、獲得創意、顧客服務、口碑提升、夥伴互動等；運用社群媒體產生的商業模式包含平台模式、社群採購模式、社群行銷模式、群眾募資等。

參考文獻

[1] 林東清(2018)，資訊管理：e化企業的核心競爭力，七版，臺北市：智勝文化

[2] 董和昇譯(2017)，管理資訊系統，14版，新北市：臺灣培生教育出版；臺中市：滄海圖書資訊發行

03

組織與資訊系統

學習目標

◆ 了解資訊系統與組織之間的關係。

◆ 了解資訊部門的角色。

◆ 了解資訊系統對組織及產業的影響。

台積電數位化直逼工業4.0

　　臺灣積體電路製造股份有限公司(簡稱台積電)，成立於民國76年，並於民國83年9月及86年10月在臺灣證券交易所及美國紐約證券交易所掛牌上市。台積電是全球第一家以先進製程技術提供晶圓專業製造服務的公司，其業務重點不在設計或生產自有品牌產品，而提供所有的產能為客戶代工生產。基於此項策略與堅持，使得該公司自成立以來，不但成為全球積體電路業者最忠實的夥伴，更確立了全球積體電路產業的專業分工模式。

　　要在晶圓專業製造服務業中取得優勢，除了製程技術、品質及產能外，服務水準尤為關鍵所在。因此，該公司提出成為客戶「虛擬晶圓廠」的願景，其目標就是提供客戶最好的服務，給予他們所有相當於擁有自己晶圓廠的便利與好處，而同時免除客戶自行設廠所需的大筆資金投入及管理上的問題。希望透過資訊技術與網路科技，打破地理與時間的限制，隨時能使用台積電的工廠，就像使用自己的工廠一樣方便、一樣能掌控生產製程狀況。透過為上、下游的客戶與供應商建構完整的資訊體系，強化彼此的經營效率、合作默契，與建立互助、互信的夥伴關係。

　　在晶圓製造服務上，台積電採用eFoundry®縮短產品上市時間，交貨時間和批量生產時間。台積電的eFoundry®服務是一套基於網絡的應用程序，可在設計、工程和物流方面發揮更積極的作用。設計師每週7天，每天24小時訪問關鍵信息，並能夠通過eFoundry®在線服務創建自定義報告。eFoundry®服務提供「TSMC-OnlineTM」及「TSMC-DirectSM」兩個與客戶溝通的系統，前者提供設計與工程的合作，後者提供後勤的合作，設計工程及後勤就是台積電與客戶的三種協作模式。可以讓台積電提供「無障礙服務空間」，提供客戶無所不在的服務品質。例如台積電客戶透過「TSMC-Online」資訊平台，可以立刻追蹤到晶片的生產進度與良率的分析，協助客戶降低生產成本與縮短產品上市時程。

　　台積電也針對重大的客戶，拉一條專線到辦公室，提供客戶未來的投片規劃與生產進度諮詢，客戶透過網際網路，可以隨時隨地下單，任何的生產問題，台積電都能夠在第一時間內立即處理，節省下許多的時間。

　　此外，台積電也導入開放式創新平台(The TSMC Open Innovation Platform®)，該平台是一個全面的設計技術基礎架構，涵蓋所有關鍵IC實施領域，以減少設計障礙並提高首次矽片成功率。台積電的開放式創新®模式匯集了客戶和合作夥伴的創造性思維。

　　台積電可說是地表最接近工業4.0的企業，2000年就已達全自動等級，2011年率先智慧化，將AI、機器學習導入晶圓製造。其兩大獨門包含：

(1) 降低生產週期，交期所向無敵，代工廠最強。

(2) 工廠一致性，不但可精確製造，還能優化。

　　從自動化到智慧化，台積電智慧製造進程可扼要說明如下：

(1) 1987年追求製造卓越：公司成立，以技術領導、製造卓越、顧客信賴為三大信條。

(2) 1990年電腦化時代：善用資訊化，成為全球晶片設計公司的虛擬晶圓廠。

(3) 2000年自動化時代：打造自動化，實現調度自動化、運送自動化、設備自動化的全自動化製造環境。

(4) 2011年智慧化時代：開始智慧化歷程，整入整合是IT平台及大數據分析與應用。

(5) 2016年AI化時代：啓動深化機器學習計畫。

(6) 2018年工業4.0時代：計畫每年培育三百位深度學習工程師。

(資料來源：丁惠民，臺灣積體電路─打造以客戶為中心的「虛擬晶圓廠」，顧客關係管理企業典範，ABC遠擎， pp. 41-52；江逸之，黃明堂，台積電「虛擬晶圓廠」，遠見雜誌2004年2月 號第212期；地表最接近工業4.0!台積電兩大獨門武器，天下雜誌，2019年1月16日，pp. 74-77；台積電網站：https://www.tsmc.com.tw/chinese/default.htm)

　　台積電為了落實虛擬晶圓廠的策略，導入了許多資訊系統，這些系統與組織策略及行動充分配合，也影響組織競爭優勢。

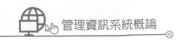

▸3.1 組織結構與企業流程

一、組織結構

　　組織結構(Organizational Structure)指的是組織的部門職權安排與任務分工。組織結構決定了個別任務、命令及決策、溝通方式。「職權安排」是指報告關係、權力、責任之分配，例如，階層式組織指的是垂直的職權關係，而授權乃是將職責授與較低層級的管理者或員工，功能型的組織將組織依據生產、行銷、財務等功能部門加以部署，部門別組織則是一產品來劃分部門的形式；「任務分工」指的是組織成員的工作描述或工作定義。組織結構要素(Robins, 2001)包含工作專業化、部門化、命令鏈、控制幅度、分權與集權、正式化等。

　　傳統的組織結構包含階層式的組織、矩陣式的組織等，新的組織結構包含了團隊結構(例如問題解決團隊、自我管理團隊、跨功能團隊、虛擬團隊)與虛擬組織。

　　組織結構中各部門欲有效整合，需要靠有效的溝通與協調，溝通指的是意見(如決策、資訊、知識、構想等)的交換，協調則是任務的調配，任務可能是標準化作業程序、專案計畫、或工作。

　　由於導入資訊系統可能牽涉到組織的變革，也就是上述任務、決策、溝通等變數可能受到改變，如果資訊系統重要性越大，則組織結構的變化可能也就越大。

　　除了部門及階層外，也可以將組織由外而內區分為行為、結構與制度、以及文化價值觀等三個層次。行為層次指的是策略及行動方案，均為組織外顯的行為，組織的研發、生產等主要活動(亦可表達為策略與流程)，以及財務、人力、採購等支援活動(亦可表達為策略與流程)，也都是行為層次的議題。當然，導入資訊系統也是行為層次的議題之一。結構與制度、以及文化價值觀則是對應組織架構中的組織結構、流程、績效評估與誘因系統、企業文化等向度，如圖3.1所示。

文化價值觀

結構與制度

組織行為：
流程與資訊系統

⊃ 圖3.1 組織層次圖

前述行為面的活動，企業流程與資訊系統有直接相關，我們可將流程視為資訊系統的使用者。而資訊系統也可能與組織結構、制度及文化相關聯，例如，建置資訊系統時，需要調整組織結構或流程，以提升資訊系統效能，包含組織結構由部門結構修正為流程式的結構、部門的合併或精簡、任務編組的改變等；在制度方面，資訊系統亦與績效評估、誘因系統有關係；在文化方面，資訊系統是組織的改革，改革可能造成文化衝突或是人員抗拒。

二、企業流程

傳統的企業流程是以企業功能為單位，各自建立自己部門的流程，企業功能包含研發製造、財務會計、行銷及銷售、人力資源等等。研發功能包含一系列的創意構想、實驗、設計、測試、雛型製作等流程；製造功能包含採購、檢驗、庫存、組裝、出貨等流程；財務與會計包含會計報表編制、財務分析、資金調配、稽核等流程；銷售及行銷功能包含行銷組合、行銷規劃、訂單履行等流程；人力資源功能則包含人事、工時、薪資、生涯規劃、教育訓練、福利保障等流程。這些功能及流程各自運作，並相互協調，以期望在滿足顧客的前提之下，求得最佳的效率。

為了瞭解資訊系統與使用者的關係，我們常常用流程圖來代表使用者的工作流程。如果這個流程夠詳細、夠嚴謹，那麼工作分工會很順利，而且其中資訊系統所扮演的角色也會很清楚。

流程圖繪製的步驟如下：

(1) 列出流程中所有的角色或人員，例如銷售人員、會計人員、生產線以及資訊系統。這些角色列在縱軸。

(2) 列出所有角色所需負責的工作項目。不同工作可以用不同符號表示，例如執行工作用方型表示，判斷的工作用菱形表示等。

(3) 將所有的工作項目依據時間順序表達於橫軸，各個工作列於相對的角色位置，而成為矩陣的樣子。

以訂單履約流程為例，其流程圖繪製如圖3.2所示。

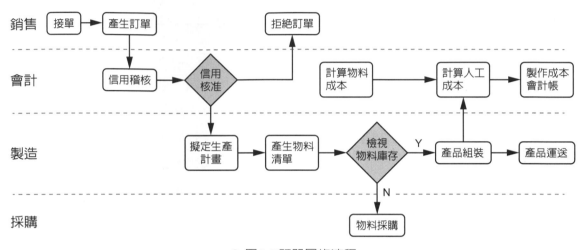

○ 圖3.2訂單履約流程

由圖3.2可以了解資訊系統與流程之間的關係，例如信用稽核可能與授信系統有關，產生物料清單與MRP系統有關。

▶ 3.2 資訊部門的角色與職責

資訊部門主要的職責是提供資訊服務，更具體的說，就是提供公司所需的軟硬體設施，發展應用軟體公使用者所用，包含這些設施的取得、維護、教育訓練等。

資訊部門成員方面，其主管可稱為資訊總管 (Chief Information Officer, CIO)，其下設有軟硬體部門或網路服務部門，也可能因為負責網路安全、知識管理等任務而設有安全長、知識長之職。而成員依其功能職責可能包含系統分析師、程式設計師、資訊系統管理員等。

　　不同企業其資訊部門的規模或位階不同，一般而言資訊部門的位階越高或主管的層級越高，就代表這家公司相當重視資訊系統，其投入也較大，也就是希望資訊技術能夠替公司提升競爭優勢甚至策略優勢。例如其資訊部門主管稱為資訊長(Chief Information Officer, CIO)，等同於副總層級，這家公司對資訊的投資就相當大，資訊是該公司重要的競爭武器之一。

　　反之，有些公司的資訊並沒有獨立的資訊部門，或是由其他部門(例如製造課)主管兼任，那麼這家公司的競爭優勢就不在資訊，資訊系統的主要角色是提升公司部份的生產力或效率。

　　為了有效提供資訊服務，資訊部門負責維護組成公司IT基礎建設的硬體、軟體、數據儲存、網路，部門分工依其工作內容可能包含硬體部門、程式設計部門、系統服務部門、網路服務部門等。其工作也包含：資訊技術策略擬定、資訊技術應用、資訊科技服務等。

　　其次，資訊部門負責許多資訊系統專案，包含發展或購買資訊系統等。系統發展主要的工作包含系統規劃、系統分析、系統設計、系統導入、系統維護等過程。規劃是設定目標、安排時程等工作，據以執行以順利達成系統發展目標；系統分析是了解使用者需求，並轉換為具體的、具邏輯性的規格；系統設計依據系統分析的結果設計系統、撰寫程式、並加以測試；導入包含系統安裝以及使用者或組織需要配合的事項；系統維護則是針對系統缺失、資料、程式、或硬體進行維護動作。

　　系統發展往往是臨時性的工作，其組織往往採用專案管理的方式。典型的專案組織是由專案經理帶領幕僚及執行的專案團隊來達成專案目標。常見的專案成員包含系統分析師、程式設計師、資料庫管理師等。

　　資訊系統專案的運作步驟如下：

(1) 高階主管指定專案經理。

(2) 專案經理組成專案團隊。

(3) 進行專案規劃。

(4) 依據專案規劃，執行及控制專案。

(5) 專案結束。

資訊部門或專案中不同角色人員所需知識技能有所不同。例如資訊長，需要有策略規劃能力以及資訊科技的背景。專案經理，需要有規劃、控制能力，以及領導溝通能力。系統分析師主要的工作是了解使用者的需求，並將需求轉爲邏輯規格，做爲系統設計之依據，因此，系統分析師需要兼具資訊技術、邏輯分析以及溝通等技能。程式設計師主要職責是系統設計、撰寫程式、進行測試等，所需的能力則偏重於邏輯分析與程式語言。

近年來資訊科技越來越進步，許多新的職稱出現，所需的能力也越來越朝向跨領域專長的方向發展。例如知識管理需要知識管理師，大數據分析需要大數據科學家。所謂大數據科學家是兼具統計運算、資訊科學與商業實務的人員(高端訓，2019)。

▶ 3.3 資訊系統對組織及產業的影響

我們在第一章講到資訊系統對於組織的效益包含效率、效能與關係建立，此處我們要更具體地說明這些效益的內涵。我們從經濟面、組織行爲面、IT的策略角色及產業的影響來描述資訊系統對組織的衝擊。

一、經濟面的衝擊

主要是從經濟學的觀點，評估資訊科技改變了資金的相對成本與資訊的成本。有兩個理論可以解釋。

(一)、交易成本理論

交易成本指完成交易所需的成本，理論上我們都希望交易成本越小越好。以企業之間的交易爲例，企業可以透過垂直整合等方式降低交易成本。當然以本書的目的而言，是希望資訊技術能夠協助公司降低交易成本。交易成本包含搜尋成本、資訊成本、監控成本，其內容以及資訊技術的應用範例說明如下：

(1) 搜尋成本：降低搜尋商品的成本。資訊系統可以透過搜尋代理人軟體 (Search Agent) 降低搜尋成本。

(2) 資訊成本：降低資訊不對稱性。透過資訊系統，買方可快速擷取各種廠商、產品、價格、成本等資訊，降低資訊的不對稱性及其所產生的交易成本。

(3) 監控成本：降低監控生產及物流所需之成本。透過資訊系統可以做線上的訂單進度追蹤、產品設計規格資訊分享、庫存資訊分享、物流運送資訊追蹤等，降低監控成本。

(二)、代理成本理論

代理理論認為公司擁有者需要聘代理人來監督公司的運作，通常擁有者就是資方，代理人是公司的經營團隊。而由於企業主與代理人之間目標的差異所造成的成本就稱之為代理成本。隨著企業公司規模和範圍的成長，代理人成本就跟著增加。資訊科技可以降低代理成本，讓企業公司提升收入，同時不必增加監督成本與增加員工。

代理成本包含監督成本(Monitor Cost)、束縛成本(Bonding Cost)、殘餘成本(Residual Cost)，其內容以及資訊技術的應用範例說明如下：

(1) 監督成本：是指降低監督員工與協調工作之成本。資訊系統可以降低監督及協調成本。

(2) 束縛成本：為了應付監督需要額外從事非生產性的表單製作等工作，例如降低非生產性的表單製作之成本。

(3) 殘餘成本：例如政治鬥爭、權力遊戲、粉飾太平、本位主義、不合作等(Jensen & Mechling, 1976)，資訊系統可透過規則建立及溝通促進，降低殘餘成本。

二、組織與行為面的衝擊

資訊科技對組織面的衝擊是將組織扁平化，也就是組織的管理層級變少了。其理由是資訊系統增加控制幅度，也就是因為資訊處理能力的提升，管理者的控制幅度增加，加上組織中的決策權力可以下放，層級因而減少，不需要太多的經理人。說明如下：

(1) 提升高階管理人員的控制幅度來減少中階主管：例如利用MIS、EIS、企業智慧系統(BI)，高階主管可以直接監控基層作業。

(2) 取代中階主管的資訊管理工作，降低中階管理的需求：中階主管有許多資訊導向的管理工作，即例行性、結構性的工作，例如報告工程進度、銷售狀況等，將上層的工作命令散布傳遞給下層。

(3) 提升基層員工的能力，取代中階主管：包含員工授能(Empowerment)讓員工有更大的權力與責任，或是透過IT來支援其在決策（例如DSS）、知識(KM、e-Learning)、生產力(SFA)上的能力，使其能執行決策與資訊管理工作。

資訊科技對組織行為面的衝擊是人員對於組織變革的阻力。資訊系統的導入典型的組織變革之一，使用者對於資訊系統的抗拒也成為重要的議題。這些抗拒主要都來自對於未來未知的恐懼，主要包含：

(1) 失業：害怕因為電腦取代員工而失業。

(2) 透明化：因為資訊化造成太多的透明或曝光，過去的表現將可能被批判。

(3) 工作習慣的改變：因為資訊系統需要學習新的技能而害怕，或是因為組織文化的衝突。

(4) 未知的績效：員工可能看不到系統的直接利益，或認為系統不合用，甚至認為系統所帶來的改變不合理。

這些抗拒可能會讓員工輕則工作不配合、態度消極，重則可能提出抗議、離職甚至訴諸法律途徑。處理這些抗拒問題是資訊系統團隊需要面對的，包含高階主管需要出面說明與宣導、使用者參與系統發展的過程、以及適當的教育訓練等。

三 策略面的衝擊

策略是組織因應或操控外界環境的方法，策略是分配資源、培養能力，以達成與組織生存發展相關目標的決策與行動。

策略著重於關心與組織生存發展相關的議題，屬於較為長程的規劃，其不確定性較高，通常由高階主管負責。策略制定的過程主要包含環境偵測、衝擊分析、擬定因應方案等三個步驟。環境偵測乃是蒐集相關的議題與趨勢；衝擊分析乃是針對所蒐集的議題與趨勢進行機會與威脅之解釋；因應方案則是依據機會與威脅之解釋，擬定策略目標、內涵與相對應的行動方案。

策略欲有效執行包含兩大構面，一個是組織配套措施，包含組織結構、文化、誘因系統、企業流程等搭配。

資訊科技對策略面的影響也很大，不但影響組織策略規劃流程，也可能建置策略性資訊系統成為企業競爭的武器。尤其是網際網路普及後，資訊科技的策略應用就更加顯著。

網路時代的特性如下(林東清，2018)：

(1) 邊際成本趨近於零：例如微軟的Windows XP作業系統，研發花了10億美元，但其每增加一個產品光碟的邊際成本，幾乎等於零。

(2) 固定成本很昂貴，而且是一種沈沒成本：資訊化產品，例如電影，原來投入龐大的固定（研發）成本都變成沈沒成本(Sunk Cost)，完全沒有價值。

(3) 資訊產品產量可無限制地擴張：例如音樂CD就能以極低的單位成本，幾乎無限制的情況下製造出100萬片甚或1000萬片同樣的CD。

(4) 產品的運送成本及倉儲成本極低。

上述網路時代的特性造成以下的影響。

(一)、IT的策略角色

企業策略包含公司層級、事業部層級、企業功能層級的策略。此時IT的策略角色是當公司擬定策略(例如差異化策略)時，會進行策略分析(例如五力分析、SWOT分析)，而於策略分析時考量資訊技術的採用，以便提升競爭優勢。例如：

(1) 五力分析模式：網際網路對五種力量均產生衝擊，五種力量是替代產品或服務、客戶的議價能力、供應商議價能力、新進入者之威脅、既存競爭者間之定位及對抗。

(2) 價值鏈模式：從資訊系統的角度來說，思考價值鏈的主要目的包含運用資訊系統改善企業流程、改善顧客關係、有效連結供應商與合作夥伴、進行基準評價(benchmarking)、擴展價值鏈、尋找策略優勢的機會等。資訊技術對價值鏈內各活動效率的支援，包含企業主要活動及支援活動，例如行銷資訊系統、人力資源管理系統、自動排程系統等。

上述分析包含外部分析與內部分析，與其他內外部分析方法(例如PEST分析、資源基礎分析等)一樣，都要去解釋其機會、威脅以及優勢、劣處，再據以列出相對應的競爭策略，也就是SWOT分析。所擬出的競爭策略可能包含低成本領導者、產品差異化、專注於焦點市場、強化顧客與供應商的親密度等，資訊技術對這些策略的擬定均產生許多影響。例如網路行銷提升銷售量以分攤固定成本、提供差異性的資訊服務等；例如產品個人化(Personality)讓許多線上新聞提供個人化的報紙內容；又例如Dell電腦公司，利用組裝精靈(Configurator)，幫消費者快速、正確地組合各種量身訂製、不同配備的PC，以快速、正確的「堆積木」方式，達成所謂的「大量客製化」(Mass Customization)。

其次，以資訊系統為策略主角，也就是當公司在擬定公司層級、事業部層級、企業功能層級的策略時，考量要投入多少資源於資訊技術／系統以提升競爭優勢，稱為資訊技術／系統策略。其策略選項可能是：

(1) 建立 IT 營運模式，例如綜效、虛擬組織、建立核心競爭力、O2O(線上線下)等。

(2) IS 系統發展優先順序，以便建置適當的資訊系統。

(二)、擬定資訊技術策略的可能營運模式

從經營模式的角度，資訊系統的操作可以考慮以下因素(董和昇譯，2017)：

(1) 綜效：運用資訊系統達成綜效的主要原則是共享資源，也就是運用資訊系統將各部門、各事業部、甚至夥伴公司之間的資源連結共享。例如銀行之間的合併(資產、客戶)、事業單位之間(緊密運作)。

(2) 核心競爭力：以資訊技術(資訊系統)為主軸來建立核心競爭力，以便連結組織多項能力，達到價值創造、不容易被模仿等目標。例如聯強的維修服務系統、P&G 的開放創新系統等。

(3) 網路策略：也就是善用網路的特性，建立網路化的組織模式。例如在網路經濟時代，庫存成本低、邊際成本幾乎為零等特性，而建立產品個人化、大量客製化、長尾模式、平台模式等。也可建立虛擬公司(虛擬組織)，甚至企業生態系統。

所謂的 O2O(Online to Offline) 模式指的是消費者運用手持裝置在線上搜尋商品資訊或下載交易相關的訊息(如折價券、QR Code)，並及時在實體商店購買、付款的一種交易模式。這種交易模式的優勢在於不必要再瀏覽之後離開個人電腦，到實體店面去購買，而是可以在商店同時下載、購買、以及行動付款一次完成(林東清，2018)。

四、對產業的衝擊

資訊通訊技術的演進，從資料庫到大數據、從資料處理到人工智慧、從網際網路到物聯網，再加上行動運算與社群運算，對人類的日常生活產生影響，對於企業也造成影響，對產業也產生改變。以下就工業 4.0、商業 4.0、金融科技以及智慧農業作扼要的說明。

（一）、工業4.0

工業4.0對應的就是第四次的工業革命，前三次工業革命主要的變革為蒸汽機造成的機械化、動力造成的自動化、資訊科技造成的資訊化。第四次的工業革命大概從2010年開始，其主要的動力是智慧化，也就是延伸第三次工業革命，建構出具有智慧能力的資訊系統，也就是建構智慧工廠，其主要的特色包含以下事項(林東清，2018)：

(1) 協同作業：工廠內的設備、零組件之間，運用RFID或物聯網技術，進行協同合作，包含機台對機台或機台對零組件之間的合作。

(2) 視覺化：運用視覺化軟體模擬系統來監控機器設備之操作。

(3) 分散式自主：工廠內的智慧機台具備自我監測、自我評估等自主能力，而不需由中央機台控制，此種自主可提升許多效率。

(4) 及時化：運用物聯網技術，可及時蒐集工作流程或機器設備的資料，進行分析並採取及時的行動。

(5) 模組化：為配合智慧化技術，許多機器設備本身的設計就是模組化設計，增加彈性與機動性。

（二）、商業4.0

商業4.0是將智慧化科技用於商業，其主要的概念是虛實整合成為全通路的經營模式。包含電子商務、網路行銷、行動商務與社群商務等應用，將逐漸整合為全通路的模式，而其理念就是由生產者為中心的思維改為「以消費者為中心」的商業思維，建構優良的消費體驗。

（三）、金融科技

金融科技就是FinTech，與工業4.0一樣，也是智慧化的資訊科技支援金融、保險等產業，主要的支援流程包含支付、存貸、籌資、投資、保險等。

由於金融科技支援金融流程中牽涉到支付、身份認證、信用等議題，因此區塊鏈(Blockchain)是重要的核心技術之一。

區塊鏈(blockchain)技術是一種不依賴第三方、通過自身分散式節點進行網路數據的存儲、驗證、傳遞和交流的一種技術方案，它依靠密碼學和數學巧妙的分散式演算法，在無法建立信任關係的互聯網上，無需藉助任何第三方中心的介入就可以使參與者達成共識，以極低的成本解決了信任與價值的可靠傳遞難題(MBA智庫https://wiki.mbalib.com/zh-tw/區塊鏈)。

(四)、智慧農業

　　智慧農業也是由智慧科技支援農業的應用，依據行政院農委會推動的「智慧農業4.0」計畫將農業4.0定位為「智慧生產」及「數位服務」，從人、資源及產業三方面進行優化，透過「以智農聯盟推動智慧農業生產技術開發與應用」、「建置農業生產力知識及服務支援體系，整合資通訊技術打造多元化數位農業便捷服務及價值鏈整合應用模式」及「以人性化互動科技開創生產者與消費者溝通新模式」等策略，將農業從生產、行銷到消費市場系統化。亦即藉由感測、智能裝置、物聯網及巨量資料分析的導入，將知識數位化、生產智動化、產品優質化、操作便利化及溯源雲端化，建構智農產銷及數位服務體系(行政院農委會網站：https://www.coa.gov.tw/ws.php?id=2505139，2020.10.11)。

本章個案

東豐纖維，紡織老廠靠智動化變身

　　成立於1954年，已經有六十五年歷史的東豐纖維，從勞力密集的紡織廠到幾乎不需人力的智慧工廠，轉型五年來，銷售額成長近四成，更要擺脫被動接單、成為製造服務智慧廠商。

　　東豐纖維總經理陳裕隆指著網站上的Hagger男西裝褲，這是2007年就代工的產品，每年出貨兩百萬條，累計銷售超過兩千萬條，還在賣。一做十二年，布料顏色、加工都得分毫不差，考驗品質的一致性。創新則是，材料需創新，還得面對通路革命，像Hagger新版彈性褲，在亞馬遜每年賣三百多萬件，平均每八秒賣掉一件褲子，這就是電商的衝擊，所以身為供應商，「效率」就是金錢。

東豐纖維董事長陳爾彪回憶在2015年任董事長時，覺得織染廠太傳統，就問幹部，你希望公司在五年後長成甚麼樣子?就此啟動轉型。東豐纖維在2013年立志轉型智慧工廠，攜手外部夥伴如工研院、經濟部、以色列和義大利廠商，內部投入千萬成立創新研發中心，拚良率、產能、節省支出，甚至希望用數據回饋，提前為客戶提出設計、研發建議，力求「製造服務化」。

五年轉型下來，與2102年為轉型前相較，營收增加、成本下降，總體布料年銷售額從2012年約8.05億，2018年增加至11.25億，成長率39.8%。

AI需要資料、演算法和專業知識密切結合加以建構，東豐完成機台連網、資料可視化工作，接者啟動工業3.5以上的資料加值(如利用資料建模，進行品質或製程預測)，2019年朝向工業4.0前進。

東豐已陸續完成智慧驗布系統、生產線上智慧系統，並建置自動搬運車。其中，智慧驗布系統和面料生產線可實時連線，「生產也同時完成檢測，以一千碼布為例，過去人工檢驗約需花費四十分鐘，檢出率六至七成；智慧系統導入後，檢測僅三分鐘，檢出率升至九成以上。」

智慧織布機和無人搬運車(AGV)用訊號在空中對談，工廠無人影也無人聲。陳裕隆說，所有監控、資料都在雲端了，只有偶爾要輔助上下不或排除故障，否則工廠都沒有人。

東豐還將陸續加入智慧學習技術和大數據收集，2019年攜手義大利廠商，合作建置智慧開裁包裝機，要持續提升產能和效率。

(資料來源：東豐纖維，紡織老廠靠智動化變身，天下雜誌，2019年5月8日，pp. 76-77)

思考問題

東豐纖維有哪些資訊化的措施?對組織內部及外部競爭力有何影響?

本章摘要

1. 資訊系統與組織結構、制度及文化均有相關聯，例如調整組織結構、部門的合併或精簡、任務編組的改變、績效評估、誘因系統、文化衝突或是人員抗拒等。

2. 為了瞭解資訊系統與使用者的關係，我們常常用流程圖來代表使用者的工作流程。如果這個流程夠詳細、夠嚴謹，那麼工作分工會很順利，而且其中資訊系統所扮演的角色也會很清楚。

3. 資訊部門成員方面，其主管可稱為資訊總管(Chief Information Officer, CIO)，其下設有軟硬體部門或網路服務部門，也可能因為負責網路安全、知識管理等任務而設有安全長、知識長之職。而成員依其功能職責可能包含系統分析師、程式設計師、資訊系統管理員等。

4. 資訊部門負責維護組成公司IT基礎建設的硬體、軟體、數據儲存、網路，部門分工依其工作內容可能包含硬體部門、程式設計部門、系統服務部門、網路服務部門等。其工作也包含：資訊技術策略擬定、資訊技術應用、資訊科技服務等。，資訊部門負責許多資訊系統專案，包含發展或購買資訊系統等。

5. 資訊系統經濟面的衝擊主要是從經濟學的觀點，評估資訊科技改變了資金的相對成本與資訊的成本。有兩個理論可以解釋，即交易成本理論與代理成本理論。

6. 資訊科技對組織面的衝擊是將組織扁平化，也就是組織的管理層級變少了；資訊科技對組織行為面的衝擊是人員對於組織變革的阻力。資訊系統的導入典型的組織變革之一，使用者對於資訊系統的抗拒也成為重要的議題。

7. IT的策略角色包含：建立IT營運模式(例如虛擬組織、O2O、建立核心競爭力等)以及擬定IS系統發展優先順序，以便建置適當的資訊系統。

8. 擬定資訊技術策略的可能營運模式包含綜效、核心競爭力、網路策略等，其中網路策略又可包含產品個人化、大量客製化、長尾模式、平台模式，或是建立虛擬公司(虛擬組織)，甚至企業生態系統。

9. IT對產業的衝擊可以從工業4.0、商業4.0、金融科技以及智慧農業等方面來說明：工業4.0主要是建構智慧工廠；商業4.0是將智慧化科技用於商業，其主要的概念是虛實整合成為全通路的經營模式；金融科技就是FinTech，運用智慧化的資訊科技支援金融、保險等產業；智慧農業也是由智慧科技支援農業的應用，智慧農業主要內容就是農業生產及服務的智慧化以及農業資料蒐集與處理。

參考文獻

[1] 林東清(2018)，資訊管理：e化企業的核心競爭力，七版，臺北市：智勝文化

[2] 高端訓(2019)，大數據預測行銷：翻轉品牌X會員經營X精準行銷，初版，臺北市：時報文化

[3] 董和昇譯(2017)，管理資訊系統，14版，新北市：臺灣培生教育出版；臺中市：滄海圖書資訊發行

[4] Robins, S.P.,(2001), Organizational Behavior, 9th ed., Prentice Hall

第二篇
技術篇

資訊技術基礎建設

學習目標

◆ 認識資訊軟硬體技術及其演進。

◆ 了解資訊技術基礎建設的內涵

◆ 了解資訊技術基礎建設的相關產業分工。

IBM與資訊科技發展

1924年托馬斯·華森將IBM公司前身CTR（Computing Tabulating Recording，計算列表紀錄公司，統計學家赫爾曼·何樂禮在1896年創立）改名為IBM，正式成立IBM這家公司。

1956年華森將公司交棒給自己的長子小托馬斯·華森，1960年代初期小華森用公司年營收三倍的巨資，花費五十億美元開發360系列大型電腦，採用最新的積體電路技術，奠定IBM在大型電腦稱霸的定位。

IBM於1973年開發了現代HDD的基礎，即磁片、磁頭、轉盤等一體成形的IBM3340(Winchester)，大約有70MB的容量。在1980年代的十年裏使用了一千億美元的研發經費，開發出許多電腦技術。

IBM在90年代初一度面臨個人電腦與工作站功能增強，大型電腦（System/360、z系列）銷售減少，陷入虧損困境。但1993年從RJR Nabisco食品公司挖角郭士納（Louis V. Gerstner, Jr.）擔任董事長兼執行長後，組織與企業經營方向進行了巨大改革，以提供客戶全套軟硬體設計全套解決方案為主要銷售策略，重新振興IBM，讓IBM營收獲利皆創新高。

1994年8月16日，首次研發出世界第一台全觸控螢幕的行動電話，比2007年蘋果公司發表的第一支iPhone和NOKIA於1999年發表的全彩觸控螢幕行動電話還要早，堪稱智慧型手機中最早的始祖，但後來仍未引起全面性流行。

IBM為電腦產業長期的領導者，在大型／小型機和可攜式機（ThinkPad）方面的成就最受矚目。其創立的個人電腦標準，至今被不斷地沿用和發展。2002年12月以20.5億美元的價格將桌上型電腦硬碟業務出售給日立。2004年12月8日其PC部門出售給聯想公司，金額17.5億美元並持有聯想公司股份。藉由聯想收購PC部門的契機，IBM開始向管理服務公司轉型。

雲端業務方面，2013年6月4日，IBM宣布收購美國雲端運算公司SoftLayer Technologies，以強化公司在雲端運算市場的地位。2015年10月28日，IBM宣布收購了The Weather Company的B2B資料業務，這筆交易將鞏固其在物聯網方面的布局。2016年1月21日，IBM宣布收購了網路影片直播服務商Ustream，將組建「雲影片服務業務」。2018年10月28日，IBM以每股190美元現金收購全球最大混合雲服務供應商紅帽公司。

醫療應用方面，2015年8月6日，IBM宣布將以10億美元收購醫學成像及臨床系統供應商Merge Healthcare，並將其與旗下「華森健康」(Watson Health)部門合併，並整合來自Merge Healthcare醫療成像管理平台的資料和圖像與旗下華森計算平台的圖像分析業務。

目前IBM在軟體、大數據、雲端、IT基礎架構、資訊安全、物聯網、人工智慧(IBM認知解決方案)等，均提供相當多的服務。以人工智慧為例，IBM開發的Watson結合各種人工智慧於一身，包含負責蒐集資料的「資料探勘」、結合推理與知識的「專家系統」、提供學習正確度的「機器學習」與可正確處理知識的「知識表示法」。

IBM人工智慧發展以Watson為核心，推出Power Systems和Power AI兩大產品線。Power Systems 室內建IBM Power處理器的伺服器電腦，透過等同超級電腦等級的平行運算能力來執行Watson的功能模組；而Power AI 則是執行人工智慧機器學習的軟體平台(框架)。

在應用上，Watson應用到運動、金融等諸多行業，尤以醫療最受人矚目。IBM在2015年成立健康事業部門(IBM for Health)，隔年在醫院導入AI協助診斷癌症、腫瘤，將AI癌症治療輔助系統(IBM Watson for Oncology)，提供醫生治療建議。

(資料來源：維基百科https://zh.wikipedia.org/wiki/IBM，2020.7.15；AI大爆發，三種應用生活中看得到，數位時代，2018.01，pp. 56-62；陳子安譯，2018，圖解AI人工智慧大未來：關於人工智慧一定要懂的96件事，臺北市：旗標pp. 104-105；IBM台灣網站https://www.ibm.com/tw-zh/industries，2020.7.15)

IBM在資訊科技發展歷史上，具有相當重要的地位，其相關產品與服務，在資訊科技基礎設施扮演重要的角色，尤其是硬體及顧問服務方面。

▶4.1 資訊科技基礎建設

一、資訊科技基礎建設定義

資訊科技基礎建設是由一系列整體企業營運的實體裝置和軟體應用組成，是一種「服務平台」的概念，也可以說是資訊產業的成員，包含硬體、軟體、通訊及技術服務等廠商。

資訊科技基礎建設的服務項目包含：

(1) 運算服務：主要是電腦主機及伺服器，包含大型電腦、中型電腦、桌上型電腦、筆記型電腦、手持行動設備等，用以提供運算及資料處理服務。

(2) 通訊服務：主要是通訊網路，用以提供連線及相關通訊加值服務。通訊網路包含：通訊設備(如端點設備、轉接設備)、傳輸媒體、伺服器、網路作業系統、通訊協定等。

(3) 資料管理服務：包含資料分析以及儲存與管理資料。儲存內涵包含資料、分析模式、知識，分別稱為資料庫、模式庫與知識庫。資料庫包含資料表及其欄位；模式庫儲存分析模式；知識庫則儲存專家或專業知識。

(4) 軟體應用服務：提供企業有關應用軟體的服務，例如 ERP、SCM、CRM 等。

(5) 技術及顧問服務：包含設備管理、技術標準、研究發展、教育訓練等服務。例如網際網路服務供應商(Internet Service Provider, ISP)提供連接服務(e.g.撥接服務、專線固接服務)、加值服務(e.g.WWW 伺服器服務、FTP 檔案服務、郵寄名單服務)；資訊內容供應商(ICP)提供數位內容，雲端供應商提供技術或系統租賃服務；外包廠商提供電腦化相關服務；顧問商提供系統建置、資訊安全、系統整合等顧問服務。

二、資訊科技基礎建設應用領域

資訊科技基礎建設在資訊系統的服務上，主要是透過應用系統來提供所需的資料處理功能，其應用領域指的是企業與企業環境，也就是協助企業 e 化與對外關係。應用領域可區分為下列四項：

(1) 企業內部電子化：應用系統透過應用程式提供服務，功能別或行業別的資訊系統包含會計資訊系統(AIS)、財務資訊系統(FIS)、決策支援系統(DSS)、專家系統(ES)、高階主觀資訊系統(EIS)。也有許多資訊供應商設計應用程式銷售，稱為套裝應用程式，例如物料需求規劃系統(MRP)、企業資源規劃系統(ERP)、顧客關係管理系統(CRM)、電子資料交換系統(EDI)、供應鏈管理系統(SCM)、點銷售系統(POS)、電子訂貨系統(EOS)等。

(2) 電子商務：狹義的定義是指企業與外部之間的商務活動，尤其是運用網際網路技術時，而所支援的商務活動包含電子交易、網路行銷、顧客服務等項目。無線網路技術的發達，也造成行動商務的日益普遍。

(3) 內容：所謂內容就是提供數位內容，例如百科全書、文章、照片、影片等。

(4) 社群：透過資訊科技提供群體合作或是社群活動，例如社交媒體。

　　資訊科技基礎建設提供各類型的資訊所應用，構成資訊科技與應用體系，如圖4.1所示。

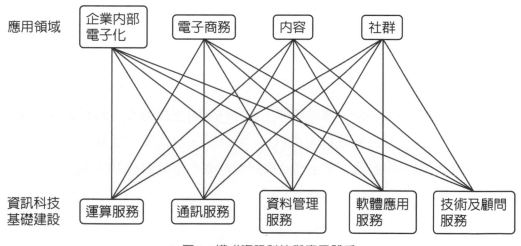

○ 圖4.1 構成資訊科技與應用體系

▶ 4.2 資訊科技基礎建設的組成元件

一、資訊科技基礎建設的組成元件項目

　　在上述的定義及服務項目之下，進一步將資訊科技基礎建設的組成元件如圖4.2所示，分別說明如下(董和昇譯，2017)：

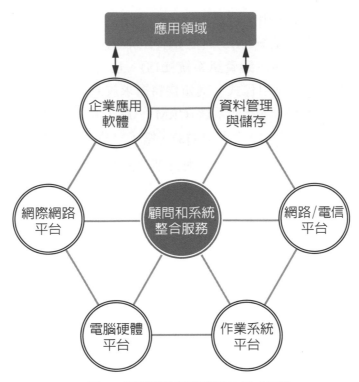

● 圖4.2 資訊科技基礎建設的組成元件

(一)、電腦硬體平台

包含伺服器與終端設備。電腦硬體主要元件包含電腦處理、資料儲存、輸入、及輸出，其元件包含中央處理單元(CPU)、記憶體、輸入輸出裝置等。硬體主要的類型為中大型主機、伺服器、桌上型及筆記型電腦，也包含智慧型手持設備。

電腦硬體平台的功能包含下列三項：

(1) 是用來整合及輸入資料用的設備、儲存資料的實體媒體。

(2) 當輸出後用來傳遞處理過資訊的裝置。

(3) 為了存取企業內資料及連結網際網路的行動裝置。

電腦硬體的主要供應商包含戴爾電腦(Dell)、IBM、Apple等。

(二)、作業系統平台

軟體主要區分為系統軟體與應用軟體兩大類。系統軟體主要任務是控制硬體的運作，包含作業系統、語言轉譯程式、多用途程式等；應用軟體主要包含應用程式以及撰寫應用程式的語言，如Java、C++、Visual BASIC等，也包含系統開發工具、個人電腦工具(套裝軟體：如文書處理、試算表、電子郵件軟體等)。

作業系統是系統軟體的主要類別之一，在網路、電腦、智慧型手機均有其相對應的作業系統，一些作業系統的例子如下：

(1) 網路作業系統：例如 UNIX 與 Linux。UNIX 作業系統的主要供應商為 IBM、HP 和 Sun，每個廠商的版本可能略有差異。Linux 為開放原始碼系統，可供使用者修改程式碼而更符合使用需求。

(2) 電腦作業系統：DOS(Disk Operation Systems) 是早期的作業系統，視窗作業系統普及之前，常用此作業系統，使用時均須以鍵盤輸入指令。Windows 是微軟公司發展的系統，其被採用率相當高。Chrome OS 則是 Google 的作業系統，該作業系統並不像 Windows 一樣安裝在個人電腦上，而是透過網際網路以 Chrome 瀏覽器來存取。。

(3) 智慧手機作業系統：Android 是行動裝置的開放原始碼作業系統，由 Google 主導的 Open Handset Alliance 所開發，普及率相當高。iOS 作業系統為 Apple 所有，搭配 iPhone、iPad 等裝置使用。

(三)、企業應用軟體

企業本身 e 化所需的應用軟體有時可自行開發，有時則購買套裝軟體，以企業資源規劃系統為例，提供應用軟體的供應商主要包含 SAP、Oracle、鼎新 ERP 等。而且企業應用軟體也提供系統介面服務，也就是運用中介軟體來整合企業內現有的應用系統。

(四)、資料管理和儲存

資料管理主要就是管理公司的資料，讓資料能夠有效地存取與使用。資料庫管理的領導廠商包含 IBM（DB2）、Oracle、Microsoft(MySQL)、Sybase(Adaptive Server Enterprise) 等。資料儲存則是指儲存資料的設備，例如 EMC 公司提供大型系統的儲存設備，Seagate 則提供 PC 硬碟。

(五)、網路/電信平台

網路/電信平台主要是由電信公司提供，其服務包含聲音與資料的連結、廣域網路、無線服務和網際網路存取。AT&T 就是此平台的領導廠商之一，在台灣則是中華電信。網路/電信平台主要透過區域網路、區域網路、網際網路以及無線網路的 3G、4G、5G 等提供服務。

(六)、網際網路平台

　　網際網路平台包括其軟硬體和管理服務，以支援企業網站的建置，例如網路代管服務可以維護大型網站伺服器，或透過付費訂戶空間幫訂戶維護網站。網際網路硬體伺服器主要供應商包含IBM、Dell、Sun、HP等。網際網路平台也包括網站開發工具與套件。

(七)、顧問和系統整合服務

　　即使企業有專責資訊部門，編列預算進行資訊系統導入，但是導入資訊科技基礎建設涉及技術問題、流程改變等問題，相當複雜，故需要有系統導入顧問服務以及系統整合服務。可能包含外包廠商提供電腦化相關服務，顧問商提供系統建置、資訊安全、系統整合等顧問服務。其中系統整合服務包含整合企業老舊系統(legacy system)以及現有不相容的系統，老舊系統通常指大型主機所設計的舊型交易處理系統，這些資料對公司而言仍相當可貴，不可刪除而須加以整合。

二、資訊科技基礎建設的績效指標

　　資訊科技基礎建設是資訊系統應用的基礎，就好像公路是基礎建設，資訊系統是公路上行駛的車輛。基礎建設需要具備一些績效或品質的指標，才能基礎穩固，包含彈性、整合性、相容性、成長性、安全性及可移植性(林東清，2018)：

(1) 彈性：所謂彈性是指當外部環境改變、使用者需求改變、組織結構與流程改變發生時，基礎建設能夠快速且低成本地調整，包含調整硬體、軟體、資料庫的架構，以因應資訊系統的開發或修改。

(2) 整合性：分散於不同平台的資料、程式，都能夠透過仲介軟體或是遵循標準而整合起來。

(3) 相容性：網路、作業系統、資料庫平台都能透過平台設計或是遵循標準而能彼此溝通互動、程式相互操作、資料相互擷取。

(4) 成長性：又稱擴充性（scalability），指電腦、產品或系統在將服務擴展到龐大的用戶量時不會當機的能力。

(5) 安全性：有充足的保護措施防止程式或資料被竊取、駭客入侵、病毒侵襲等。

(6) 可移植性：指的是各種不同的軟體都可以在不同的作業平台上移植操作，不會有不相容的問題，或是需要重複開發的困擾。

除了上述的功能性指標之外，資訊科技基礎建設的投資也需要考慮成本的問題。常用的成本指標稱為技術資產的總持有成本（total cost of ownership, TCO），這個指標分析直接與間接成本，可以協助公司確認某項特定科技導入的實際成本。總持有成本包含硬體、軟體、安裝、教育訓練、支援、維護、基礎建設、當機成本、空間與能源等(董和昇譯，2017)。

▶ 4.3 資訊科技基礎建設的演進

資訊技術的基本功能包含處理、傳輸、儲存、介面，以主機而言，包含超級電腦、大型電腦、中型電腦、迷你電腦、工作站、個人電腦、筆記型電腦、平板電腦、手持裝置等。其技術元件相當多，譬如說電腦零件由真空管、電晶體演進到半導體；記憶體元件由磁蕊、磁帶、磁碟演進到光碟；而通訊技術則由傳遞聲音（電話）、數據資料，逐漸加以整合（例如ISDN網路整合數據與聲音），到目前的網路多媒體。

一、資訊科技基礎建設演進的技術驅動力

資訊技術進步快速，就是因為電腦處理速度、記憶容量、傳輸網路等技術發達，搭配軟硬體的設計所造成。也就是技術一直在進步，成本一直在降低。以下介紹一些技術原理。

(一)、莫爾定律

電腦處理速度常用每秒百萬指令(million instruction per second, MIPS)來衡量。目前處理主要是由積體電路來執行，積體電路大大縮小電路的體積。一般而言，一個電晶體可視為一個電路單位，如果固定體積的半導體能夠容納越多的電晶體線路單位，則該半導體的密度（或稱集積度）越大，當然功能也就越多。

早在1965年，摩爾(Gordon Moore)就觀察到，從1959年第一個微處理晶片出現以來。積體電路可容納的電晶體數目每年增加一倍，這就是摩爾定律的起源。摩爾定律隨著時間演進有不同的解釋與修正目前我們可以說，依據摩爾定律，微處理器的能力（速度或運算能力）每18個月增加一倍，甚至可以推論運算的價格每18個月降低一半。

(二)、大量數位儲存定律

資訊量快速增加，可喜的是儲存成本快速下降，下降的速度也是以指數的方式進行，大約每年下降100%，主要是因為儲存技術的進步，由磁帶、磁碟到光碟，衡量儲存容量的單為也由KB、MB、GB甚至到TB，都是以千倍來衡量。目前一個4TB的可攜式硬碟大約4000元台幣。

(三)、梅特卡夫定律(Metcalfe's Law)

梅特卡夫是乙太網路(Ethernet)的發明人，他在1970年聲稱，網路的價值會成指數成長，並成為網路成員人數的函數，這就是梅特卡夫定律。

我們可以簡化問題用網路連結數做為連結價值的單位，網路成員為二，其連結價值為一；網路成員為三，其連結價值為三；一網路成員為四，其連結價值為六，依此類推。這是基本的排列組合公式，可以推得網路的效用性（價值）會與使用者數目(n)的平方成正比。

(四)、網路標準效應

追求標準的主導權是科技管理的重要策略之一，例如多年前的大小錄影帶之爭，爭取這個標準可以吸引大量顧客，而吸引的力量主要是透過相容性。在通訊網路這領域也不例外，標準讓網路之間能夠有效溝通，例如美國資訊交換標準碼(ASCII)、乙太網路(Ethernet)、網際網路的傳輸控制協定/網際網路協定(TCP/IP)等。

(五)、網路經濟效應

網路時代，從經濟的角度其主要的特性包含邊際成本趨近於零、資訊產品產量可能無限制地擴張、產品的運送成本及倉儲成本極低等。造成通訊成本下降，設備使用量遽增。

二、資訊科技基礎建設的演進階段

為了要了解資訊科技基礎建設的演進，我們可以用電腦主機及網路連結為觀察對象，觀察其演進趨勢。依此原則，資訊科技基礎建設的演進可區分為五個階段(董和昇譯，2017)，以下分別說明之。

(一)、一般用途的大型主機與迷你電腦時代（1959年迄今）

1958 IBM 推出1401和7090電晶體機器，可說是第一部大型主機，也象徵電腦應用到商業界。到了1965年，IBM推出360系列，大型主機的功能更為成熟，奠定IBM在大型主機的霸王地位。大型主機威力強大，可連結到許多的終端機。大型主機一般都由受過專業訓練的程式設計師及系統操作人員所掌控，也就是由電腦機房負責。

1965迪吉多公司(Digital Equipment Corporation, DEC)推出較便宜的迷你電腦，此時分散式運算可以依據各部門需求予以客製化，逐漸打破中央集權的電腦管理方式。

(二)、個人電腦時代（1981 年迄今）

蘋果電腦的Apple I 與Apple II在1970之後就已經問世，但是只受到電腦狂熱者的喜愛，並未普遍。一直到1981年IBM公司推出IBM PC，被企業廣為使用，才宣告個人電腦時代來臨。PC一開始是使用文字指令的DOS作業系統，之後才有微軟的視窗作業系統。個人電腦的CPU主要是Intel所提供，尤其到了Windows時代，兩者結合的系統稱為Wintel PC，成為標準的桌上型個人電腦。

1990 年代早期推出大量個人桌上型生產力軟體工具，例如文書處理、試算表、簡報軟體等，對於家用及公司用個人電腦都產生極大的價值。如今微軟的Office，就集結了各式功能的生產力軟體。

(三)、主從式架構時代（1983年迄今）

主從式運算(Client/Server Computing)指的是桌上客戶端電腦連結到伺服器電腦，客戶電腦稱為Client，伺服器電腦稱為Server。Client若提出要求，Server則依據其要求提供所需的服務，也就是說主要的資料處理、儲存的工作都由伺服器電腦負責，客戶端電腦僅需介面的功能。如今全球資訊網運用瀏覽器瀏覽網站，就是主從式運算的設計。

主從式運算可能有兩層以上的設計，例如客戶欲透過網站伺服器存取企業的應用服務（即銷售會計等資訊系統），但該服務又需要透過「應用伺服器」去存取銷售、會計等應用程式及相關資料。

（四）、企業運算時代（1992 年迄今）

主從式運算是一個基本的網路連接服務。到了1990年代，網路連線的標準和軟體工具可以整合整個公司的分散的網路和應用系統，成為一個涵蓋整個企業的基礎建設。

此時基礎設施可以連結整個公司的電腦以及小型網路，成為企業的整體網路，並與其他組織相連結。包含串接大型主機、伺服器、個人電腦與行動裝置等電腦硬體，也連接電話系統、網際網路和公共網路服務，企業內部也將應用軟體連結起來，例如ERP和網站服務。

（五）、雲端和行動運算時代（2000年迄今）

雲端運算(cloud computing)是指使用者透過網際網路存取多種運算資源，包含電腦硬體、儲存、應用和服務。提供雲端運算的廠商稱為雲端服務供應商，擁有相當良好的設備，使用者存取其服務是一種隨選運算(On-Demand Computing)的概念，使用多少服務就支付多少費用，可節省許多購置軟硬體的經費。

行動運算則是指透過無線網路的運算服務，例如行動商務、RFID等。

三、資訊通訊技術發展趨勢

資訊通訊科技技術快速進展，在技術上，已經發展出量子運算(quantum computing)、虛擬化(virtualization)、分散式運算等方式，提升處理速度，同時也可達成節能省電的環保目標，又可以稱為綠色運算(green computing)。

在技術運用的基礎上，我們以行動化、消費化、服務化、智慧化四個角度來說明軟硬體及通訊技術應用之發展趨勢。

（一）、行動化

所謂行動化就是運用行動運算平台提升更多的行動化服務。尤其是平板電腦與智慧型手機可以取代許多個人電腦的功能，例如資料存取、瀏覽網站、即時訊息、影片播放等。

其次，穿戴式設備也逐漸普及起來，包含智慧手表、智慧眼鏡、行動追蹤等。

(二)、消費化

智慧型手機和平板電腦的普及，使得其應用程式越來越多，操作方式也越來越簡便，造成消費化的趨勢。消費化指的是以支援消費者日常生活為目的的軟硬體資訊平台架構(林東清，2018)，例如這種平台支援消費者運用 APP 去餐廳訂餐，去高鐵訂票。

這樣的平台主要是支援消費者日常生活而非企業營運，也就是其支援對象是消費者而非員工，而且運用的是小型的應用程式(APP)而非企業使用的大型 MIS 系統。此時便有相當的可能性可以允許員工在工作場所使用個人移動裝置，稱為 "bring your own device(BYOD)" 這是消費化的一種形式。

消費化的應用相當豐富而多元，畢竟人類的日常生活，其需求比起專致於某種產品服務的企業要多元、更複雜，通訊、休閒、娛樂、教育、理財、交友，這麼多的領域，都可能發展出許多的 APP 來支援，其想像的空間很大。

(三)、服務化

傳統的技術平台或資訊系統都是由企業自己建構，自己開發軟體(當然硬體主要還是購置而得)。服務化之後，許多的軟硬體服務，都可以來自外部。服務化主要的原因是技術的模組化、開放的標準、以及水平分工的架構。

基於這樣的理由，出現了服務導向架構(service-oriented architecture, SOA)的概念，SOA 是利用整個線上的各種可能重複使用、模組化分屬不同所有者與平台的各個元件(稱之為服務)，透過一個共同的協定來相互呼叫、整合與串聯，來建立組織所需應用程式的一種軟體開發環境(林東清，2018)。例如信用部門的服務包含檢查客戶信用、批准客戶信用額度；而存貨管理部門的服務包含確認存貨數量、分配庫存、庫存出貨。對於每項服務，每個部門會有正式說明；當收到需求的資訊就會對該需求做出回應，每次交易都會以相同方式完成。因此各部門均可獨立運作，不受其他部門影響(劉哲宏、陳玄玲譯，2019)。

SOA 的核心概念是公用化，是一種隨選運算(On-Demand Computing)，如同提供水電一樣，提供許多使用者運算服務，用多少付多少。

服務化形成了雲端運算平台，雲端運算乃是透過網際網路以服務的形式提供軟硬體的運算功能。雲端運算是一種隨選自助服務，客戶需要時可自助獲得運算能力，讓公司最小化硬體和軟體投資。雲端運算的類型包含私有雲、公共雲、混合雲。其缺點包含安全考量及可靠性問題等。第六章還會再介紹雲端運算的內容。

(四)、智慧化

　　智慧化是指資訊科技本身越來越聰明，例如機器可以學習，也就是透過人工智慧的方式，學習與辨識，並能自動化地做出決策與判斷。這樣的資訊系統又稱為智慧系統(intelligent system)。

本章個案

緯穎科技，第一天就開始數位轉型

　　2012年成立，緯穎科技服務股份有限公司(Wiwynn)是緯創資通的子公司，專注於提供超大型資料中心(Hyperscale Data Center)及雲端基礎架構(Cloud Infrastructure)各項產品及系統的解決方案。

　　緯穎科技過去單純出貨硬體，如今銷售軟硬整合解決方案。2019年3月27日掛牌上市，被譽為「緯創集團小金雞」，一掛牌就撼動股市，當天盤中大漲逾五成，市值衝破六百億。緯穎總經理洪麗甯在集團中有「小巨人」之稱。

　　緯穎科技專注於提供超大型資料中心（Hyperscale Data Center）及雲端基礎架構（Cloud Infrastructure）各項產品及系統的解決方案。緯穎科技的成立目標除了成為客戶最佳的創新性技術服務合作夥伴(Technology Service Provider)，並期望與客戶在業務合作上達成雙贏的局面（We Win），作為OCP(Open Compute Project)解決方案提供者和白金會員，緯穎積極參與先進計算和儲存系統設計，並且將OCP的優勢應用於數據中心。緯穎科技主要產品包含多節點運算伺服器、多用途運算伺服器、儲存伺服器、儲存器、GPU伺服器、AI加速器等。目前主要客戶以全球知名社群網站、搜尋引擎、即時訊息、電信公司，主要服務包含：

(1) 企業需要行業特色與IT融合的整合解決方案，滿足客戶建置企業私有雲、整合架構公有雲、混合雲的需求，讓企業在提升營運能力的同時，不但突顯核心價值，更有機會發展其創新商業模式。

(2) 基礎架構服務解決方案：除了提供資料中心所需的各種高密度伺服器、儲存設備，讓電信營運商及資料中心業者可以快速建置雲端運算的各項服務外。整合頂尖雲端軟體的軟硬一體化企業雲櫃更是降低企業導入雲端運算的門檻的高性價比解決方案。

(3) 巨型資料中心服務：提供各項客製化的產品及系統整合，並符合低耗能及節省碳足跡的趨勢，為客戶提供一次購足（One-stop shopping）的服務，有效降低運營成本，同時又做到對環境友善的新主張。

緯穎的硬體代工仍由緯創負責，但會由緯穎直接出貨超大型資料中心及雲端基礎架構各項產品及系統解決方案，創造出ODM原廠直接銷售（ODM Direct)的新商業模式。將傳統代工製造角色轉為研發、銷售一條龍的製造商服務(數位轉型策略_翻轉商業模式)。洪麗甯說，過去，台灣代工出貨給品牌商，品牌商再利用通路賣給終端企業客戶；而如今，緯穎是原廠直接賣客製化產品給終端。英特爾資料中心總經理暨副總裁謝伊諾(Navin Shenoy)就說，緯穎獨特組合了可為客戶大幅降低總持有成本(TOC)得最佳化基礎架構，以及深度客製化的雲端支持，引爆緯穎本身驚人的成長。

不只商業模式改變，產品交貨也必須變革。緯穎需交貨的全球資料中心達全球六十九個城市、近一百五十個據點，從美國、印度、巴西、日韓，甚至北極圈都有，過去只又交給品牌商出貨，現在得自己從全球三大據點發貨，交付時程、卸貨都得自己管理，且客戶要求某月某日幾點到貨，必須分秒必爭地達成。緯穎還承諾：客戶要求換貨，二十四小時內，新貨就會送到。洪麗甯說：「所以要算清楚，備多少庫存、動作多快、自動花機制是甚麼?這就是數位轉型。」洪麗甯透露，緯穎的戰情室可以看到全球任一個資料中心的時程、流程、進度、問題、測試資料、客戶反應，都在雲端。客戶也和緯穎分享中控中心的資料，雙方分享數據、分析、討論。因此，緯穎甚至已經開始預先協助客戶設計下一代資料中心。

(資料來源：緯穎科技，第一天就開始數位轉型，天下雜誌，2019年5月8日，pp.68-71；緯穎科技網站https://www.wiwynn.com/zh-hant/，2020.7.15)

思考問題

緯穎科技主要產品與服務有哪些？主要在資訊科技基礎建設的哪一個元件扮演重要的角色？

本章摘要

1. 資訊科技基礎建設是由一系列整體企業營運的實體裝置和軟體應用組成，是一種「服務平台」的概念，資訊科技基礎建設的服務項目包含：運算服務、通訊服務、資料管理服務、軟體應用服務、技術及顧問服務。

2. 資訊科技基礎建設在應用領域方面區分為企業內部電子化、電子商務、內容、社群等四大項。

3. 資訊科技基礎建設的組成元件包含電腦硬體平台、作業系統平台、企業應用軟體、資料管理和儲存、網路/電信平台、網際網路平台及顧問和系統整合服務等七項。

4. 資訊科技基礎建需要具備一些績效或品質的指標，才能基礎穩固，包含彈性、整合性、相容性、成長性、安全性及可移植性。資訊科技基礎建設的投資也需要考慮成本的問題。常用的成本指標稱為技術資產的總持有成本（total cost of ownership, TCO），包含硬體、軟體、安裝、教育訓練、支援、維護、基礎建設、當機成本、空間與能源等。

5. 資訊科技基礎建設演進的技術驅動力包含莫爾定律、大量數位儲存定律、梅特卡夫定律(Metcalfe's Law)、網路標準效應、網路經濟效應等，讓科技不斷進步。

6. 資訊科技基礎建設的演進可區分為五個階段：1.一般用途的大型主機與迷你電腦時代（1959年迄今）、2.個人電腦時代（1981 年迄今）、3.主從式架構時代（1983年迄今）、4.企業運算時代（1992 年迄今）、5.雲端和行動運算時代（2000年迄今）。

7. 資訊通訊科技技術快速進展，在技術上，已經發展出量子運算(quantum computing)、虛擬化(virtualization)、分散式運算等方式，提升處理速度，同時也可達成節能省電的環保目標，又可以稱為綠色運算(green computing)。在技術運用的基礎上，發展趨勢包含行動化、消費化、服務化、智慧化四個方向。

參考文獻

[1] 林東清(2018)，資訊管理：e化企業的核心競爭力，七版，臺北市：智勝文化。

[2] 董和昇譯(2017)，管理資訊系統，14版，新北市：臺灣培生教育出版；臺中市：滄海圖書資訊發行。

[3] 劉哲宏、陳玄玲譯（2019）。資訊管理，七版。台北市：華泰。

資料處理

學習目標

◆ 了解資料及資料庫基本概念。

◆ 了解資料處理的方法及其處理能力。

◆ 了解資料資源管理的重要性及內涵。

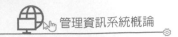

KKday利用數據分析支援深度旅遊服務

據調查，自從2017年開始，台灣人出國旅遊偏好自助旅遊的程度高於跟團。自助旅行的彈性高，加上網路查詢資料方便，因此希望採取自助旅行的人越來越多。KKday執行長陳明明表示，一個好的旅程，包含三個元素：機票、住宿、行程，機票有比價網站Skyscanner，住宿有Booking等平台，KKday則專注行程，希望把旅程的三塊拼圖給補足。陳明明認為，市場需求無時無刻都在改變，唯有絕佳的消費者體驗，永遠不變。因此運用行程安排來提供極佳的消費者旅遊體驗就是KKday的重要策略主軸。

KKday以販售各地的旅遊行程為主，網站自2015年開始上線，至2018年每月的早訪人次超過500萬，平台提供約80個國家、500座城市、一萬種以上的旅遊行程，全球會員數更突破150萬，每月平均服務超過30萬名旅客。

KKday上線突破線上「機加酒」的框架，把「旅遊行程」也上線，讓想要自由行的人們不只容易收集資訊，目的地有哪些體驗行程跟價格全都一目了然，目前收集的旅遊、體驗行程已超過2萬種，遍布全球80個國家、500個城市。自2017年近一步推出「KKday專屬團」行程，讓遊客可以依個人需求「自組」專屬的深度出遊計畫，不再是被綁死的包套行程。KKDay專屬團就是幫忙解決交通這項痛點，遊客不但能一口氣走訪六個深度文化的點，同時有導遊專門導覽，讓旅行不再是走馬看花的制式觀光，更能貼近自己的需求，更接地氣。

KKday的團隊從IT、客服，包括數據科學家、數據分析師或行銷科學家都是自己培養，數據則累積自KKday既有的產品，再結合自行開發的數據驅動歸因系統(Data Driven Attribution, DDA)，能完整追蹤消費歷程。比如說客戶已經有想要去的地方，但可能面臨交通問題、語言服務不完備等困難，或者顧客不知道其實還有新的體驗方式(例如放天燈這項行程不只是施放傳統天燈，還可能有環保天燈)，這些都是KKday能切入服務的關鍵點。

DDA系統透過追蹤每一筆訂單的消費者旅程（Consumer Journey），將旅程分成頭、中、尾三部分，頭為獲取顧客、尾為結帳，各分得40%的功勞，中間的歷程則共同平分剩下的20%，更真實地反應訂單成立的功勞。消費者看了哪些商品、每一個點擊轉換、做了什麼搜尋、有哪些動作通通會記錄下來。根據KKday後台數據顯示，消費者在平均7個點擊（廣告、部落格、自產內容）後才會完成購買，因此KKday將DDA系統的區間設定為22個節點（包含頭、尾）在內，已能涵蓋大部分有貢獻的來源。舉例來說，消費者想要去泰國體驗水上市集，可能會先查詢資料、找攻略文、比較價格，最後才完成購買。除了獲客與結帳分得共80%的功勞外，中間的內容不管是部落客的業配或是KKday內容團隊自行產出的內容，則分得剩下20%的功勞。

除了利用大數據分析找出痛點與需求，KKday也導入其他科技改善使用者體驗，身在異地，當旅客找不到集合點、司機或導遊時，可以運用APP的網路電話即時聯繫客服、司機或導遊；如果遇上颱風來襲或其他事故等，APP也會推播提醒，讓旅客不會產生只能一切靠自己的「旅遊孤兒」的感受，同時如果遇要相關問題需要聯繫客服，除了APP問題留言功能方便，客服的效率與品質都讓遊客印象深刻。

(酷遊天KKday。為自助新手撐腰，深度旅遊幫你「傳遍遍」！能力雜誌，2020, Feb，pp. 60-66；解決旅客痛點、專攻「行程安排」，KKday找到自助旅行的市場藍海，經理人 December 2018，pp. 120-121；讓行銷人不再瞎忙！KKday自行開發數據系統，把錢花在刀口上，數位時代，20190819，https://www.bnext.com.tw/article/54415/kkday-data-driven-attribution)

請大家注意，KKday的DDA及APP系統如何進行資料處理。

▶ **5.1** 資料

資料處理是將代表事實的中性符號(資料)轉換為對使用者有用的訊息(資訊)的過程，轉換過程中，可能透過人員或透過電腦，一般資訊管理的文獻均指電腦資料處理，本書亦不例外。本節針對資料處理過程中的資料、資料庫、大數據、資訊系統等概念作一個簡單的介紹。

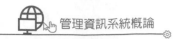

一、資料庫與資料庫管理系統

(一)、資料庫

資料是代表事實的符號,更具體言之,資料乃是對某個對象或事件的屬性,以特定的值描述之,因此資料可以下列公式表示之:

$$\text{Data} = < e , a , v >$$

其中e為個體(Entity),可能是一個人、事件或物件;a為屬性(Attribute),為描述個體的構面或指標,例如,人的屬性可能為姓名、性別、年齡、職業、收入等;而v為值(Value),指的是屬性的特定值,包含數值或文字符號之描述,例如姓名之值為張得功,年齡之值為50等。

電腦處理的數位資料只包含0與1,硬體上是用0伏特直流電代表0,而用5伏特直流電代表1。0與1這基本資料單位稱為位元(bit),位元組(byte)則是由數個位元所構成的單一字元,可能是字母、數字或其他符號。位元組的構成有不同的編碼方式,例如ASCII碼就是按其規則將八個位元構成位元組。

數個位元組構成字詞或數值,一般而言,名稱就是檔案的欄位名稱,字詞或數值就是欄位之下的值,例如姓名是欄位名稱,志明是值;年齡是欄位名稱,25是值。

所有欄位的某一筆資料稱為紀錄(Record),例如員工檔案中,某位員工的姓名、年齡、性別、部門、職稱等,是一筆紀錄,該檔案中有多少名員工就會有多少筆紀錄。概念上來說,公司內所有檔案的集合就是資料庫。

資料的表達以階層方式如圖5.1所示。

資料庫	**1.會員(顧客)資料表** 	代號	姓名	出生年月日	性別	居住縣市
---	---	---	---	---
C01	羅密歐	19620705	男	台中
C02	茱麗葉	19680504	女	台中	 **2.作者資料表** 	作者編號	作者姓名	作者性別	現任職位
---	---	---	---
M001	張得功	男	教授
M002	李得勝	男	副教授
F001	林春嬌	女	教授
M003	王志明	男	講師		**3.產品資料表** | 產品編號	產品名稱	作者	主題類型	產品定價	產品成本
---	---	---	---	---	---
AX01	如何成為生活贏家	M001	心靈成長	400	300
AX02	活出快樂的自己	M003	心靈成長	200	150
AX03	自信與肯定自我	M003	心靈成長	200	150	 **4.訂單資料表**(按照交易日期排序) 	交易日期	產品編號	訂購數量	會員代號
---	---	---	---
1090101	AX01	2	C01
1090101	BX01	2	C01
1090103	AX02	2	C01
1090115	AX04	6	C04	

3.產品資料表

產品編號	產品名稱	作者	主題類型	產品定價	產品成本
AX01	如何成為生活贏家	M001	心靈成長	400	300
AX02	活出快樂的自己	M003	心靈成長	200	150
AX03	自信與肯定自我	M003	心靈成長	200	150

（檔案）

紀錄

產品編號	產品名稱	作者	主題類型	產品定價	產品成本	商品庫存(3/31)	安全庫存	產品類型	月目標銷售量
AX01	如何成為生活贏家	M001	心靈成長	400	300	100	30	CD	5

欄位	產品名稱
位元組	0000 0000
位元	0

➲ 圖5.1 資料的階層

（二）、資料庫管理系統

描述資料之間關係的模式稱為資料模式，常見的資料模式包含階層式、網路式及關聯式資料庫管理系統(Database Management Systems, DBMS)三類。

　　關聯式資料庫管理系統(Relational DBMS)是由一些相互關聯的資料表所構成，一個資料表乃是針對某個個體的各種屬性記載相關的數值，也就是檔案。例如，以顧客為個體的資料表，其屬性包含顧客編號、姓名、住址、連絡電話等，這些屬性即為顧客資料表中的欄位名稱，而每一位顧客各個欄位所構成的值的集合即為一筆記錄，若顧客資料表中有一千個顧客的資料，代表該資料表有一千筆記錄。微軟Office中的資料庫軟體Access就是關聯式資料庫管理系統。

　　資料庫中有數個資料表，而每個資料表中會有特定的欄位與其他資料表進行關聯，該特定欄位稱為鍵值(Key)，常見的銷售方面的資料庫包含顧客資料表、產品資料表及交易資料表。

　　資料庫管理系統本身已經存在基本的資料處理的「篩選」功能。主要的處理方式是從資料庫中，選取合乎某些條件的資料紀錄或資料紀錄的部分欄位。所謂合乎的條件稱為準則，準則包含欄位名稱及其條件值，例如，可從人事資料庫中，篩選職稱為經理的員工紀錄，其中職稱為欄位名稱，「=經理」則為該欄位之值，又如摘錄出年齡大於50歲的員工，年齡為欄位名稱，「>50」為欄位值。

　　以關聯式資料庫管理系統為例，資料庫管理系統的功能包含：

(1) 資料定義語言：確定資料庫的內容和架構，用以創造資料庫表格與定義每個資料表中的欄位特性。

(2) 資料字典：儲存資料元件的定義與特性。

(3) 資料操作語言：用來增加、修改、刪除與取得資料庫中之資料。最流行的資料操作語言之一是結構化查詢語言（Structured Query Language, SQL）

　　其中資料操作語言之基本作業包含：

(1) 選擇(Select)：創造一個符合選擇標準的子集合(符合條件的紀錄)，並建立所有符合準則的列。

(2) 聯合(Joint)：連結不同的資料表格，製作報表時將不用到的欄位排除。

(3) 擷取(Project)：創造具有欄位的子集合，也就是定義所需要的欄位。

　　假設在圖5.1的資料庫中，想要找出顧客C01的產品訂購狀況，在選擇的階段，從(1)會員資料表中找出代號=C01的紀錄，在聯合階段，則連結(4)訂單資料表，得到AX01、BX01、AX02等三筆交易紀錄，擷取階段則是將兩個資料表中不需要的欄位給去除。

就系統發展的角度來說，資料庫分析與設計包含下列步驟：

(1) 決定資料庫之中應該有哪些資料表(檔案)及其關聯性。

(2) 決定各個資料表(檔案)應該有哪幾個欄位。

(3) 決定各個欄位的資料格式(如資料形式、長度等)。

(4) 決定如何將資料安排與實際的儲存媒體中。

其中Step1、2、3屬於概念(邏輯)設計(包含分析)，也就是依企業觀點所產生的資料庫抽象模型，可使用的工具如正規化設計、實體關聯圖(ERD)等。Step4則是實體設計，展示出資料庫實際上如何被安排於直接存取的存儲裝置中，可使用的工具如分散式資料庫設計等。

二、資料倉儲

隨著公司業務成長，各種新資訊系統陸續開發，造成新舊資料雜陳，既有應用程式無法全部讀取分析，以應付各階層管理者所需，因此，配合資訊科技的進步，傳統的資料庫的功能已經逐漸被資料倉儲所取代。探討資料倉儲的內涵之前，先了解傳統資料庫功能上的缺點，這些缺點可以從技術、介面及資料三方面來說明。

(1) 技術方面：由於傳統資料庫與應用程式的格式及查詢方式較為固定，查詢時均需依據系統事先設定的格式來進行，額外的查詢則無法進行，或是需要相當高的技術專業方能達成。

(2) 介面方面：傳統資訊系統的介面設計較不友善，使用者需具備較高的技術專業方能使用，因此需要花費相當多的教育訓練的努力，否則使用者的使用率較低，系統的功效也就大打折扣。

(3) 資料方面：傳統的交易資料庫記錄著交易的流水帳，依日期、時間記錄交易事項，該資料庫每隔一段時間(如一年)，即備份歸檔，因此應用程式分析時，便無法查詢歷史資料，或是要耗費相當大的技術努力方能達成。

有鑒於此，資料倉儲的技術便被廣為應用。資料倉儲乃是從多方面的資料庫(包含企業內部及外部相關的資料庫)加以整合，透過摘取、轉換及彙整等方式加以整理，整理過後的資料經過維度模式所建立的資料集合。而形成資料倉儲或資料超市(指特定部門的資料倉儲)，以供使用者之應用。資料集合是經過運算、分析的可能性資料集，該資料集合能夠有效而簡便地為使用者(如銷售行銷決策者)來使用。資料倉儲可以由Oracle、Sybase等資料庫管理系統來建置，以下分別說明資料倉儲的運作方式。

(一)、資料整理

資料整理的過程包含擷取、轉換、彙整，分別說明如下：

(1) 擷取：將資料由資料庫中摘取至資料倉儲，其所需具備的技術條件便是可讀性，各個資料庫所使用的工具或DBMS可能不相同，擷取的過程便是將資料全部轉為資料倉儲軟體可讀的格式。

(2) 轉換：轉換指的是確保資料格式的相容性，例如，年度若為04可能需要轉為2004，以免被誤解為1904。性別有些是以0與1表示，有些以F與M表示，均需轉成一致，方能使資料倉儲能夠有效地辨識。

(3) 彙整：資料庫中的資料也可能需要進行某種程度的彙整，方能置於資料倉儲中，例如，在交易資料庫中，包含交易地點、交易日期及交易量，可能彙整為台北市的交易量或北部地區的交易量，或是彙整為某週的交易量或某年度之交易量。

(二)、維度模式之建立

表達資料庫的邏輯是運用資料模式，如階層式模式、網路模式或關聯式資料庫模式。表達資料倉儲所採用的模式最常見者稱為多維度模式(Multidimensional Model)。由於資料倉儲的重要目的之一是要讓使用者能依據本身的需求做更簡易的分析，資料倉儲乃是以交易主體(如顧客、產品、業務員等)做為其儲存分類之依據。例如，以銷售作為主體，描述銷售的內容(資料欄位)包含以訂單編號為鍵值，其他欄位包含產品編號、顧客編號、銷售地區、日期等，以及衡量銷售狀況的指標，即銷售數量價格等。

上述的產品編號、顧客編號、銷售地區、日期等，便可定義為銷售主體的維度，分別說明如下：

(1) 產品維度：產品維度的資料欄位包含產品編號(連結至銷售主體)、產品描述、產品型態、產品規格指標(如顏色、尺寸、重量等)。

(2) 顧客維度：顧客維度的資料欄位包含顧客編號(連結至銷售主體)、顧客性別、姓名、年齡、住址、電話、E-mail等。

(3) 地區維度：地區維度的資料欄位包含地區編號(連結至銷售主體)、地址、鄉鎮、縣市、國家等。

(4) 日期維度：日期維度的資料欄位包含日期(連結至銷售主體)、日、週、月、季、年等。

衡量銷售主體的維度資料均因分析層次的不同而有不同的解析度，稱為顆粒(Granularity)。例如，衡量產品的數量，產品維度中的產品可能指的是某一種、某一系列的產品或本公司的所有產品，顯而易見的，其解析度是由大而小的，而顆粒則是由小而大排列。又如描述某地區的銷售量，其解析度由大而小分別為某鄉鎮、某縣市、某地區、某國家的銷售量。由時間(日期)維度來描述銷售量也是同樣的道理，解析度由大而小分別為某日、某週、某月、某季或某年的銷售量。

依據維度模式所建立之資料儲存體便是資料倉儲。資料倉儲的資料包含公司內外部的資料，而且包含整個歷史資料，其資料量相當的龐大，建立資料倉儲的工程也頗為浩大。

三、大數據

所謂大數據(Big Data)，其重要的特性之一是資料量很大，資料量大的原因除了傳統資料庫的資料蒐集的技術進步之外，也處理半結構或非結構化資料，包含電子郵件、文章、圖片、聲音、影像等，同時也因為許多原來未開放的資料也都開放了，構成了大數據。一般的大數據常用3V模型來描述其特性，也就是Volume、Variety、Velocity。Volume是資料量龐大，Variety是資料類型的多樣性，Velocity指的是資料的產生或更新非常快速(林仁惠譯，2018)。大數據主要來源包含：

(1) 電子交易系統：電子交易的相關資料。

(2) 網站：Web流量、電子郵件資訊和資料爆炸社群媒體內容(推特、狀態資訊)。

(3) 自動感測設備：例如智能電錶、製造傳感器、電錶等。

大數據資料量可能達PB (petabyte) 級和EB(Exabyte)級範圍，需要很大儲存體。大數據的第二個特性是需要很好的資料分析能力，因為牽涉數量龐大的非結構化資料的分析，因此需要軟硬體的配合，硬體方面，最主要的條件是要速度快；軟體方面則需要特殊功能的分析能力。

▶5.2 資料處理技術

資料分析是將資料轉為對使用者有價值的資訊的過程。本節依據資料處理的程度說明資料分析的方法。前面提到應用程式處理資料的方法包含篩選、計算、分析及判斷,有其層次上的不同。篩選已經在資料庫管理系統小節說明,以下就計算分析、多維度分析、判斷(人工智慧)及網路資料處理(區塊鏈)進行說明。

一、運算與模式分析

所謂運算主要是運用數學公式或統計的計數等方式,計算所欲求得的結果,例如,欲計算利潤,乃是經由「(價格-成本)×銷售量」這個公式計算而得。計算過程中的資料項目亦來自資料庫欄位或是使用者輸入之條件。

分析乃是透過統計、管理科學或計量經濟等模式進行分析,運用線性規劃模式來分析生產線之最適生產量或是運用迴歸模式與時間數列模式來做銷售預測都是分析模式。例如線性規劃的目標函數通常是 max. Profit 或是 min. Cost,以 max. Profit 來說,要在產能的限制之下,求取生產 A、B 產品的產量 Q_A、Q_B,使得利潤最大。將分析模式置於資訊系統的模式庫中,不僅可以計算出最適產量 Q_A、Q_B,而且還可以做敏感度分析,可能是調整產能之後對利潤有何影響,譬如加班、加人、增加機器等。這樣的分析稱為若則分析(what if analysis)。包含這互動分析的系統通常稱為決策支援系統(DSS)。

分析模式與計算公式主要的不同點在於前者的變數是不確定性的,例如,「銷售預測」這個變數值為100,並非準確的數值,而是機率性的,也就是銷售預測值有某百分比(例如95%)的機率介於(100-x)和(100+x)之間。

二、資料倉儲多維度分析

在資料倉儲之下,其分析的方式稱之為稱為線上分析處理(On-Line Analytical Processing, OLAP),亦即使用者透過資訊系統軟體,可以在線上直接進行決策分析。透過資料倉儲,使用者很容易依據本身的業務需求進行分析,其原因是資料倉儲的維度模式乃是依據使用者的業務需求而建立,因此由具該模式的資料倉儲進行分析,頗為方便又能符合決策的需求。

　　資料倉儲將可能分析的構面定義為維度，包含顧客、產品、時間等，維度有不同的層次，稱為顆粒，維度與顆粒舉例說明如下：

(1) 產品：品項、小類、中類、大類。

(2) 時段：過去或未來之日、週、月、季、年。

(3) 地區：鄉鎮區、縣市、地區、省、國家、洲、全球。

　　使用者只要按下維度與顆粒的按鈕，便迅速得到所需的結果，例如，銷售經理欲得知某類產品上個月在中部地區之銷售量，便是運用產品、時間、地區三個維度，其顆粒分別為「類別」、「月」、「地區」。不同使用者進行分析其所需維度與顆粒不同。高階主管不需要解析度太大的資料，而需要彙整性的資料。基層主管則需顆粒較細的分析。各項維度及其相關的資料欄位便為資料分析的變數，而每項的資料分析結果均為特定決策或業務需求而進行。

　　資料倉儲是有層次性的，一般而言，全公司整體的模式稱為資料倉儲，而為某個部門特定業務所建立的資料倉儲模式稱為資料超市(Data Mart, Chen & Frolick, 2000)。不論層次如何，資料倉儲乃是依據決策者不同的決策分析的需求，將資料以特定主題方式加以儲存，由於資訊的價值在於支援決策，資料分析 的結果均有其決策之目的。

　　資料倉儲的OLAP分析其概念仍與前一節的資料處理模式相仿，均是依據本身決策的需求，要求系統處理所需之資訊，只是透過資料倉儲的多維度模式，其分析過程更為簡便有效。例如，分析某個顧客在某個時段的交易量時，運用了顧客及時間兩個維度，而此項分析的目的是為了支援促銷方案的擬定，例如，某顧客平均每兩週購買一次商品，則可運用10日內有效的折價券做為促銷手法，以便提升其購買頻率(為了獲得折價，使其購買頻率由二週縮短為10天)。

　　我們可以用簡單的例子說明資料倉儲的概念，圖5.2是簡化的交易資料檔，為了方便起見，已經將交易金額計算出來。

交易日期	產品編號	產品類別	訂購數量	產品定價	銷售金額	會員代號
1090101	AX01	CD	2	400	800	C01
1090101	AX02	CD	2	200	400	C01
1090115	AX04	CD	3	300	900	C01
1090118	AY04	CD	10	300	3000	C01
1090221	AZ02	CD	4	400	1600	C01
1090222	AZ02	CD	1	400	400	C01
1090307	AY01	CD	1	400	400	C01
1090322	AZ01	CD	2	400	800	C01
1090325	AZ02	CD	4	400	1600	C01
1090123	BZ01	DVD	2	1000	2000	C01
1090127	BZ02	DVD	4	1000	4000	C01
1090219	BY04	DVD	2	500	1000	C01
1090225	BZ02	DVD	4	1000	4000	C01
1090311	BY03	DVD	2	700	2500	C01
1090315	BX02	DVD	3	500	1500	C01
1090326	BY01	DVD	3	900	2700	C01
1090330	BZ01	DVD	2	1000	2000	C01
1090401	BX01	DVD	2	500	1000	C01
1090405	BX03	DVD	3	600	1800	C01
1090418	BY04	DVD	2	500	1000	C01
1090206	AY01	CD	1	400	400	C02
1090212	AY03	CD	3	300	900	C02
1090420	AZ01	CD	2	400	800	C02
1090205	BX01	DVD	2	500	1000	C02
1090317	AY04	CD	10	300	3000	C03
1090117	BY02	DVD	3	900	2700	C03
1090422	BZ01	DVD	2	1000	2000	C03
1090103	AX04	CD	6	300	1800	C04
1090410	AY02	CD	3	400	1200	C04
1090430	AZ03	CD	1	300	300	C04
1090210	BY03	DVD	2	700	1400	C04
1090430	BZ01	DVD	2	1000	2000	C04

⊃ 圖5.2 簡化之交易資料表

　　圖5.2的資料轉為資料倉儲之後，可以快速進行分析利用。假設資料倉儲有日期、產品、顧客三個維度，資料倉儲的分析邏輯如圖5.3所示。圖5.3 (a) 是 最粗顆粒的解析度，其銷售金額為49,800元；圖5.3(b)則是將日期維度進一步解析，得知109年1、2、3、4月之銷售金額分別為15,600、10,700、13,400、10,100元；圖5.3(c)則是三個維度解析的結果。由資料倉儲，我們可以依需要任選維度，分解成詳細資料或彙整該維度之資料。

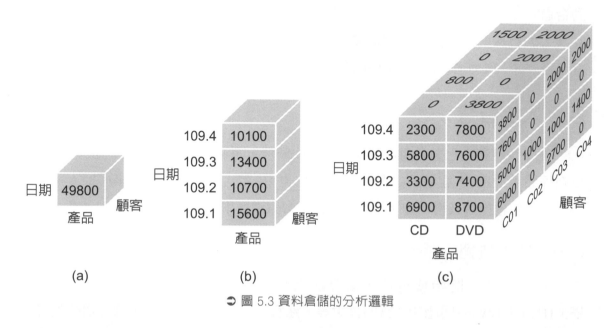

● 圖 5.3 資料倉儲的分析邏輯

　　另一種分析的方法則較無分析的格式可循，乃是由資料庫或資料倉儲中，尋找未知的規則或趨勢，做為決策及規劃相關方案之用，稱為資料採礦 (Data Mining)，於隨後人工智慧小節說明之。

三、大數據分析

　　大數據具有量大、異質、不結構化等特性，其分析需要快速的硬體運算，而且需要分析出隱藏而且有價值的模式。以下是一些大數據分析工具例子(董和昇譯，2017)：

(1) Hadoop：支持廉價電腦間大量資料的分散式平行處理，運用Hadoop分散式檔案系統(HDFS)進行資料儲存，以Hbase為資料庫，運用MapReduce拆解龐大資料集並分配工作給群集中各節點。此工具被應用於Facebook、Yahoo等網站。

(2) 記憶體內運算：利用電腦的主記憶體(RAM)來存儲資料以避免從磁碟儲存裝置擷取資料的延遲，這需要最佳化的硬體。

(3) 分析平台：使用為巨大資料最佳化關聯式與非關聯式工具的高速平台。

　　大數據的運用改變了傳統資訊系統的遊戲規則。例如相較於ERP與CRM系統，大數據更注重主動預測而非被動分析，而且能夠達到一對一行銷的效果，並提供大量方案由顧客選擇，而不是依據顧客需求提供方案，易言之，讓顧客主動對應到合適的促銷活動(顧客互動方案)，而不是靠促銷活動去拉客人(陳傑豪，2015)。其次，大數據的使用讓B2C轉而變成C2B模式。也就是有消費才有生產，因消費者有需要才去生產產品與服務，供需緊密連結，這有賴於大數據強大的預測功能。

四、人工智慧

　　人工智慧顧名思義是用電腦來模擬人的智慧，電腦我們可以看成一組程式(但要在硬體上面跑)，智慧的代表性能力是感知與學習。人工智慧常用來模擬人類智慧的方式包含搜尋技術、知識表達、機器學習與深度學習，以下分別說明之。

(一)、搜尋技術

　　人工智慧一開始使用搜尋演算法來解決問題，例如解開難解的「河內塔」(Hanoi Tower)問題和迷宮的探索等，迷宮就是用探索樹方式，探索樹的搜尋方式是遇到節點就做狀況判斷，如此持續下去，終究會找到答案。常見的搜尋演算法包含循序搜尋、二元搜尋、蒙地卡羅二元樹搜尋。循序搜尋就是依照順序進行搜尋；二元搜尋是一種對半式的搜尋法，也就是將資料依序排列，推測目標答案是在前半部或是後半部；蒙地卡羅二元樹搜尋是先隨機搜尋全部資料，找出資料的規則性，再改變搜尋順位，此種搜尋方法常被應用在象棋或圍棋人工智慧上(陳子安譯，2018，pp. 34)。另外有一種「暴力搜尋法」，是一種從所有可能性當中選擇最好模式動作的搜尋技術。IBM的深藍(Deep Blue)西洋棋人工智慧就是使用暴力搜尋技術，而下棋人工智慧Bonanza則是結合了暴力搜尋與蒙地卡羅二元樹搜尋技術(陳子安譯，2018，pp. 90)。

搜尋技術的應用包含：

(1) 搜尋引擎與資料過濾：從資料庫、網站或其他資料集合體中找出合乎指定關鍵字、標籤或其他特徵條件資料的程式。如果針對所搜尋到的資料中，再將不需要的資料過濾掉，就稱為資料過濾，例如從顧客的消費資料中，找出高度關聯的產品，進行產品推薦，就是資料過濾，也稱為資料篩選。

(2) 協同過濾是將使用者有興趣的東西與想購買的東西做分類，將商品推薦給予使用者興趣相近的人(陳子安譯，2018，pp. 98)，例如「啤酒與尿布」的例子，是從銷售的歷史資料中，進行有效率的統計分析，找出「啤酒與尿布」的關聯性，再推薦給對啤酒尿布有興趣的人。協同過濾結合深度學習：應用於推薦功能，例如啤酒與尿布的例子。

(3) 內容過濾(contents Filtering)用來將物品、影像、音樂等對象加以分類，並藉由標籤中的類型、或是解析影像、聲音等內容來判斷類似性，內容過濾常用來進行商品推薦(陳子安譯，2018，pp. 99)，例如 Spotify 就用內容過濾來推薦適當的音樂，而 Youtube 用內容過濾來推薦適當的影片。內容過濾結合深度學習：應用於推薦功能，例如 Google Play Music、Spotify、Youtube。

(4) 智慧代理人系統：代理人系統是依照使用者的指示，目的來獨自判斷並執行的程式，例如針對電子郵件所做的病毒檢查，就是能夠自動執行的代理人系統，搜尋引擎上的網頁索引建立也是一種代理人系統，這個系統會自動檢視及分析全世界的網頁並做成索引(陳子安譯，2018，pp. 100)。如果讓代理人系統自己能夠判斷並執行資料探勘與取出有用的資料，就稱之為智慧代理人系統(陳子安譯，2018，pp. 100)。智慧代理人(intelligent agents)是一無需人們直接介入的軟體程式，透過代理人建模(agent-based modeling)，建立有用的型態或模式，例如消費者行為、股票市場等，藉此進行相關的預測。

(二)、知識表達

人類往往將思考符號化，而知識表達指的是知識表達成電腦易於處理的形式，例如「貓 is 哺乳類」、「貓 not 狗」。因此，知識若能有效的表達，則可以透過電腦的推理過程而進行判斷，典型的此類人工智慧型態是專家系統。

專家系統(expert systems) 是用在非常特定與限縮專業領域以獲取隱性知識的智慧技術，這些系統從專業技能的員工獲取知識，並以一整套規則的形式存在系統中，讓組織內其他人使用，這些存在專家系統的整組規則，能增加與儲存公司的記憶與經驗。

專家系統將人類知識塑造成一系列的規則，總稱為知識庫(knowledge base)，搜尋整個知識庫的策略稱為推論引擎(inference engine)。例如醫師看診，對於症狀、疾病、處方之間，會有多種可能的組合，哪幾個症狀出現會推論出是甚麼疾病，這種疾病有有哪幾種可能的處方，這就是規則，由這規則所構成的知識庫都需要由專家(醫生)來提供。其他應用領域，例如推論一家公司是否會破產、一家大學是否會倒閉等等，也都可建立規則，設計專家系統。

早在1960年，就有名為DENDREL專家系統，可以辨識未知的有機化合物。1974年，史丹佛大學開發出實用等級的專家系統MYCIN，針對細菌性血液做診斷。但是專家系統有以下三個主要缺點，造成專家系統發展停滯不前(劉哲宏、陳玄玲譯，2019)

(1) 系統的研發很困難而且昂貴：專家系統需要大量的規則，需要由人類提供，這就耗費人力，需要專家投注大量工時。

(2) 專家系統難以維護：一個小小的更改都可能讓結果很不一樣，技術的日新月異會迫使專家系統持續更新。

(3) 無法實至名歸達到「專家」這個程度：專家的知識太多，不可能複製成受過嚴格訓練的專家之表現。

(三)、機器學習

人工智慧是透過函數將輸入轉為輸出，輸入是題目，輸出是解答，我們希望定義出所有可能的題目、解答的集合。例如輸入鳥類的照片，得到鳥類的名稱，此時可透過人工智慧去建構一個學習機器，利用既有資料去訓練，希望學習之後可以推論出新的鳥類照片的名稱。

人工智慧用以進行學習的函數有許多種，例如迴歸分析、機器學習、神經網路等。機器學習(machine learning)是研究電腦程式如何不用透過明確的程式設計便能提升效能。類神經網路(neural networks)是利用已經蒐集的大量資料來解決複雜、很難理解的問題，該技術能協助人類在很難理解的巨量複雜資料中找到樣式與關聯。此處介紹機器學習，下一小節再介紹神經網路。

主要的機器學習包含監督式學習、非監督式學習、強化學習、對抗式學習等，以下扼要介紹之。

1. 監督式學習

監督式學習是機器學習時運用許多組的數據，去學習不同的特徵組合是屬於甚麼類別，在機器進行學習時，會有結果標籤存在，作為學習的依據。例如有 N 筆人類的健康的資料，這 N 筆資料是屬於健康、亞健康、生病等三個標籤的結果已知，再去學習尋找那些特徵組合會分別歸屬於這些標籤的結果，因此稱為監督式學習。也就是說，學習到的是「輸入資料及其標籤之間的對應關係」，學習模型可稱為判別模型 (Discriminative Model) (王建堯等著，陳信希、郭大維、李傑主編，2019)

分類是監督式學習的主要概念，分類模式乃是將物件資料中對分析者有意義的某一項屬性作為類別的對象，而找出其他可能會影響類別欄位的屬性(欄位)，並建立這些欄位與類別欄位之間的關係，該關係稱之為分類模式。分類是將某一個物件歸屬在最適當的類別上，分類的類別結果稱為標籤 (Label)，例如信用評等可能有高、中、低三個標籤，顧客滿意也有高、低兩個標籤，人體的健康可能有健康、亞健康、生病等三個標籤。要將物件歸於某一個類別需要有許多的屬性，例如健康的屬性可能有心跳、血壓、血脂肪、膽固醇、血糖、尿酸等，用 x1,x2,x3,.. 來表示，稱為特徵 (features)。不同的特徵組合就對應不同的類別標籤。

分類分析的結果主要的目的還是用來做預測，也就是由歷史資料所找出來的分類模式，來推論下一個可能所屬的類別(例如忠誠度高、低)，以便進行適當的因應方案。例如，在信用的分析上，發卡公司會依據顧客的紀錄來加以分類成「好」、「中等」、「不好」等信用，舉例來說，假如顧客有一個好的信用的話，他的負債的比例會小於10%，此即為資料採礦的規則之一，可據以管理顧客的付款狀況。

分類技術包含以下五項(江裕真譯，2016)：

(1) 最鄰近法 (K-Nearest Neighbor，KNN)，運用找到最接近的鄰居的方式進行分類。

(2) 簡單貝氏分類法 (Naïve Bayes)：運用「貝氏定理」做分類的方法，先看資料的各項特徵是屬於哪一種類別，再加總在一起。

(3) 決策樹：用樹狀分枝的方式表達各個特徵，也就是用樹的每一個節點代表某個特徵，每條分支路徑代表可能的特徵值，而頁節點則代表預測的類別。

(4) 支援向量機：藉由資料的特徵找到一個超平面(hyperplane)，可以將不同類別的資料分開，而這個超平面距離不同類別的邊界是最大的。以兩個類別為例，每個資料點都有 X、Y 兩個特徵，這些資料室視為坐落在一個線性的空間中，支援向量機會找出最能代表這兩個類別邊界的資料點，這些資料點稱為支援向量(support vector)。支援向量機運用這些資料點找到一條直線 L，L 距離兩個類別的支援向量之距離 M 是最遠的，而且可將兩個類別的資料點分開，稱為決策邊界(decision boundary)。

(5) 神經網路：基本原理是由輸入層、數個隱藏層、輸出層所構成，運用所蒐集的資料來訓練此神經網路，之後就可以預測新的資料，進行推薦。下一小節會介紹神經網路。

分類模式主要應用如下：

(1) 顧客分析：分析顧客行為，例如判斷信用程度以便決定貸款額度。

(2) 推薦系統：依據資料的關聯性推薦商品，例如分析瀏覽紀錄以推薦商品。

(3) 醫學診斷：利用病患病歷資料推論是否患有某種疾病。

(4) 財經決策：進行財經有關價格或預測相關決策，例如預測金融商品價格以決定是否購買。

(5) 電腦視覺：用來做影像辨識，例如辨識貓或辨識人臉。

2. 非監督式學習

　　非監督式學習，也就是在訓練機器時並不給任何標準答案，讓機器自行做特徵的選擇與抽取，並建立模式。非監督式學習常用於分群，分群指的是將一組資料分成數個群，由於資料沒有結果標籤存在，純粹由隨機的方式分群，找出每一群的重心，再計算每一個點與重心的距離，若該點的距離太大，則調整至另一群，調整之後再重複學習步驟，直到每一群的「群組間的距離最大、群組內距離最小」的原則達到，則完成分群。

　　非監督式學習的演算法稱為 K- 平均演算法(K-means)。K-means 先將資料加以標準化，接著隨機選取 K 個資料點作為群的中心，再將每個資料點分配給距離群中心最近的群，並依據此重新分配後的分群資料，更新各群中心，直到穩定為止，便完成 K 群之分群。

分群模式主要應用於顧客分群(以擬訂不同行銷策略)、社群網路成員分群、客服時段分群等。也可以應用到犯罪類型之分群或是城市建築之分群等，作爲犯罪偵防或城市規劃之用。

分類、分群則可對應到前述的監督式與非監督式學習。

3.強化學習

強化學習的概念來自心理學的增強理論。強化學習的程式從環境中獲取狀態(state)，並決定自己要做出反應(action)，環境會依據所定義的反應給程式正向或負向的獎勵(reward)，程式再根據正向或負向的獎勵或懲罰重新更新自身的演算法。

強化學習的演算法稱爲Q-Learning，由行爲主義的學習理論而來，運用記憶矩陣的方式來進行強化學習。

強化學習的主要應用領域之一是遊戲人工智慧，許多遊戲人工智慧都用強化學習的演算法來訓練遊戲中的主角、要角或對手。例如DeepMind公司所設計的AlphaGo就是圍棋遊戲。

4.對抗式學習

對抗式學習(Adversarial Learning)的方法是透過生成模型(Generative Model)。監督式學習使用於訓練判別模型已進行分類，與監督式學習不同的是，生成模型的目標是創作而非分類，例如創作漫畫或生成相片等。

生成模型的運作方式是建立生成者與判別者兩種角色，分別進行創作與評判。假設有A、B雙方，A稱爲生成者，B爲判別者，先由A創作出作品，再由B加以評判並給予意見，如此循環，而得出最佳的作品。將這種對抗式的學習方法建構成爲類神經網路，稱爲生成對抗網路(Generative Adversarial Network, GAN) (王建堯等著，陳信希、郭大維、李傑主編，2019)。生成對抗網路在創作上可以運用AI創作詩，形成詩集，若加上影像處理可得圖文詩集。

（四）、機器學習的應用及其他演算法

1. 資料探勘

資料探勘(Data Mining)強調由龐大的資料裡頭尋未知的規則或**趨勢**，又稱為資料採礦。

資料探勘的技術，乃是將統計(迴歸、時間、數列、彙整、鑑別)、管理科學(如決策樹)、神經網路、基因演算等演算法，寫成軟體程式，以供分析之用。資料探勘主要的概念是要找出我們所需要的隱藏樣式(hidden pattern)，或建立其他可以預測的模型。

資料探勘的模式包含連結規則(Association Rule)、分類、分群等方式。連結規則(Association Rule)是資料探勘中代表性的隱藏規則之一，指的是找出特徵值彼此相關很高的項目，例如購買商品時，同時購買A與B的比率很高，稱為關聯規則探勘；或是此時購買A下次購買B的比率很高，稱為序列樣式探勘。關聯規則探勘是找出資料庫或大數據中頻繁出現的項目組合，例如交易資料中，同時購買A、B兩種(當然也可以三種以上)產品的頻率若很高，就滿足關聯規則。關聯規則探勘常用於商品組合分析、疾病分析、製造分析等。

序列樣式探勘用以了解依據時間變化的行為，仍以交易為例，此時購買A產品而下次購買B產品的頻率若很高，就滿足序列樣式。序列樣式探勘在執行上需要列出顧客以及購買日期，以便找出其先後的組合。序列樣式探勘常用於購物預測(商品推薦)、網站推薦、移動行為預測(例如GPS、打卡分析移動模式)、疾病診斷、用藥指南(用藥方式搭配之指令)等。

2. 基因演算法

基因演算法(genetic algorithms)主要是針對特定問題，從大量的可行解決方案中找出最佳解決方案。該技術是奠基於演化生物學，例如繼承、突變、選擇、交換(重新組合)。基因演算法是用來解決非常動態與複雜的問題，包含數百個或數千個變數或公式，而問題必須是伴隨能用基因形式表現的可能解決方案，以及能建立標準來評估適應度。

基因演算法與強化學習一樣不斷透過修正錯誤以學習成長，而且又能夠以「交叉」、「突變」，所以可以用來對應特定的問題(陳子安譯，2018，pp. 83)。

(五)、神經網路

　　神經網路的設計是模仿人類的神經元，人類神經元的構造運用到機器上就是人工神經細胞，人工神經細胞包含有輸入層及輸出層，這是最小的單位。人工神經細胞在運作時可以調整輸入的訊號，在輸入層給予強化或減弱的動作就稱為「加權計算」，加權計算是很繁複的工作，因此有「感知器」的發明，感知器是人工神經細胞裡加入自己學習「加權計算」並自我執行變更的功能。

　　典型的神經網路都會有一個接收訊息的輸入層、數個負責學習的隱藏層、以及一個輸出訊號的輸出層。神經網路的示意圖如圖5.4所示。

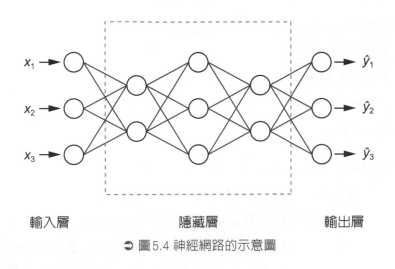

　　　　輸入層　　　　　　　隱藏層　　　　　　輸出層

➔ 圖5.4 神經網路的示意圖

1. 標準神經網路

　　在神經網路中，每一層和下一層是完全連結的，例如圖11.2中，輸入層有三個神經元，第一個隱藏層有兩個神經元，就會有六個連結，這樣的神經網路稱為全連結神經網路，或稱為標準神經網路，或直接稱為神經網路。

　　通常神經網路收到輸入訊息時，會由輸入層開始，一層一層地傳遞下去，這樣的神經網路稱為前饋神經網路(Feedforward Neural Network)，標準神經網路的學習架構就由幾個隱藏層、每一層有幾個神經元所決定了。

　　神經網路學習的過程稱之為訓練(training)，從訊息輸入、逐層傳遞、產生輸出，透過反覆的學習過程，得到學習的結果。訓練資料輸入之後，會得到訓練的結果(例如模式)，依此模式針對測試資料進行測試，若成效不錯，則可針對待預測的資料進行預測。

在學習過程中，由神經網路學習的結果和正確答案之間的差距可以用損失函數(Loss Function)來表示，損失函數受到權重和偏值的影響，因此神經網路學習的基本目標就是調整權重和偏值使得損失最小。為了讓損失函數最小化，神經網路調整參數的順序是從後面一層層往前調，也就是由輸出端回朔來修正誤差，這樣的學習法稱為反向傳播法(Backpropagation)。

2. 卷積神經網路

日本NHK技術研究所的福島邦彥於1979年發表卷積神經網路(陳子安譯，2018，pp. 66)。卷積神經網路是由數個卷基層與池化層所構成，卷積層取特徵(例如形狀、顏色、樣式)，在概念上，卷積神經網路運用卷積運算得到能夠凸顯原圖某方面視覺特徵的描述圖，所採用的是濾波的原理，例如平滑濾波器、中值濾波器、索伯濾波器等(王建堯等著，陳信希、郭大維、李傑主編，2019)，運用這種方式，一個神經元不需要跟它上一層或下一層的每個神經元都有連結，卻又能夠找出圖片的特徵，因此大大縮減訓練的數量。池化層則將影像分成數區饋，各區塊確認其特徵之後加以彙整。

卷積神經網路(CNN)經過多次卷積、池化過程之後，最後接到全曾連結而產生輸出。如此透過篩選、過濾、壓縮的方式，減少層與層之間的訊息傳遞，因此其速度相當快。卷積神經網路主要應用於電腦視覺(computer vision)，電腦視覺指的是利用攝影機與電腦來對目標進行辨識(Recognition)、鑑別(Verification)與監控(Surveillance)，並對擷取的圖像進行分析處理的一種人工智慧技術(林東清，2018)。

3. 遞歸神經網路

遞歸神經網路(Recurrent Neural Network, RNN)是有記憶的設計，也就是將上一層的輸入也納入這一層的輸入訊號中。這種有記憶的設計特別適合應用於處理時間序列的問題。遞歸神經網路擅長處理自然語言，例如去解析顧客留言是正評還是負評、機器翻譯、或是可以與人聊天的對話機器人，都是RNN的應用。

人工智慧在理解句子時，有一個很大的問題是單字的意思會隨著句子不同而不同，因此除了了解單字的意思之外，還要了解單字與單字之間的關係。例如「我養貓」，「我」、「養」、「貓」三個字各有其意義，而三個字之間的關聯性也要知道，兩者缺一不可。

(六)、深度學習

　　如果隱藏層的層數越多，代表學習的過程越複雜，此時稱之為「深度學習」。深度學習與機器學習不同的是深度學習是一層層逐層學下去，而且使用「自動編碼器」當成「資料壓縮器」。深度學習讓電腦可以依據資料，自行創造出特徵量，「特徵表達學習」是深度學習的代表。例如，若要分辨紅蘋果與青蘋果，我們馬上知道顏色資訊是一大特徵，但是機器學習技術卻無法自行抽取這項可供辨識的特徵，深度學習克服了這項困難，可以從大量資料中學習，自行找出特徵，稱為「特徵學習」。

　　圖形處理器(Graphics Processing Unit, GPU)及大數據(Big Data)則是促成深度學習的兩大利器。圖形處理器(Graphics Processing Unit, GPU)具有高性能的數值運算，可提高深度學習的處理速度。大數據也是深度學習重要條件，所謂大數據通常指的是涵蓋非結構化的資料，一般而言，結構化資料指的是「技術符號與資料的關聯性而讓電腦可以讀取的資料(陳子安譯，2018，pp. 66)，例如文章、音樂、影像等部結構化的資料，若加上適當的標籤(tag)便可讓資料結構化了。

　　深度學習之所以受到如此重視，主要是結合了包含反向傳播技術、自動編碼器、卷積神經網路(Convolutional Neural Network, CNN)三項技術。卷積神經網路已於前面介紹過，此處介紹其餘兩種。

1.反向傳播技術

　　1980年反向傳播技術(倒傳遞)誕生，其原理是從輸出層反向對輸入層的加權計算做修正，1990年開始有較普及的應用，此技術突破類神經網路的限制，但是只適用於監督式學習，而且隱藏層的處理無法超過四層，但已經開始邁入深度學習的階段。

2. 自動編碼器

　　自動編碼器是把輸入值做壓縮編碼並轉換成另一種數值，然後再以原本的形式再輸出。自動編碼器也做資料編碼，把整體的符號數變少，就是資料壓縮，也就等同於「辨別特徵」。

辛頓教授的團隊提出自動編碼器(Autoencoder)：在類神經的輸入層和輸出層使用相同資料，並將隱藏層設置於兩者之間，藉此來調整類神經網路之間的權重參數，因而能準確掌握到輸入資料的特徵。這意味著以往機器學習法必須靠人類抽取出特徵的作業，類神經網路自己已經能辦到。

利用自動編碼器所獲得的類神經網路參數值進行初始化後，便能應用「誤差倒傳遞演算法」提高多層類神經網路的學習準確度。

▶ 5.3 資料資源管理

將資料視為資源，表示資料對企業而言是相當重要的，同時資料的取得也相當昂貴，因此資料資源管理就變成重要的議題。

此處將資料資源管理議題區分為資訊政策以及資料品質兩項，以下分別介紹之。

一、資訊政策 (information policy)

所謂資訊政策指的是確立分享、傳播、獲取、標準化、分類與儲存資訊的組織規則(董和昇譯，2017)，也就是設計特定的程序和責任(誰使用、更新與維護資訊)。企業需要建立資訊政策，以便對於資料從蒐集到應用均能權責劃分，例如針對各部門，設定其資料蒐集的對象、時機與內容；對於資料庫管理，也需要建立實體資料庫與資料元素之間的邏輯關係、存取規則與安全程序。

此外對於資料隱私、安全、資料品質議題等，也都需要加以重視。

二、資料品質

一般而言，品質是指符合規格的程度，產品要符合產品的規格，就是產品品質，服務要符合服務的規格，就是服務品質，資料要符合資料的規格，就是資料品質。

衡量資料品質的規格主要包含相關性、新穎性、完整性與正確性，分別說明如下：

(1) 相關性：相關性指的是資料是否與資訊具有相關性，資訊需要符合使用者需求，而資料是否能夠支援應用程式分析時所需的資訊，此為相關性。例如欲分析利潤，必須要有價格、成本、銷售量等資料。

(2) 新穎性：指的是資料需要隨時依據紀錄事項變化而即時更新，例如某項物料的供應商改變、某員工新進或離職等，資料必須即時更新。

(3) 完整性：資料項目必須能夠完整地支援資料分析，以獲得資訊，完整性與相關性相互配合，例如欲分析利潤，若缺少成本資料則完整。

(4) 正確性：正確性是指資料需要正確，如果因為資料蒐集、輸入等因素，造成資料錯誤或重複，則正確性就差。

根據財星前 1000 大企業，其資料庫中的重要資料超過 25% 是不正確或不完整的 (董和昇譯，2017)，包含重複的資料、不一致的資料、錯誤輸入等。確保資料品質是刻不容緩的事情。

首先是要建立資料品質的程序，也就是關注於流程品質，例如流程中規定資料庫上線之前需確認與修正錯誤的資料，或是規定資料庫開始運作時建立資料編輯程序等。一個良好的程序是資料品質的第一步，然後，需要依據程序去執行。

第二是品質稽核，資料品質稽核是指有系統地調查資訊系統中資料的準確度與完整程度 (董和昇譯，2017)，資料品質稽核也有其程序，可能是查核整個資料檔案、抽查部分樣本，或是調查終端使用者對於資料品質的感受等。

最後是採取修正行動，一旦發現資料品質，就需要採取改正措施。資料淨化 (data cleansing) 也稱為資料清洗 (data scrubbing)，就是檢測與修正資料庫中不正確、不完整、不適當的格式或是重複的資料 (董和昇譯，2017)。

本章個案

阿瘦用一套數位體驗之旅，逆轉65年首虧損

走進臺灣任一家阿瘦實體店面，不難聽到「來做一下動態足壓量測吧」這句問候。門市人員一面親切招呼，一面遞出一雙特製的休閒鞋；穿上它，只要在店內來回步行6公尺，幾秒內就能知道自己的雙腳受力和走路的型態，可以用來推測雙腳的健康風險，像是拇趾外翻的風險，甚至來推估對腰椎、骨盆和膝蓋關節的可能影響，讓顧客參考。

「這套個人化服務，是我們數位轉型的重點之一，」阿瘦實業數位中心經理柴宏德雙眼炯炯有神地說。阿瘦找來工研院與廠商，歷時2年，打造了一雙布滿上百個晶片的特製鞋墊，可以在短短數秒內，取得準確步態足壓數據。有了它，阿瘦不只用來幫忙賣鞋子，更靠它蒐集了更多顧客雙腳的情報，成了開發創新應用的關鍵，迎戰新零售。

阿瘦的數位轉型涵蓋三大抉擇。抉擇一是重建消費體驗，推足測試，帶動四階段旅程。2016年阿瘦成立跨部門數位小組，決定加速數位轉型。

抉擇二是不打折扣戰，線上下服務串聯，包圍客戶。這必須重整所有與消費者的接觸點：官方網站、電商平台、店面服務人員、客服中心，每一環都必須與消費者緊密扣連。

抉擇三是數據串接市場，用資料描繪顧客樣貌才重要。以足測服務來說，他們鼓勵顧客每三個月回來調整鞋墊，同時再做一次檢測，搭配優化的門市銷售時點情報系統(POS)，記錄顧客的足部壓力狀況與生活習慣，再利用這些數據推測顧客喜好與需求，日後也可提供客製鞋服務。阿瘦的顧客體驗旅程如下：

(1) 線上預約：消費者預約足壓測試。

(2) 來店體驗：由實體店面提供報告，提供個人化選鞋建議。

(3) 追蹤滿意度：半年後，追蹤顧客消費滿意度。

(4) 再次回購：鼓勵顧客再來測試，再度回購。

2016年至今，已經投入上億元，約年營收逾6%金額，進行POS、CRM系統與決策管理平台三大資訊系統建置與數據傳接，但執行速度緩慢，阿瘦總經理郭欣怡說：「因為我們做出來的POS，不是一個結帳機器，而是一個機器學習(人工智慧)的機器。如果無法整合經營環節與市場脈動，阿瘦的兩萬名客戶資料不會產生太大的效益。另外，淺層的資料分析是不夠的，頂多僅能分析歷史資料，針對會員資料做多維度的分析，或利用大數據分析，才能夠進行描繪會員樣貌，進行預測。

數據是推動個人化服務的關鍵，從去年開始，阿瘦數位中心也開始規畫要建置數據銀行，要從中找出關鍵特徵，來作為營運策略的參考指標。柴宏德指出，數據銀行的目標，是要統整公司內部與顧客相關的資料，像顧客購買紀錄、瀏覽行為、接收的簡訊、滿意度問卷等，甚至整合到個人化的步態足壓量測數據，來尋找洞察。

為方便管理，阿瘦2020年也開始導入NoSQL資料庫，並且在數位中心安排了一組人馬，負責利用機器學習，從這些數據中萃取出關鍵特徵，作為儀表板系統應用或半自動化分類的依據。

不只鎖定顧客數據，資訊系統也用來改善阿瘦內部的作業模式。例如利用機器學習來找出門市人員離職的主因。專案團隊利用全體門市職員資料，包括學經歷、到職日期、請假紀錄、分店工作經歷等，來訓練機器學習模型，找出對整體預測影響較大的權重特徵。

「結果發現，任職時間與業績達標次數，是離職的關鍵因素。」柴宏德進一步指出，特別是有時達標、有時未達標的職員，離職率最高。後來，阿瘦也依此來調整內部人員的輔導指標，將原本的連續績差指標，改為業績達標比例，並適時介入輔導，希望能藉此改善離職率。

組織變革(量足服務及導入資訊系統)，最難的是執行，總經理郭欣怡認為變革有三個關鍵：

(1) 改變心態，要讓員工有共識，這是對顧客健康有益的事情。

(2) 給方法，落實足測、教育訓練的知識架構與門市布置的方法。

(3) 有獎勵，不只給獎金，更讓表現優秀的員工在店長大會上被表揚。

（資料來源：阿瘦用一套數位體驗之旅，逆轉65年首虧損，商業週刊1634期，2019.3，pp. 82-84；阿瘦靠數據實現個人化服務，更讓BI成公司人人必備能力，iThome新聞thome.com.tw/people/135709）

思考問題

阿瘦皮鞋的POS、CRM與決策管理等系統做了哪些資料分析?如何運用?其顧客資料及員工資料的機器學習如何進行?

本章摘要

1. 資料是代表事實的符號，更具體言之，資料乃是對某個對象或事件的屬性，以特定的值描述之。

2. 描述資料之間關係的模式稱為資料模式，常見的資料模式包含階層式、網路式及關聯式資料庫管理系統三類。關聯式資料庫管理系統是由一些相互關聯的資料表所構成，一個資料表乃是針對某個個體的各種屬性記載相關的數值，也就是檔案。關聯式資料庫管理系統的功能包含：資料定義、資料字典、資料操作。

3. 資料倉儲乃是從多方面的資料庫（包含企業內部及外部相關的資料庫）加以整合，透過摘取、轉換及彙整等方式加以整理，整理過後的資料經過維度模式所建立的資料集合。表達資料倉儲所採用的模式最常見者稱為多維度模式。

4. 大數據的特性之一是資料量很大，資料量大的原因除了傳統資料庫的資料蒐集的技術進步之外，也處理半結構或非結構化資料，包含電子郵件、文章、圖片、聲音、影像等，同時也因為許多原來未開放的資料也都開放了，構成了大數據。大數據主要來源包含電子交易系統、網站、自動感測設備等。

5. 資料處理技術可以從運算與模式分析、資料倉儲多維度分析、大數據分析、人工智慧等方向來討論。

6. 資料倉儲分析的方式稱之為稱為線上分析處理，亦即使用者透過資訊系統軟體，可以在線上直接進行決策分析。透過資料倉儲的多維度模式，其分析過程更為簡便有效。

7. 人工智慧是用電腦來模擬人的智慧，電腦我們可以看成一組程式（但要在硬體上面跑），智慧的代表性能力是學習。因此人工智慧是運用機器學習的方式，模擬人類的智慧。主要的搜尋技術包含搜尋引擎與資料過濾、協同過濾、內容過濾、智慧代理人系統。

8. 專家系統主要是運用推論的方式進行知識處理，若將所有可能的規則建立起來，置於資訊系統的儲存單元中，稱為規則庫，而應用程式則是撰寫推論邏輯，稱為推論引擎。

9. 資料挖掘主要的概念是要找出我們所需要的隱藏樣式，或建立其他可以預測的模型。強調由龐大的資料裡頭尋未知的規則或趨勢，又稱為資料採礦。

10. 主要的機器學習包含為監督式學習及非監督式學習。監督式學習是機器學習時運用許多組的數據，去學習不同的特徵組合是屬於甚麼類別，在機器進行學習時，會有結果標籤存在，作為學習的依據。非監督式學習，也就是在訓練機器時並不給任何標準答案，讓機器自行做特徵的選擇與抽取，並建立模式。

11. 卷積神經網路透過篩選、過濾、壓縮的方式，減少層與層之間的訊息傳遞，因此其速度相當快。卷積神經網路主要應用於電腦視覺，電腦視覺指的是利用攝影機與電腦來對目標進行辨識、鑑別與監控。

12. 遞歸神經網路有記憶的設計，也就是將上一層的輸入也納入這一層的輸入訊號中。這種有記憶的設計特別適合應用於處理時間序列的問題，自然語言處理指的是訓練機器，了解、處理及應用人類語言、文字的一種人工智慧技術，包含語言與聲音兩部分。

13. 資料資源管理議題區分為資訊政策以及資料品質兩項，所謂資訊政策指的是確立分享、傳播、獲取、標準化、分類與儲存資訊的組織規則，也就是設計特定的程序和責任(誰使用、更新與維護資訊)。確保資料品質的步驟包含建立資料品質的程序、品質稽核、採取修正行動。

參考文獻

[1] 王建堯等著；陳信希、郭大維、李傑主編(2019)，人工智慧導論，初版，新北市：全華圖書。

[2] 林東清(2018)，資訊管理：e化企業的核心競爭力，七版，臺北市：智勝文化。

[3] 陳傑豪著(2015)，大數據玩行銷，第一版，臺北市：30雜誌。

[4] 董和昇譯(2017)，管理資訊系統，14版，新北市：臺灣培生教育出版；臺中市：滄海圖書資訊發行。

[5] Chen, L.D. & Frolick, M.N., (2000), " Web –Based Data Warehousing Fundamentals, Challenges, and Solutions," Information Systems Management, Spr, pp. 80-87.

[6] 江裕真譯(2016)，了解人工智慧的第一本書，機器人和人工智慧是否能取代人類?/松尾豐著，初版，臺北市：經濟新潮社出版：家庭傳媒城邦分公司發行

[7] 陳子安譯(2018)，圖解AI人工智慧大未來：關於人工智慧一定要懂的96件事/三津村直貴著，臺北市：旗標。

06

通訊網路

學習目標

◆ 了解網路的基本原理及網際網路技術。

◆ 了解全球資訊網的內涵及應用。

◆ 了解行動運算的內涵及應用。

章前案例

Amazon的雲端運算服務技術

1995年，亞馬遜創立，當時是一家書目最龐大、最齊全的網路書店，亞馬遜的宗旨是成為全球最以顧客為本的公司。在其各種經營模式之下，亞馬遜商品交易的獲利微薄，預估只有3%。亞馬遜的主要獲利來源是AWS、Amazon Prime(訂閱模式)、亞馬遜市集，其中AWS是這裡要談的重點。

2006年，亞馬遜推出Amazon Web Services(AWS)。亞馬遜跟市集的商家合作時，發現每一商家的IT應用部署都需要經過冗長的開發過程，才有辦法建立資料庫、進行運算、處理付款事宜和打造儲存空間，於是亞馬遜運用運端運算的優勢，建置可靠、可擴充又省錢的IT基礎架構「亞馬遜雲端運算服務」，就此踏入IaaS業務。

與任何其他雲端供應商相較之下，AWS 提供更豐富廣泛的服務，且這些服務亦提供琳瑯滿目的功能，從運算、儲存和資料庫等基礎設施技術，乃至諸如機器學習與人工智慧、資料庫與分析和物聯網等新興技術，皆無一不備。這可協助您更加快速、簡單且更具成本效益地將現有的應用程式推向雲端，盡情打造心目中的理想作業環境。

AWS 亦針對這些服務提供最深入的功能。例如，AWS 提供了最豐富多樣，且專為各種不同類型應用程式量身打造的資料庫選擇，協助您選擇最適合任務的工具以達到最佳 CP 值。

AWS 擁有最大且最動態的社群，內含全球數百萬有效客戶和數萬名合作夥伴。客戶遍布幾乎每個產業，規模不等，包括新創公司、企業和公共部門組織，他們在 AWS 上執行每個可想象的使用案例。AWS 合作夥伴網路（APN）包括數千位擅長 AWS 服務的系統整合商和成千上萬採用其技術在 AWS 上運作的獨立軟體開發廠商 (ISV)。

AWS 旨在建構現今最靈活且最安全的雲端運算環境。打造的核心基礎架構可滿足軍隊、全球銀行及其他高度機密組織的安全性需求。由一組深入的雲端安全工具提供支援，這些工具具有 230 項安全、合規性，以及控管各項服務與功能。AWS 支援 90 項安全標準和合規認證，且儲存客戶資料的所有 117 項 AWS 服務均提供加密該資料的能力。

> 　　Amazon Web Services（AWS）是全球最全面和廣泛採納的雲端平台，透過全球資料中心提供超過 175 項功能完整的服務。數百萬個客戶（包括成長最快的新創公司、最大型企業以及領先的政府機構）都使用 AWS 來降低成本、變得更靈活，且更迅速地創新。到了2015年，AWS已經在190個國家為100多萬的客戶提供服務。(資料來源：溫力秦譯(2020)，購物革命：品牌X價格X體驗X無阻力，卡恩零售象限掌握競爭優勢，贏得顧客青睞!，初版，臺北市：日月文化：Amazon AWS台灣網站 https://aws.amazon.com/tw/，2020.7.15)。
>
> 　　Amazon的AWS是雲端運算服務技術，運用雲端方式提供基礎建設服務

▶ 6.1 網際網路

一、網際網路的構成要素

　　通訊網路是指將各處的電腦加以連結，以便能夠相互傳輸資料。我們以網際網路為例，說明其元件。

(一)、訊息(訊號)

　　訊號區分為類比訊號(analog)與數位訊號(digital)，在數位網路的傳輸上，類比訊號與數位訊號可能需要相互轉換。

　　以網際網路為例，在網路上傳輸的訊息單位稱為封包(packet)。也就是說，為了效率起見，網路上傳輸的訊息被切割成數的等長的區段(1500bytes)，傳輸到目的地之後，再予以組合成完整的訊息。所謂封包就是每一區段的訊息(46-1500Bytes)加上來源目的位址各4Bytes、長度及型態標示2 bytes，就稱之為封包。若要更具體地記錄傳輸或接收機器的製造廠商、機型編號等更技術性的訊息，將封包加上這技術訊息就稱之為訊框(frame)。

(二)、位址

位址對比於實體世界的住址，網際網路上的位址是由255.255.255.255這樣的格式來代表，每一個區塊的數值是由0到255所構成，也就是有256個可能數值(2^8)，共有四個區塊，理論上來說，總共應該有2^{32}個網址，這是第四版的位址(IPv4)。

網際網路來自美國，因此網址也由美國來分配，將特殊用途的網址留下之後，再將一般用途的網址分至全世界。

未來將有更多的網址，稱為第六版的網址(IPv6)，將有2^{128}個網址。

(三)、通訊設備

通訊設備包含端點設備、轉接設備、傳輸介質與連線方式。端點設備就是只主機週邊，也就是使用者操作使用的設備，包含電腦、智慧型手機等。

轉接設備包含網路卡、集線器、橋接器、路由器等設備，網路卡是電腦中連接至外界的設備，集線器是連結區域網路中各個電腦的設備，路由器則是連結網際網路的設備。

傳輸介質或通訊媒體指的是線路或媒體，有線線路包含雙絞線、同軸電纜、光纖等，雙絞線（twisted wire）由好幾束的銅線成對捻合組成，是較舊式的介質，同軸纜線（coaxial cable）比雙絞線含有厚層絕緣銅線，可傳送更大量的資訊，光纖則可高速傳輸資料，往往作為骨幹網路；無線則指透過無線方式傳輸資料，例如衛星微波通訊(microwave)、衛星(satellites)等。

(四)、通訊協定

通訊協定(protocol)是通訊的標準，加以遵循才有良好的連接性。通訊協定包含硬體、網路結構、軟體、資料等層次的標準。

二、通訊網路的層次

通訊網路的層次是從使用者到硬體之間的技術層次，就好比地球從地表到地心區分為許多的層次。

就網際網路而言，區分為應用層、傳輸層、網路層、實體層等四個層次，以下分別說明之。

1. 應用層

應用層通常是指供使用者操作網路的應用程式，例如www、outlook等。其主要功能是負責訊息傳送與回應，該程式提供友善的使用者介面，讓使用者能進入網路。

應用層的位址表達主要是用網域名稱，例如朝陽科技大學的網域名稱為www.cyut.edu.tw。

常見的應用層通訊協定包含FTP(檔案傳輸)、SMTP/POP(E-mail)、HTTP(WWW)、TELNET、SNMP(網路管理)，而DNS(Domain Name Service)則將網域名稱轉為IP位址。

若要將網路中的任何文件定位，則需要在網路上標明存取協定、伺服器位址、路徑檔名，稱為統一資源定位指標(Universal Resource Locator, URL)，例如http://www.cyut.edu.tw/index.htm

2. 傳輸層

傳輸層是使用者接觸不到的層次，其主要功能是提供一端的應用程式對另一端的應用程式的連接，例如運用網站上網，則對方的應用程式也必須是www。

訊息在傳輸層傳輸的單位是區段，也就是訊息區分為區段，每區段內容46-1500 bytes。

對網際網路而言，傳輸層的通訊協定稱為傳輸控制協定(Transmission Control Protocol, TCP)，是種連結導向的通訊方式。另外一種傳輸層的通訊協定稱為UDP，為非連結導向通訊，有賴於網路之穩定度。

3. 網路層

網路層主要功能是決定網路層和資料連結層的位址，分割成為封包，以及安排封包傳送路徑(決定下一個傳送路徑)，接收端再將封包組合。

網路層傳輸的訊息單位稱為封包，也就是由每區段內容46-1500 bytes、來源及目的地IP各4 bytes、長度及型態標示2 bytes、檢查碼4 bytes、資料表頭7 bytes等資料所構成。

對網際網路而言，網路層的通訊協定稱之為網際網路協定(Internet Protocol, IP)。另外的網路層的通訊協定包含ICMP、ARP(將IP位址轉為硬體位址)、RARP(將硬體位址轉為IP位址)等。

4.實體層

實體層負責資料傳輸、轉換、壓縮，以及媒體存取控制、錯誤控制、訊息描述等。

三、網路的地理範圍

若依據網路涵蓋地理區範圍來分類網路的話，那最基礎的網路稱為區域網路(local area network, LAN)，大概涵蓋500公尺左右的範圍，可能是一棟大樓或辦公區域的電腦及相關裝置。

區域網路內電腦之間的連結有三種基本的形式，也就是區域網路通訊協定：

(1) 匯流排(Bus)：電腦之間的連結如同公車車牌的形式，是最普遍的的區域網路，乙太網路(Ethernet)就是屬於此類。

(2) 星狀(star)：電腦之間的連結如同星星放射的形式。

(3) 環狀(ring)：電腦之間的連結如同手環的形式，IBM的token ring屬之。

若區域網路之間做適當的連結，其範圍涵蓋整個校園或企業園區，範圍可能在1000公尺左右，則稱之為校園網路(campus area network, CAN)。網路繼續擴充至整個城市或地區，稱為都會網路(metropolis area network, MAN)，擴充至全國性的網路稱之為廣域網路(wide area network, WAN)。

四、網際網路定義

網際網路是起源於1970年代初期，美國國防部連結全球的科學家與大學教授的網路，在網路中，若通訊協定為TCP/IP(分別屬於傳輸層級網路層)者為網際網路。

網際網路服務供應商（internet service provider, ISP)是指能夠提供網際網路連線的廠商，一些連線服務包含：傳統電話線56.6Kbps、數位用戶線路(Digital subscriber line, DSL，385Kbps—9Mbps)、有線電視電纜線、人造衛星、T線路(T Line，T1=1.544Mbps, T3=45Mbps)。寬頻是指傳輸速率達1.544Mbps的網路連線，寬頻服務包含數位化用戶迴路、纜線（cable)、衛星網際網路連線與專線等。

五、主要的網際網路技術

主要的網際網路技術包含主從式的運算架構、分封交換、傳輸控制協定/網際網路協定（TCP/IP)和連接性(董和昇譯，2017)，以下分別說明之。

1. 主從式的運算架構

主從式的運算架構是一種分散式的運算模式，對於顯示、處理、儲存功能的分工，客戶端透過網路串連，能獲得相當的處理及資料取得服務。網際網路可說是最大的主從式的運算網路。主從式運算架構如圖6.1所示。

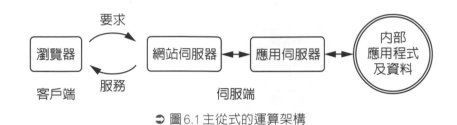

● 圖6.1 主從式的運算架構

2. 分封交換（packet switching)

在網際網路上傳輸的資料單位是封包，切割數位化訊息成為封包之後，不同的封包沿著不同的網路路線傳送至目的地，再加以組合成完整的訊息，此種傳輸資料的方式與傳統交換機的方式不同，稱為分封交換。圖6.2為分封交換示意圖。

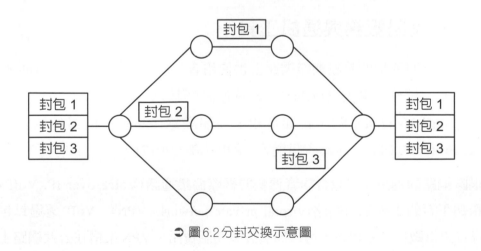

● 圖6.2 分封交換示意圖

3.傳輸控制協定/網際網路協定（**TCP/IP**）和連接性

TCP是指傳輸控制協定（Transmission Control Protocol, TCP），控制了資料在兩台電腦間的傳送作業，這個協定是傳輸層的通訊協定。IP指網際網路通訊協定（Internet Protocol, IP），負責封包的傳遞，也包括在傳輸過程中的分解與重組，這是網路層的通訊協定。TCP/IP如圖6.3所示。

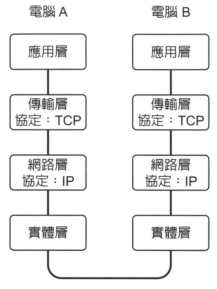

◑ 圖6.3 網路層次與網際網路通訊協定

六、網際網路服務與通訊工具

網際網路服務指的是在網際網路上供使用者執行各項網路通訊活動的應用程式，例如電子郵件、聊天室(echat)、即時通訊(例如Yahoo!Messanger、Facebook Chat與Google Hangouts等)、新聞群組、遠端登錄(telnet)、檔案傳輸協定(File Transfer Protocol, FTP)、全球資訊網等(董和昇譯，2017)。

網際網路的通訊工具包含語音傳輸的網際協議通話(Voice over IP, VoIP)以及企業聯網平台的虛擬私有網路(virtual private network, VPN)。VoIP透過封包交換將語音資訊以數位方式傳送，可以節省許多通話費用。VPN架構在公共網路上，運用網際網路的規模優勢，建構出安全的私有網路，也就是提供了公共網路上的加密功能，效果與傳統網路一樣，成本卻低很多。

▶6.2 全球資訊網

全球資訊網(www)是目前最普遍的網際網路應用服務，也就是應用層的服務。其通信協定為超文字傳輸協定（Hypertext Transfer Protocol, HTTP），是儲存檢索資料的重要標準，並且採用主從式架構之設計。

企業機構或個人往往採用www來建置網站，網站是由首頁及許多的網頁所構成，每一個網頁可視為一個html格式的檔案，透過站內站外超連結的方式相互瀏覽、交換資料。網站伺服器(web server)是用來管理網頁的軟體，包含定位使用者欲瀏覽之網頁在電腦上的存放之處，並傳遞網頁到使用者的電腦。

對於網站，人們通常有兩個方向的目的，一個是作為行銷或交易的電子商務或企業形象網站；另一個方向是瀏覽其他網站，以便取得本身所需的資訊或購買商品。

一、在網路上搜尋資訊

使用者一般是透過搜尋引擎在網路上搜尋資訊。1994年史丹佛大學資訊科學系學生David Filo和Jerry Yang(楊致遠)製作出類似搜尋引擎的資料列表，稱為Yahoo，1998年史丹佛大學資訊科學系另外兩名學生Larry Page與Sergey Brin發表了自創的Google第一版(董和昇譯，2017)。

除了搜尋HTML檔之外，目前的搜尋引擎已經可以搜尋出Office、PDF、聲音、圖片與影像檔。而且行動通信的發達，使得運用智慧型手機等手持裝置的行動搜尋也越來越多。

社交搜尋(social search)是根據一個人的社交聯繫網路，來提供更少、更相關與更值得信賴的搜尋結果，社交搜尋網站會搜尋你的朋友建議以及他們的朋友建議、他們瀏覽過的網頁、以及按過讚的地方(董和昇譯，2017)。

語意搜尋(semantic search)是希望搜尋引擎能夠像人類一樣，能夠理解人類的語言與行為。在人工智慧技術日漸發展之後，搜尋引擎可能可以演變至可以辨識圖像與影片，稱為視覺化網路(visual Web)。

購物機器人（shopping bots)是使用智慧型代理人軟體，在網際網路上搜尋購物資訊，能夠過濾產品、擷取有用資訊、比較候選產品。

搜尋引擎運用自動化程式，稱為蜘蛛程式(Spider)，鏈結到每個網站，逐頁逐字搜尋使用者所尋找之網頁資料。代理程式乃是代表使用者執行功能的程式，配合顧客輸入之資料，再把客製化訊息回傳，透過雙方互動，縮小問題範圍。例如，購物代理人程式，便是以互動方式，處理購物者的多重採購條件，尋找較精準的採購商品選項。

二、搜尋引擎行銷

搜尋引擎(search engine)可以迅速找到特定網頁，也因此可做為行銷的工具，稱為搜尋引擎行銷(search engine marketing)。就企業網站的曝光目的而言，總是希望在搜尋引擎的排名中，能夠被列在前面，引起瀏覽者的注意與連結(點閱)。第一個方法是付廣告費，則在瀏覽者做相關關鍵字瀏覽時，會被排在最前面。其次則是將自己的網站優化，讓搜尋引擎將自己網站的排名提前。搜尋引擎最佳化（search engine optimization, SEO)會運用一連串的技術，協助一網站能在主要搜尋引擎中取得更高的排序，增加網路流量，也改善其品質。

SEO在決定排名時，可能考慮的構面包含普及性、相關性、使用者滿意度等(Turban, 2015)。普及性指網站的普及程度，也與口碑信譽有關，其指標包含網站流量、社群網路指標(例如按讚)、評論網站上的排名、與其他網站之鏈結等。相關性是指網站與搜尋關鍵字的相關性，包含與網頁的標題、網頁關鍵字、內文相關詞句等。

三、Web 2.0與Web 3.0

Web 1.0主要的功能是解決取得資訊的問題，Web 2.0則是解決與他人分享資訊的問題以及產生新的網頁經驗。

Web 2.0 的特色包含互動、使用者即時控制、社會參與（分享）、使用者自製內容(董和昇譯，2017)。尤其是使用者自製內容這項特色，造成社群媒體的發達(社群媒體請參考第二章)。

Web 3.0 希望瀏覽網頁能夠產生具有意義的體驗，因此也稱為語意網(Semantic Web)，也就是將數位資訊與人脈交織在一起，語意搜尋可以讓網路更聰明、更人性化。

四、電子商務與網路行銷

電子商務主要運用了電子交易技術。電子交易技術包含運用超文字標記語言(Hyper Text Markup Language，HTML)、延伸標記語言(Extented Markup Language, XML)來製作網站，運用安全訂貨／付款系統(SSL/SET)來保證交易之安全性等方式製作電子交易網站。電子交易網站的主要功能包含購物車、拍賣軟體、訂單追蹤系統、資料隱私、顧客服務、國際送貨、產品搜尋、電子支付、交易安全等。

網站除了提供交易功能之外，還可以提供許多服務的功能，例如，查詢、諮詢、問題解答、產品建議或促銷等，這些功能若交由顧客自行操作，則稱為顧客自助技術(Customer Self-Service Technology)。除了網站上的FAQ查詢、自助下載等功能之外，顧客自助技術也包含非網際網路的自助提款機、資訊亭等技術服務。

協同過濾軟體(Collaborative Filtering)：透過觀察及詢問使用者的行為，自動提出建議及忠告之軟體。以透過協同過濾之推薦為例，其步驟是使用每位顧客歷史行為紀錄，建構每位顧客的個人輪廓資料，按顧客輪廓，計算顧客間相似度，再依相似度分群，最後從與受推薦目標顧客的相似分群中，尋找潛在偏好，推薦給目標顧客。

五、社群媒體技術

社群媒體技術主要是運用「社群運算」(Social Network Computing)技術來支援社群相關的活動。該技術是以Web為主，支援與他人溝通與互動、分享各種資訊、表達意見、相互聯絡、協同合作、結交新朋友等社群活動。社群媒體技術 提供不同形式的溝通媒介，包括文字、圖片、聲音或影片。值得一提的是，社交的內容是由使用者提供與控制，而非網站提供者控制，而且使用的成本甚低或是免費。使用者可以建立自己網頁、撰寫部落格(網誌)，可以張貼相片、影片或音樂，能分享意見，也能連結到其他網站。目前社交網站已經能夠提供行動服務，利用智慧型手機等裝置進行社交活動。常見的社群網站包含MySpace、臉書 (Facebook)、LINE、IG、推特(Twitter)等。

就個人與企業而言，除了社交活動之外，也可以利用利社群媒體技術進行行銷活動，例如社交網站和維基廣告、病毒式（口頭式)行銷、媒體公關、紛絲團經營等。

▶ **6.3** 無線通訊系統與行動運算

一、無線通訊系統

　　無線通訊系統是以無線介質連結通訊設備，包含個人電腦、平板電腦、行動電話、個人數位助理 (PDA)、智慧型手機等。

　　無線通訊系統包含行動電話系統、無線電腦網路、無線辨識系統等，以下分別說明之。

1.行動電話系統

　　在很短的時間內，智慧型手機成了主要的搜尋工具，相當高的比例取代了桌上型電腦，這種行動電話網路也有其相對應的標準。例如全球行動通訊系統 (Global System for Mobile Communications, GSM)，有相當強大的漫遊能力，在歐美之外廣為使用，即使在美國，也有部分通訊商使用 GSM(例如 AT&T)。GSM 大多使用 900 MHz 與 1.8 GHz 的頻率。

　　美國另一個主要的通訊標準稱為分碼多重進接標準 (Code Division Multiple Acess, CDMA)，這個標準由軍方所開發，能透過整個頻譜的樹種頻率來傳輸，並會隨機分配給使用者一段範圍內的頻率，使得其效率比 GSM 還高 (董和昇譯，2017)。

　　前幾代的行動電話主要目的是提供語音與簡訊 (文字訊息) 的傳輸，目前的無線通訊服務，採取了網路服務，由 3G、4G、5G 不斷演進。3G 網路的傳輸速度對移動者而言 (例如車上) 是 144Kbps，固定者可達 2Mbps 以上，用在網路瀏覽或電子郵件傳輸，已經相當足夠。4G 網路可提供 100Mbps 的下載速度以及 50Mbps 的上傳速度，用於影像傳輸已經足夠，使用者可以在收機上觀看高解析度的影片。長期演進 (Long Term Evolution, LTE) 網路與全球互通維波存取 (Worldwide Interoperability for Microwave Acess, WiMAX) 為目前的 4G 標準 (董和昇譯，2017)。

　　目前已經進入到 5G 世代，不但速度更快，而且能結合大數據運算，使得前景看好，許多軟硬體廠商都加入布局，例如提供 5G 無線硬體與系統的廠商有華為、三星、聯發科等。

5G是第五代行動通訊技術（5th generation mobile networks 或 5th generation wireless systems，5G)的簡稱，是最新一代蜂窩行動通訊技術。5G的效能目標是高資料速率、減少延遲、節省能源、降低成本、提高系統容量和大規模裝置連接(資料來源：維基百科 https://zh.wikipedia.org/wiki/5G)。

2. 無線電腦網路

無線電腦網路技術提供個人電腦和其他手持裝置無線上網的功能。代表性的例子是藍牙(Bluetooth)，藍牙是802.15無線網路標準的通稱，應用在小型的個人區域網路，能夠連接方圓10公尺以內的八台裝置，最主要的優勢無線的彈性以及耗電量低。例如手機、電腦、印表機能夠以無線彼此溝通。

存取無線區域網路和網際網路的標準是802.11，這個標準也被稱為 Wi-Fi，透過 WiFi，可以經由無線網路基地台於有線區域網路溝通，常被用在高速無線網際網路服務，在基地台範圍之內，均能連上網際網路。

3. 無線辨識系統

無線射頻識別(radio frequency identification, RFID) 系統的概念如同超商POS系統的讀取機(Reader)讀商品的條碼一般，只是RFID的條碼是標籤(晶片)，而且Reader也可以距離tag更遠。

也就是說，RFID利用嵌著微晶片的微小標籤在短距離內傳送無線信號給RFID讀取機，讀取機會將資料透過網路傳送到電腦去處理。這樣的系統可以可追蹤在供應鏈中貨品移動。

無線射頻標籤有主動式與被動式兩種，主動式RFID標籤由內部電池提供電力，有效距離較長；被動式RFID標籤則沒有自己的電力來源，輕小與便宜，但有效距離只有數英尺的範圍。圖6.4為RFID示意圖。

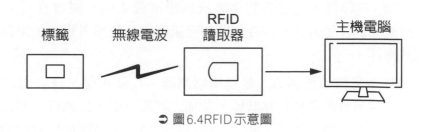

⊃ 圖6.4RFID示意圖

二、行動運算

無線網路技術的成熟、IT消費化的趨勢以及社群媒體的興起，造成行動運算的發展。

行動運算指的是利用手持設備，運用無線網路或行動網路，來使用行動應用程式，或執行其他的活動或商務(林東清，2018)。行動運算可以跨越空間，只要攜帶手機，在任何地方都可執行運算。同時，配合定位系統，可以偵測物件的地點，包含人、物、商家等位置。

行動運算主要的應用包含(林東清，2018)：

(1) 適地性服務(Location-based Service, LBS)：就是透過手持裝置內建的衛星定位系統，獲知使用者目前位置，並利用這個位置資訊來提供相關服務，例如人、物、地的搜尋(利如附近的餐廳)、地緣性的事件通告(例如地震、塞車)、交易或打卡(例如行動付款、QR Code買車票等)。

(2) 行動社群網路：在社群網路上，運用該網路提供的APP，尋找附近的朋友、結交新朋友、分享資訊等。

(3) 行動搜尋：運用手持裝置進行搜尋引擎之搜尋活動，例如適合手機螢幕的行動版搜尋引擎、行動目錄搜尋、行動導航等。

(4) 情境感知運算：運用行動商務系統，蒐集與使用者相關的各種環境資訊，以提供更個人化的服務。運用感測技術加以蒐集，並採用人工智慧方式加以分析，是重要的趨勢。

(5) 擴增實境：這是一種結合行動運算、物聯網及人工智慧的技術。以電腦產生出來的多媒體資訊(文字、聲音、圖像、影片等)來擴增使用者對目前實際世界上所看到的實體物件(例如產品、建築物等)的資訊。例如Google眼鏡，可以透過眼鏡上的小照相機，透過手機上傳所見實體物件(例如產品、建築物等)的影像，透過智慧型系統判讀辨識之後，擴增實境系統會以聲音、圖像、影片等方式將物件相關的資訊傳送至使用者眼鏡，來幫助使用者了解該物件。

(6) 情緒運算：又稱情感運算，是運用感測器、電腦視覺、自然語言處理等技術，偵測使用者的各種情緒狀態，並加以判讀分析，以執行一些回應行動。例如透過偵測脈搏、血壓、音調、表情等特徵，來判斷使用者的情緒。例如偵測學生上課是否覺得不耐煩等情緒。

▸6.4 網路服務趨勢

一、雲端運算服務技術

　　雲端運算(Cloud Computing)指的是由雲端產業提供相關軟硬體的服務，這樣的服務具有自助服務、透過網路存取、依使用量計費等特色。美國NIST(國家標準技術研究所)將雲端服務依據服務模式則可區分為基礎架構即服務(Infrastructure as a Service, IaaS)、平台即服務(Platform as a Service, PaaS)以及軟體即服務(Software as a Service, SaaS)三種類型：

(1) IaaS服務：是提供運算、儲存及網路等服務，IaaS多半借助虛擬化技術進行伺服器整合。

(2) PaaS服務：是基於雲端基礎設施的資源提供運算平台或解決方案服務，PaaS服務除了提供資源管理服務外，同時提供使用者所需的作業環境，使用者將可以更便利部署應用程式。

(3) SaaS服務：主要是提供各種雲端應用程式服務。應用程式除錯、更新或維護等作業都將由SaaS業者負責。

　　例如Salesforce.com的Force.com雲端運算平台，提供SaaS及PaaS服務；亞馬遜的雲端運算服務平台AWS(Amazon Web Services)，提供IaaS服務；Google的Google Drive提供IaaS服務；中華電信推出雲端運算營運中心IaaS、雲端服務創作平台PaaS、雲市集平台hicloud的SaaS架構。

　　雲端運算可以讓公司最小化硬體和軟體投資，使用起來相當有彈性，但是缺點是資料安全考量、系統的可靠性、以及對雲端供應商所提供服務的依賴性。雲端運算之發展，對於顧客關係管理也產生重大的影響，包含租用硬體設備，或是在建置CRM資訊系統時，可以採用撰寫CRM資訊系統程式環境之服務或是直接租用CRM資訊系統。

二、物聯網

物聯網（Internet of Things，IOT)是將網際網路與普通物體實能夠互聯互通的網路。物聯網的基本的概念來自於條碼、QR Code、RFID。

要達網路與實體連結的目標，我們可以想像，在物體上裝設有類是標籤(tag)的感測元件，經過讀取工具讀取之後透過網際網路(尤其是無線網路)傳輸，再加以處理，便可以得到網路與物體互聯的效果。也就是應用電子標籤將真實的物體上網聯結，而在IOT上都可以查出它們的具體位置。

從網路技術的角度，我們可以把物聯網區分為感測層、網路層及應用層等三層：

(1) 感測層：在物聯網之下，我們可以蒐集許多有關實體的資料，包含公司的設備、人員，家庭的家具裝置、汽車等，幾乎無所不包。蒐集資料的技術就是屬於感測層。

(2) 網路層：感測層所蒐集的資料會透過網路層加以傳輸。

(3) 應用層：這些傳回之資料逐漸可累積成大數據，進行大數據分析或人工智慧的應用，產生許多的價值，這就是應用層，例如人員監控、家具遙控、防盜、治安與犯罪防治、交通規劃、疾病防治等。

物聯網與其他技術結合又可開創出許多應用，例如結合行動運算便可設計出許多穿戴式裝置。

三、區塊鏈

區塊鏈(blockchain)技術是一種不依賴第三方、通過自身分散式節點進行網路資料的儲存、驗證、傳遞和交流的一種技術方案，它依靠密碼學和數學巧妙的分散式演算法，在無法建立信任關係的互聯網上，無需藉助任何第三方中心的介入就可以使參與者達成共識，以極低的成本解決了信任與價值的可靠傳遞難題(MBA智庫 https://wiki.mbalib.com/zh-tw/區塊鏈)。

區塊鏈的主要特性如下(MBA智庫 https://wiki.mbalib.com/zh-tw/區塊鏈)：

(1) 去中心化：區塊鏈技術不依賴額外的第三方管理機構或硬體設施，而是透過分散式核算和儲存，各個節點實現了信息自我驗證、傳遞和管理。

(2) 開放性：除了交易各方的私有信息被加密外，區塊鏈的數據對所有人開放，整個系統信息高度透明。

(3) 獨立性：區塊鏈所有節點能夠在系統內自動安全地驗證、交換資料，不需要任何人為的干預。

(4) 安全性：只要不能掌控全部資料節點的51%，就無法肆意操控修改網路資料，這使區塊鏈本身變得相對安全，避免了主觀人為的資料變更。

(5) 匿名性：除非有法律規範要求，單從技術上來講，各區塊節點的身份信息不需要公開或驗證，信息傳遞可以匿名進行。

在應用領域方面，金融保險領域牽涉許多的交易、認證活動，區塊鏈是這個領域e化的重要核心技術。但是其他領域，也有越來越多的應用，此處舉一些例子，分述如下：

(1) 金融：包含身份認證、交易清算、貿易融資等均可運用區塊鏈確保資料安全，提升運作效率。

(2) 保險：運用區塊鏈技術協助確認符合理賠條件，依約履行，並降低核賠成本。

(3) 醫療：透過區塊鏈技術，將醫院及各分院、健檢中心的資料整合，可以做資料權限的控管以及資料安全。

(4) 農業：結合物聯網裝置，將生產過程之相關資料(如施肥、噴藥、天候、收成等)記錄在區塊鏈上，增加生產履歷的可信度。

管理資訊系統概論

本章個案

研華架平台覽人才，打造物聯網新生態

　　研華股份有限公司（Advantech Co., Ltd.），簡稱研華或研華科技，是臺灣一家工業自動化設備公司，目前工業電腦（IPC)市佔率世界排名第一。2018年獲評為台灣品牌價值第五名。公司所生產之產品應用領域廣泛，包含捷運讀卡機、自動售票機、ATM、POS、博奕、網路儲存、數位電子看板控制中心、智慧型大樓之中央監控系統、樂透彩券機等。另以產業別區分應用，可分零售服務用、醫療領域、影像監控、及工業自動化和環境控制領域。

　　2015年8月，公司宣布採取三階段發展物聯網，並將七大事業單位變更為「工業IoT」、「智慧城市解決方案」及「嵌入式設計」三大部門，業務發展也將從技術導向改為產業導向。

　　公司將以Allied-DMS及EI-PaaS平台建構物聯網IPC軟體硬體資源共享服務及策略聯盟，其中Allied-DMS透過聯合採購成為專業供應鏈，分別藉由大型系統整合商及中小型同業提供服務，並於2017年上半年建立；EI-PaaS提供產業物聯網雲服務廠商開發佈署雲平台及雲平台維護服務。

　　公司智能物聯網服務事業部未來將聚焦發展智能醫療、智能物流及智能零售3大市場，其中智能醫療將推廣智慧病房及醫療院區公共空間整體解決方案(SPR)，並藉由南韓醫療器顯示廠AKostec，拓展智能一體化手術室市場；智能物流則致力於工業移動計算解決方案，提供工業級手持、平板、車載終端及相關應用週邊(車用支架、溫溼度感測器、Universal Cover等)，並以軟體加值服務，提升車內外行駛安全；智能零售方面，公司成立開放式智能零售創新共創平台，有效的利用內部資源與夥伴共享，建構全球智能零售經銷夥伴體系，且同時公司也推出優店聯網(UShop+)雲端管理平台，整合不同零售管理軟體優化運營。

本章個案

　　截至2018年，公司產品應用比重為嵌入式板卡及系統佔44%、產業電腦及工業控制佔43%、售後服務及其他佔13%。

　　研華為物聯網智能系統與嵌入式平台產業之全球領導廠商，並以「智能地球的推手」作為企業品牌願景。為迎接物聯網、大數據與人工智慧之大趨勢，研華提出以Edge Intelligence WISE PaaS為核心之物聯網軟、硬體解決方案，以協助夥伴客戶串接產業鏈；此外，亦積極偕同各產業夥伴「共創」產業生態圈，以加速實踐產業智能化之目標。

　　研華科技董事長曾預言，物聯網會是一個三十年的商機，因此成立了策略投資處，希望在破碎的物聯網領域，把市場做大。由於研華接觸的產業多元，但對於產業的專精程度其實不夠高，因為過去研華是賣硬體，再透過通路銷售，也不會很深入涉入到這些應用。但現在研華要轉型到軟體解決方案供應上，就必須跟不同領域的新創公司合作，打造出不同領域的應用。2014年策略投資處成立之後，改採以共創模式跟新創公司合作，進軍AIoT(人工智慧物聯網)領域，藉此加速研華企業轉型

　　研華的物聯網策略，鎖定五大領域：

(1) 智慧零售：AI影像自動結帳系統、智慧門電管理系統、門店銷售預測解決方案。

(2) 智慧城市：中央監控與影像管理系統、AI人臉辨識解決方案、智慧車隊管理系統、乘客影音資訊系統。

(3) 環境與能源：智慧水務管理解決方案、智能化水處理方案、變電站運維管理解決方案。

(4) 智慧醫療：智慧醫療資通訊服務應用、智慧病房系統、醫院應用之室內即時定位系統。

(5) 智慧製造：工具機智慧管理解決方案、AI瑕疵檢測應用於工廠之軟硬體解決方案、智慧視覺檢測解決方案、智慧振動監測解決方案、邊緣智慧資料協議轉換系統：半導體工廠烤箱管理解決方案。

(研華架平台覽人才，打造物聯網新生態，財訊雙週刊，2019.10.17，pp. 76-78；研華科技網站https://www.advantech.tw/，2020.7.15；維基百科https://zh.wikipedia.org/wiki/研華科技，2020.7.15；MoneyDJ理財網https://www.moneydj.com/KMDJ/Wiki/WikiViewer.aspx?KeyID=e08bd8cf-c31e-4865-843b-2450fd201a6a，2020.7.15)

思考問題

研華科技是網路服務的供應商，其網路技術如何滿足產業需求？

≡ 本章摘要 ≡

1. 網際網路的構成要素包含訊息(訊號)、位址、通訊設備、通訊協定等四項；網際網路的層次區分為應用層、傳輸層、網路層、實體層等四層；若依據網路涵蓋地理區範圍來分類網路的話，那最基礎的網路稱為區域網路，逐漸擴充至校園網路、都會網路、廣域網路。

2. 在網路中，若通訊協定為TCP/IP(分別屬於傳輸層級網路層)者為網際網路。主要的網際網路技術包含主從式的運算架構、分封交換、傳輸控制協定/網際網路協定（TCP/IP)和連接性。

3. 網際網路服務指的是在網際網路上供使用者執行各項網路通訊活動的應用程式，例如電子郵件、聊天室、即時通訊、新聞群組、遠端登錄、檔案傳輸協定、全球資訊網等。全球資訊網的通信協定為超文字傳輸協定，是儲存檢索資料的重要標準，並且採用主從式架構之設計。

4. 使用者一般是透過搜尋引擎在網路上搜尋資訊。除了搜尋HTML檔之外，目前的搜尋引擎已經可以搜尋出Office、PDF、聲音、圖片與影像檔。從功能上來說，包含社交搜尋、語意搜尋、購物機器人等。

5. 搜尋引擎可以迅速找到特定網頁，也因此可做為行銷的工具，稱為搜尋引擎行銷。包含付廣告費、搜尋引擎最佳化等。

6. Web 2.0 的特色包含互動、使用者即時控制、社會 與（分享）、使用者自製內容。尤其是使用者自製內容這項特色，造成社群媒體的發達。

7. 社群媒體技術主要是運用「社群運算」技術來支援社群相關的活動。該技術是以Web為主，支援與他人溝通與互動、分享各種資訊、表達意見、相互聯絡、協同合作、結交新朋友等社群活動。常見的社群網站包含MySpace、臉書(Facebook)、LINE、IG、推特(Twitter)等。

8. 無線通訊系統包含行動電話系統、無線電腦網路、無線辨識系統等。

9. 行動運算指的是利用手持設備，運用無線網路或行動網路，來使用行動應用程式，或執行其他的活動或商務。行動運算主要的應用包含適地性服務、行動社群網路、行動搜尋、情境感知運算、擴增實境、情緒運算等。

10. 雲端運算(Cloud Computing)指的是由雲端產業提供相關軟硬體的服務，這樣的服務具有自助服務、透過網路存取、依使用量計費等特色。雲端服務模式可區分為基礎架構即服務、平台即服務以及軟體即服務。

11. 物聯網是將網際網路與普通物體實能夠互聯互通的網路，物聯網區分為感測層、網路層及應用層等三層。

12. 區塊鏈(blockchain)技術是一種不依賴第三方、通過自身分散式節點進行網路資料的儲存、驗證、傳遞和交流的一種技術方案。區塊鏈的主要特性包含去中心化、開放性、獨立性、安全性、匿名性。

參考文獻

[1] 林東清(2018)，資訊管理：e化企業的核心競爭力，七版，臺北市：智勝文化。

[2] 董和昇譯(2017)，管理資訊系統，14版，新北市：臺灣培生教育出版；臺中市：滄海圖書資訊發行。

[3] Turban, E., (2015), Information Technology for Management, Wiley

第三篇
建置篇

資訊系統策略規劃

Grab戰勝Uber，靠的不只是叫車

　　Grab於2012年在馬來西亞成立，2014年將總部設於新加坡，創辦人陳炳耀為馬來西亞華人。Grab最先切入的是叫車服務，但與Uber強調共享經濟模式不同。他採取與各地計程車合作的方式來拓展業務，創造互補的合作模式。Grab接者切入送餐市場，近來更獲得booking.com與Agoda母公司的投資，將進軍線上訂房，創造生態圈。

　　盡管從叫車服務出發，Grab成功發展，但陳炳耀並不滿足於於僅是解決交通問題。因此公司近一步將外送、支付、金融等生活相關服務，納入手機平台當中，將Grab從叫車服務轉化為超級應用程式，希望讓使用者牢牢黏住。

　　這個線上到線下的行動平台(Online to Offline, O2O)，多方面發展，讓Grab因此獲得快速企業(Fast Company)評選為2019年最創新公司亞軍。

　　Grab的成功祕訣如下：

(1) 從叫車服務出發，站穩腳步。

(2) 強調在地化，高度授權給各地經營團隊。例如叫車服務的一個核心價值是要將應用程式綁定信用卡，直接付車資，上車下車不用掏錢包，但在東南亞，就得開放現金付款，或是預付卡、手機錢包等方式。

(3) 拓展外送、支付等多元服務，深入民眾生活。

　　Grab把自己定位為超級應用程式，超級應用程式的模式發源於中國，即阿里巴巴的支付寶與騰訊的微信。該模式要成功的一個關鍵在於，使用頻率與採用度，也就是平台的黏性有多高。以 Grab的情況來說，它先以叫車服務累積一定的顧客群，並培養出使用其平台的習慣，然後在這個基礎上提供新的服務。這樣的服務方式也就是所謂的生態圈。

　　生態圈經營必須圍繞顧客需求，發展出不同且多元的明星產品/服務，以吸引不同群的用戶加入，形成三邊或多邊，甚至多平台的生態圈。傳統多角化的成長觀念，乃是源自於核心能耐成長的思維，但平台生態系則從用戶需求出發，深入不同的戲分需求，針對非自己核心能耐項目，則須借力使力，鏈結第三方合作廠商加入；而且多角化的綜效往往來自產品或不同能耐，生態圈的綜效則來自不同產品服務與用戶間的相互導流與共榮。

要從平台變成生態系，須注意以下三點：

(1) 拋棄舊式以核心能耐為基礎的成長模式，改採探索用戶需求，深入了解需求脈絡，切入不同細分市場，藉以開發不同用戶群。

(2) 產品服務與用戶群，必須能共榮與互補，像是Grab，把叫車相關服務做好，再延伸到支付、保險、貸款等與叫車互補的業務。

(3) 除了產品服務能共榮與互補之外，所有參與廠商也要能互利。

(Grab戰勝Uber，靠的不只是叫車，商業週刊，1654期，2019.7，pp. 18-193；Grab手機應用程式，打敗跨國巨人的超級應用程式，EMBA雜誌，402期，2020.02，pp. 86-93)

Grab從從叫車服務出發，外送、支付、金融等生活相關服務，建立生態圈，這是策略，在這樣的策略之下，其資訊技術(即應用程式)，也相應調整，就是資訊技術策略。

▶ 7.1 策略規劃

策略是組織因應或操控外界環境的方法，策略的定義是分配資源、培養能力，以達成與組織生存發展相關目標的決策與行動。組織與環境的關係如圖7.1所示。

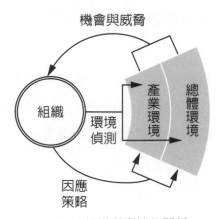

⊃ 圖7.1 組織與環境的關係

策略著重於關心與組織生存發展相關的議題，屬於較爲長程的規劃，其不確定性較高，通常由高階主管負責。策略制定的過程主要包含環境偵測、衝擊分析、擬定因應方案等三個步驟。環境偵測乃是蒐集相關的議題與趨勢；衝擊分析乃是針對所蒐集的議題與趨勢進行機會與威脅之解釋；因應方案則是依據機會與威脅之解釋，擬定策略目標、內涵與相對應的行動方案。

策略包含理念層次的使命以及具體投入資源的策略兩部分。

一、使命

使命是企業存在的目的和理由，也就是對企業的經營範圍、市場目標的概括描述，它回答「我們的企業爲什麼而存在？」「我們到底是什麼樣的企業？」

表達企業使命的方法是運用使命宣言(Mission Statement)的方式，使命宣言可能從產品的貢獻、對經濟或是對社會的貢獻等方向著手。醫藥產業重視減輕病痛與延長壽命、保險業提供人們或家庭安心的保障、賈伯斯用電腦改變世界、UNIQLO用服飾改變世界等都是使命的例子。

企業使命表達企業存在的理由，而且強調該存在的理由需要對社會有很大的貢獻。爲了要讓使命能夠達成，有三個條件需要加以考量，第一個是事業定義，表示事業經營的範圍或是企業的策略定位，包含事業所產出的產品或服務能夠滿足那些市場需求，或是爲那些顧客創造何種價值(可稱爲價值主張)，事業定義是落實使命的條件。SWATCH把手錶定義爲收藏品與藝術品、7-ELEVEn將「便利」及「感動」做爲定位。BMW將高級車定義爲重視自我之事業、旅遊業將本身定爲資訊業等都是事業定義的例子。

第二個條件是遵循的價值原則，也就是事業經營或是員工做事的方式，這與企業文化與價值觀有關係，例如3M強調好奇心、知名設計公司IDEO強調多元創意、DELL電腦強調誠信與正直等都是價值觀的表現。

第三是使命的傳達方式，說明使命如何與員工及利害關係人進行溝通，以產生共識，有一種領導的方式稱爲願景領導，是一種良好的溝通方式，將使命中所列述的遠大目標，以明確的影像來表示，使得大家有遵循的方向；另一種使命的傳達方式是考量企業識別，也就是如何讓員工對企業有認同感，外界人士對公司有良好的形象。這三個條件若能滿足，將有助於企業使命的達成。

二、策略規劃流程

策略可大略分為策略內容與策略程序，策略內容指的是所選擇出來的策略，在策略內容方面，包含三個層次：

(1) 公司策略：例如整合策略、多角化策略、國際化策略、高科技策略等。

(2) 事業部策略：例如差異化、低成本、焦點策略等。

(3) 功能策略：例如行銷策略、財務策略等。

要擬定上述策略需要有策略規劃的方法，或稱策略流程，以下是一些例子：

(1) 公司策略：BCG矩陣、Ansoff矩陣等。

(2) 事業部策略：五力分析模式、價值鏈模式、SWOT分析等。

策略規劃的首要工作便是「環境分析」。企業所面臨的環境有總體環境與產業環境的區別，「總體環境」是對企業有間接影響的事件或趨勢，諸如社會、科技、經濟、生態、政治等，雖然是間接的影響，並不代表總體環境對企業的影響較小，只是其影響可能是較不明顯的，較長程的，或是潛在的，需要針對環境事

件、課題或趨勢進行衝擊分析(Impact Analysis)，並做適當的解釋。

「產業環境」指的是與企業直接有關的環境，包含供應商、競爭者、合作夥伴、顧客等，就競爭的角度而言，企業推動e化的目的，在於提升本身的競爭優勢，適時地超越競爭者，例如運用資訊系統提升顧客服務能力，或是與供應商或合作夥伴做更好的結合，以降低成本、提升效能或強化關係親密度。

以下我們以SWOT分析做為策略規劃的主軸，將策略規劃步驟做簡要的說明。SWOT為強處(Strength)、弱處(Weakness)、機會(Opportunity)、威脅(Threat)之縮寫，SWOT概念與《孫子兵法》之知己知彼、百戰不殆頗有異曲同工之妙。知己者，了解本身(企業本身)之強處與弱處；知彼者，了解外界環境之機會與威脅。

SWOT既為策略規劃之工具，故其最終應該會得出企業可以有效因應外界競爭環境的策略方案，該策略方案是由一系列的評估過程而來，評估的內容來自於對本身外界環境的了解，而了解本身及外界環境又是一個資訊蒐集與解釋的過程，因此，SWOT分析可依據以下步驟進行之(圖7.2)：

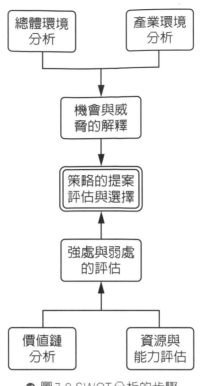

➲ 圖 7.2 SWOT 分析的步驟

(一)、列出外界環境之機會與威脅

此步驟包含兩部分，一是進行外部分析，一是針對外部環境所蒐集的資料做機會與威脅的解釋。

外部分析是觀察外界環境，列出對於本公司有影響或潛在有影響的事件、課題或趨勢，典型的外部分析方法為總體環境的 PEST 或 STEEP(社會環境、科技環境、經濟環境、生態環境、政治環境)分析，以及五力分析(進入障礙、替代品威脅、買方議價力、供應商議價力、業內競爭)等。

將外部分析所得的事件、課題或趨勢加以解釋，並討論其影響程度，解釋的目的是分辨該事件(課題或趨勢)是否對公司有利或有弊，有利者稱為機會，有弊者稱為威脅。影響程度分析則是分辨這些機會或威脅的重要性程度，較為重要者應優先處理。例如，外界環境的課題之一是國民旅遊行為的改變(此課題又受到總體環境中，政府週休二日制度之影響)，就旅遊業而言，則觀察到此項訊息應該加以考慮是為機會或威脅，並評估其影響程度。

(二)、列出本身企業之強處及弱處

　　針對企業價值鏈進行分析，再針對本身的資源或能力加以評估，具有競爭優勢者稱之為強處，資源能力較不足者稱為弱處，例如，有些企業具有強大功能的資訊系統，則成為該企業的強項，有些企業則是 R&D 能力很強，為其強處，或行銷通路順暢，亦成為其強處，反之則為弱處。

(三)、提出策略方案

　　列出外界環境的機會、威脅項目以及本身的強處、弱處項目之後，則依據這 SWOT 的組合來提出策略方案。策略方案有四種不同的形式，以本身的強處來把握住環境的機會稱為「攻擊策略」；以本身的強處來因應外界環境的威脅稱為「保守策略」；以本身的弱處欲抓住外界環境的機會是一個不甚合理的「風險策略」；以本身的弱處來規避外界環境威脅為「規避策略」，企業透過高階主管的討論以及創意的激發，以便得出各種策略方案。例如，上述週休二日的例子，某旅遊公司若其強處在於服務的創新，則可藉此提出適合二日遊的套裝行程，抓住週休二日之機會，此為攻擊策略。

(四)、評估策略方案

　　各種策略方案提出之後，需要加以評估，以便依其重要性或緊急程度排定執行的優先順序，做為資源分配及策略方案執行之依據。

▶ 7.2 資訊系統的策略角色

　　資訊技術會影響總體環境與產業環境，進而影響組織對總體環境與產業環境機會與威脅的解釋，例如網際網路及社群網路造成供應商或顧客競合狀況，影響企業對於競爭作用力的解釋。而資訊技術對企業而言，是提升競爭力的方法，採用更多的資訊科技，競爭力可能因而提升。

　　在前述策略規劃的過程中，資訊系統扮演了四種角色。

一、資訊技術為總體環境趨勢之一

　　在步驟(一)的總體環境分析中，重要的構面之一是科技環境。科技可略分為專業科技與共通性的資訊科技兩大類，此處針對後者。

　　資訊通訊科技的進步影響我們擬定企業策略，例如網際網路及物聯網的技術，造成企業許多的威脅(他方採用技術而提升競爭力)，也給予我們有許多的機會，來擬定相關的策略以提升競爭。資訊科技對於組織與總體環境之關係的影響如圖7.3所示。

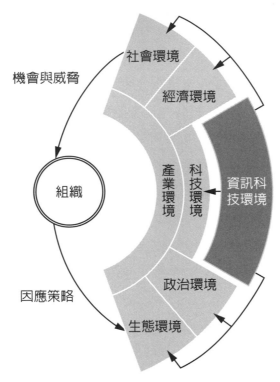

○ 圖7.3 資訊科技對於組織與總體環境之關係的影響

　　相同的道理，大數據、人工智慧、社群網路等技術，也都是重要的總體環境要素。

二、資訊系統為產業環境因素

　　在步驟(一)的產業環境分析中，供應商、競爭者、合作夥伴、顧客等，均為重要的分析要素。這些對象都可能因為採用資訊通訊科技而提升其競爭優勢，以五力分析來說，廠商面對進入障礙、替代品威脅、買方議價力、供應商議價力、業內競爭等五種力量，而資訊技術改變這五種力量而影響企業的因應策略，例如供應商可能因採用資訊科技而提高其議價能力。資訊科技對於組織與產業環境之關係的影響如圖7.4所示。

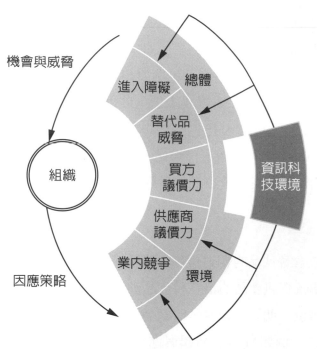

　● 圖7.4 資訊科技對於組織與產業環境之關係的影響

　　從另一個角度來說，企業也可能利用資訊系統而與這五個對象進行合作，提升競爭力，這就屬於第四項「資訊系統做為策略方案」的範圍了。五力模式說明如下：

（一）、進入障礙

　　進入障礙包含：

(1) 資源或能力之障礙：包含具備專業化、優秀管理者、議價力、廣告與資金籌募力、專利保護、品牌知名度等資源或能力均構成進入障礙。

(2) 專屬資產投資：位址、實體資產、人力、品牌、顧客指定、時間等均構成進入障礙。

(3) 轉換成本：轉換成本包含退出費用、搜尋成本、學習成本、設備成本、設置及啟動成本、心理風險、社會風險)等，提升轉換成本將構成進入障礙。

(4) 其他：資金、通路、低成本產品設計、政府政策等，都可能是構成進入障礙的因子。

一般而言，全球各地都存在潛在進入者，例如國內大型公共工程轉為在線上競標後，世界各地的廠商都成為競標者。如果技術標準明顯、通路普及或是建置成本低者，其潛在進入者的進入障礙低，例如EC科技(Web)的標準化、經營資訊透明化、通路(Internet)普及化，建置成本低。此外，跨產業的競爭者也構成進入障礙，例如Amazon.com，可進入許多不同的零售產業，包括CD、書籍、拍賣、電子產品、玩具，Yahoo! 也可經營入口網站、拍賣、電子商域(E-Mall)。微軟也可進入軟體業、遊戲業、新聞業、入口網站業等。

(二)、替代品威脅

替代品威脅包含替代品的相對價格、移轉成本、客戶使用替代品的傾向等。就資訊科技而言，傳統資訊產品的潛在替代品就受到威脅，目前許多販售可數位化的傳統產品（例如報紙、期刊、音樂、印刷品、電影），其廠商就遭受到Internet上替代品非常大的威脅。例如MP3的興起與進入市場，使得音樂產業受到非常大的衝擊，各種期刊、報紙，也受到數位化產品的強大威脅。

傳統服務業也有潛在替代品的威脅，例如e-Learning對教育產業；e-Bank對銀行業；線上旅遊仲介者對傳統的旅遊業，以及線上證券商（如E*Trade)對傳統的證券業等，都對傳統服務業產生非常大的威脅。

(三)、買方議價力

買方議價力受到下列因素之影響：

(1) 議價槓桿強度：集中度是操控價格的力量、採購量、資訊、買方向後整合、替代品、直接向更上游訂貨。

(2) 買方價格敏感度：價格、買方採購金額、產品差異化、功能、買方利潤、買方決策動機(可能不只是成本)等。

依據上述因素，企業可能因為Internet讓買方降低搜尋成本、比價成本，更容易匯集需求而提升議價能力。而透過品牌忠誠度提升，藉由IT，更容易利用產品差異化、產品搭售(Cross Sell)、差別定價、量身訂製消費者無法進行同質性產品的比價，進而降低買方的比價優勢，而降低議價能力。

(四)、供應商議價力

供應商議價力是供應商對於原物料零件購買的議價力,其可能做法包含供應項目差異化、更換供應商的轉換成本、供應商集中度、採購量佔供應商產業產出之比率、供應項目對本產業差異化或成本之影響、供應商向前整合相對於本產業向後整合的威脅等。

(五)、業內競爭

業內競爭的競爭內容包含產業成長、間歇性產能過剩、產品差異化程度與品牌知名度、轉換成本、多元化的競爭者、退出障礙(專屬資產、企業內各事業體之間的策略關係、心理障礙、政府及社會限制)等。廠商也可採用競爭同時合作(競合關係)。

三、資訊系統為現有能力之一

在步驟(二)的內部評估中,主要評估企業本身的資源及能力,以便了解自身的強處與弱勢。

價值鏈分析將公司區分為主要活動與支援活動。主要活動包含:

(1) 研究發展:就是產品的設計和生產程序,卓越的產品設計,能提升產品的功能性,增加產品的價值。

(2) 生產:就是產品或服務的創造過程,好的生產流程有助於降低成本結構,為產品帶來差異化。

(3) 行銷與銷售:包含品牌定位與廣告等行銷手段,能夠增加顧客對公司產品的知覺價值,幫助產品在顧客心中創造良好形象。

(4) 顧客服務:主要是提供售後服務與支援,也就是在顧客購買產品之後解決顧客的問題並提供支援。

支援活動包含:

(1) 物料管理:是控管價值鏈中實體物料的遞送過程,好的物料管理可以降低成本,創造更多利潤。

(2) 人力資源:人力資源管理的目的是確保公司把適當、技能良好的人員聚集起來,有效地執行價值創造。

(3) 資訊系統:資訊系統讓公司管理價值創造活動,改善效率與效能。

(4) 公司的基礎設施：是所有其他價值創造活動的基礎，包含組織結構、控制系統，以及組織文化等。

針對資訊方面的能力，包含：

(1) 資訊系統應用能力：資訊系統將資料轉為有價值資訊，應用能力是將資訊應用於各項業務領域之能力。

(2) 資訊系統發展能力：能發展有效資訊系統之能力，而該資訊系統能夠產生有價值之資訊。

(3) 資訊策略規劃能力：指的是將資訊資產轉為提升競爭力方案的能力，也就是適切地投資到資訊技術與資訊系統，以提升組織的競爭優勢。

資源是公司的資產包含(朱文儀、陳建男譯，2017)：

(1) 基本生產要素：勞力、土地、管理、實體工廠以及設備等資源。其中資訊設備如軟硬體等均屬於基本生產要素。

(2) 高階生產要素：流程知識、組織架構、智慧財產等有助於公司競爭優勢的資源。其中流程知識涵蓋了公司如何開發、生產和銷售其產出，具有社會複雜性（socially complex)、內隱性（tacit)等特質；組織架構包含公司的組織結構、控制系統、誘因制度、組織文化以及人力資本策略(尤其是招聘、員工發展、留任策略等)；智慧財產則包含工程藍圖、新藥物的分子結構、專有的軟體程式碼，以及品牌圖像等。其中資訊系統運作流程屬於流程知識，而資訊系統軟體具有智慧財產權的特性，均為高階生產要素。

價值鏈分析與資源能力分析的內涵如圖7.5所示。

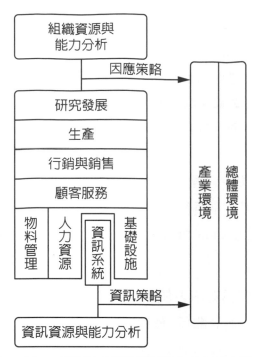

⊃ 圖 7.5 價值鏈分析與資源能力分析的內涵

四、資訊系統為策略方案

　　將資訊系統視為策略方案，以做為競爭之基礎，從資訊系統效益的角度來說，資訊系統具有提升效率、效能及顧客與供應上關係，甚至影響企業的生存；從策略的角度來說，主要的策略包含低成本、差異化及聚焦策略。此處我們將資訊系統策略方案區分為四種類型：

(一)、建置應用軟體

　　此類型是依據組織的資訊需求，來取得應用軟體，例如 ERP、CRM 等，甚至 App 小程式。

　　決定導入那些應用系統需要做成本效益評估，效益包含

(1) 有形效益：是可以被量化而且以貨幣價值計算的效益，也就是取代人力與節省空間，交易與事務系統就提供具體的有形效益。

(2) 無形效益：沒有辦法立即被量化的效益，但長期來看可能會帶來可量化的益處，如更有效率的客戶服務或強化決策制定。決策支援系統、高階資訊系統、協同工作系統等均可能產生無形效益。

　　重要的系統評估方法包含：

(1) 投資組合分析：重要準則是風險與報酬。

(2) 計分模型：準則與權重進行評估，就是加權平均法。

(3) 資本預算模型：運用財務方法選擇專案，例如回收年限法 (the payback method)、會計投資報酬率 (the accounting rate of return on investment, ROI)、淨現值 (the net present value)、內部回收率 (the internal rate of return, IRR)等。

若從組織整體的評估，了解其整體資訊需求之後，在尤其重要的資訊需求來選擇優先發展的資訊系統，稱為組織資訊需求分析，組織資訊需求分析的方法包含企業系統規劃(Business System Planning, BSP)、關鍵成功因素(Critical Successful Factor, CSF)等。

Laudon & Laudon認為資訊系統除了能夠支持低成本、差異化及聚焦策略之外，也包含拉近顧客與供應商關係(董和昇譯，2017)：

(1) 低成本：資訊系統幫助企業用更低的成本做出產品與服務，以便取得競爭優勢，例如Walmart。

(2) 差異化：資訊系統幫助企業做出更優越、更有差異性的產品與服務，以便取得競爭優勢，例如蘋果、谷歌。

(3) 聚焦策略：資訊系統幫助企業在聚焦市場提出更專業化的策略，以便取得競爭優勢，例如希爾頓飯店、哈若斯娛樂公司。

(4) 拉近顧客與供應商關係：資訊系統幫助企業拉近顧客與供應商關係，並建立忠誠關係，以便取得競爭優勢，例如亞馬遜、克萊斯勒公司。

(二)、建置IT解案

網路時代具有許多的特質，這些特質讓我們思考許多新的產品、服務與經營模式。考量這些解案之前，須先了解網路的經濟特性，說明如下：

(1) 邊際成本趨近於零：例如微軟的Windows XP作業系統，研發花了10億美元，但其每增加一個產品光碟的邊際成本，幾乎等於零。

(2) 固定成本很昂貴，而且是一種沈沒成本：資訊化產品，例如電影，原來投入龐大的固定（研發)成本都變成沈沒成本(Sunk Cost)，完全沒有價值。

(3) 資訊產品產量可無限制地擴張：例如音樂CD就能以極低的單位成本，幾乎無限制的情況下製造出100萬片甚或1000萬片同樣的CD。

(4) 產品的運送成本及倉儲成本極低。

分析這些特性，可能可以產生許多解決方案。新產品可能包含數位化商品、數位內容、商品知識等，例如線上教學、線上學習等。新產品可能包含產品個人化(Personality)，也就是量身訂製其獨特的產品，例如許多線上新聞提供個人化的報紙內容；也包含大量客製化(Mass Customization)，就是快速、正確的以「堆積木」的方式，例如Dell電腦公司，利用組裝精靈(Configurator)，幫消費者快速、正確地組合各種量身訂製、不同配備的PC。

新服務則是提供新的服務，例如顧客體驗方案、全通路方案、智慧客服、訂閱模式等。

新的商業模式則可能包含平台模式、電子商務/行動商務/網路行銷模式、智慧製造等。

此外亦可能運用資訊科技建構企業的綜效或是核心能力。綜效是當某些單位的輸出可以做爲其他單位的輸入，或是兩個組織可以共用專家及市場行銷時，此種關係可以降低成本及產生利潤。例如銀行之間的合併(資產、客戶)、事業單位之間的緊密運作等。

核心能力 (core competency)是一系列能力組合，該能力能產生市場價值，而且不易被模仿。例如SONY的迷你技術、Honda的引擎、寶僑InnovationNet (Open Innovation)等。而由寶僑的例子，更可以得知資訊技術如何協助企業建構核心能力。

(三)、社群企業模式

就是運用社群網路進行商務及行銷活動，以提升競爭力，例如社群行銷、網紅行銷、會員經營等。社群企業模式的規劃內容就是決定投入多少資源在各個社群媒體的那些行銷方案，例如投入多少經費在臉書打廣告或是在IG經營粉絲頁，或是執行網紅行銷等。

(四)、平台投資決策

這是軟硬體基礎建設的投資，平台基礎建設的投資評估需要考量服務對象的市場需求、本公司的企業策略及本公司的IT策略(例如基礎建設的現況，以及是否符合企業策略)等，也包含技術資產的總持有成本(硬體、軟體、安裝、教育訓練、支援、維護、基礎建設、當機成本、空間與能源)，而在技術的評估上，需考量擴充性（scalability）、彈性、整合性、相容性、安全性等均須符合服務對象的市場需求，並與競爭者有適當優勢。平台基礎建設的投資評估技術準則包含：

(1) 效益：包含擴充性（scalability）及彈性、整合性、相容性、安全性等準則，其中擴充性是指電腦、產品或系統在將服務擴展到龐大的用戶量時不會當機的能力。

(2) 技術資產的總持有成本：總持有成本（total cost of ownership, TCO），包含分析直接與間接成本，協助公司確認某項特定科技導入的實際成本。

策略之下是戰術層面的行動方案或專案，例如透過策略目標擬定、策略方案評選、資源分配的過程，資訊策略的產出是被選中的方案或方案的優先順序，包含前述的應用軟體、IT解案及社群企業之方案。例如某公司選擇了CRM與ERP進行導入，這兩個被選中的專案分別構成一個專案，也就是CRM與ERP分別構成一個專案。

▸ 7.3 策略執行

執行策略是將策略轉為更具體的行動方案，加上組織在結構、誘因、流程等配套措施的建立，以便有效的執行策略，並形塑可行的商業模式。

一、策略執行的兩大要件

策略執行的兩大要件包含行動計劃與組織配套措施，如圖7.6所示。

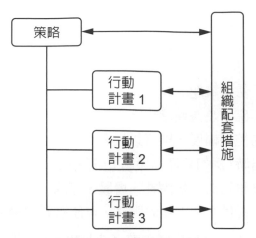

⊃ 圖 7.6 策略執行的兩大要件

(一)、行動計劃

行動方案方面，策略方案必須化為具體的行動，做為執行的依據，前述的 CRM 與 ERP 方案，若經選定的話，便可分別成立專案。專案可再細分為活動或任務，例如 CRM 系統可能採取自行開發，活動包含系統規劃、分析、設計、導入、維護等工作；ERP 系統可能採取外購，活動就包含需求分析、廠商及產品的搜訊、評估、採用(購買並簽合約)、導入、維護等工作。

(二)、組織的配套措施

組織配套措施，包含組織結構、文化、誘因(激勵)系統、企業流程等搭配，以下敘述其內容(朱文儀、陳建男譯，2017)。

1. 組織結構

組織結構包含垂直分化 (vertical differentiation)、水平分化 (horizontal differentiation) 及整合機制 (integrating mechanisms)。垂直分化指的是結構內決策制定責任的位置 (即集權或分權) 以及層級結構裡的階層數 (即組織結構是高狹或扁平)；水平分化 (horizontal differentiation) 是組織裡各單位的正式分工；整合機制 (integrating mechanisms) 用以協調各單位的流程與程序。組織結構搭配策略執行所考量的因素包含資源控制的程度及環境變化的程度(越需要有彈性的策略)，可能的組織結構變數敘述如下：

(1) 組織結構形式的改變：組織結構形式可能包含功能型組織、多事業部組織、專案型組織、矩陣型組織等，策略可能需要調整組織結構加以配合，例如資源控制越集中，表示需要採用集權式結構包含公司整體策略、主要財務支出、財務目標、法律議題、實現規模經濟；若決策需要自主時，也就是需要因地制宜時、不確定及快速變化之環境時，則適合採用分權；若是運用資訊系統增加組織的控制幅度，則可以視策略需要予以扁平化；環境變化大需要很有彈性的策略時(例如新產品策略)，結構要更有彈性，例如矩陣式結構。組織結構的改變也可能只是調整、增設、刪除、合併組織的部門，例如因為運用資訊科技以提供共個人化的服務，可能需要增設或擴充資訊部門。

(2) 溝通協調與整合：如果策略層級較高或是需要跨部門的溝通協調時(如新產品策略)，整合機制需要更高整合、跨部門協調之機制，例如跨功能團隊，並採用非正式整合機制(例如知識網絡)；穩定環境之策略則採用較低整合程度的直接接觸或聯絡人即可。

2. 誘因制度

在誘因制度設計方面，主要是運用控制的方式來評估績效，據以做為激勵的基礎。控制的方法包含(朱文儀、陳建男譯，2017)：

(1) 個人控制（personal control）：透過個人接觸和直接監督部屬所進行的控制。

(2) 官僚控制（bureaucratic control）：經由書面規則和程序等正式系統所進行的控制。

(3) 產出控制（output controls）：為單位和個人設定目標並據以監控績效。

(4) 誘因控制：用來激勵適當員工行為的設計，當誘因與團隊績效連結時，往往會有一個附帶好處，就是可以鼓勵團隊成員之間的合作，促進一定程度的同儕控制。

(5) 同儕控制（peer control）：員工對團隊或工作群體中其他人所施加的壓力，以期達到或超越組織的期望。

(6) 市場控制（market controls）：針對資本這類的有價值資源設置內部市場，以管制公司內個人和部門的行為。

(7) 文化控制：運用文化來要求成員做出某些被期待的行為。

策略的執行也需要控制與誘因的搭配，例如整合程度較低時，適合採用官僚控制來分配財務給各功能，用產出控制控制各部門績效，各部門依其任務擬定績效目標，也可適當對各功能主管採取個人控制，而且誘因必須與產出目標相連結，也適當地採用團隊基礎的獎勵。

　　而整合程度較高時，仍適合採用官僚控制來分配財務給各功能，在不同功能採用產出控制，再搭配運用跨功能的產品開發團隊。對功能型經理人而言，誘因是連結到自身的產出目標，對產品開發團隊成員而言，誘因卻連結到團隊績效，因為有同儕控制之效果。此時也要注意績效模糊性的問題，例如確保所有關鍵人員誘因之一致性，也就是以區別的方式來設計誘因，典型的作法是把誘因和更高層的組織績效相連結。

　　在文化方面，也就是策略要與文化相互調適，塑造及修正企業文化可能要要花許多時間。而目前可做的就是運用文化控制，也就是運用文化來要求成員做出某些被期待的行為，減少個人控制及官僚控制的需要。

3. 流程搭配

　　資訊系統導入往往造成流程改變，以便配合資訊系統的效率或效能。

二、資訊系統導入

　　導入的定義是為了採用、管理與例行化，如新的資訊系統，而進行所有的組織活動。在資訊系統導入過程中，使用者扮演重要的角色，有高度的使用者參與將有助於系統導入的工作，也就是說，使用者參與資訊系統的設計與運作會有許多正面的結果。此外，管理階層的支持與承諾也是關鍵要素，資訊系統專案有不同管理階層的支持與承諾，使用者與技術服務人員都會用比較正面的角度來看待系統。透過資訊系統策略的落實(行動計畫與配套措施)，資訊系統將會產生效益(提升競爭優勢)，同時也造成組織變革。

　　總而言之，資訊技術或資訊系統的導入，會構成組織的變革，導入的投入愈大，變革越大，效益可能越高，風險也相對越高。變革可能包含組織結構、制度、文化、企業流程的改變。Laudon & Laudon 認為，資訊系統導入的程度與變革的程度區分為四個層級(董和昇譯，2017)：

(1) 自動化：針對某些個人的工作增進效率，取代人工作業。

(2) 程序合理化：針對某些流程，使標準作業程序更流暢，包含流程改良、全面品質管理、六個標準差等。以資訊系何支援品質改善為例，資訊系統能藉由簡化產品或流程，來協助公司達到它們的品質目標，根據顧客需求進行改善、減少週期時間、提升產品設計與生產的品質及精確度，以達到公司設定的品質指標。

(3) 企業流程再設計：分析、簡化與重新設計企業流程，或是重組工作流程、合併步驟、消除重複。這對組織而言，是較爲重大的變革。如果組織在建置資訊系統之前，能重新思考與徹底地重新設計企業流程，它們將可以從資訊科技的投資中獲得相當大的報酬。

(4) 典範轉移：重新思考企業與組織的本質，設計新的企業模式。

本章個案

中信銀每次創新都讓服務更貼心

中國信託銀行在銀行創新服務上，時常扮演領頭羊的角色，台灣的第一張信用卡便是由中信銀發出，隨後流通卡數長期居於台灣銀行業之手，第一家在超商安裝ATM(自動櫃員機)的銀行也是中信銀，大大提高品牌能見度。

近年來興起的金融科技，中信銀也不落人後，無論是大數據分析、人工智慧、臉部辨識等最新科技，都被整合應用到銀行服務中。

中信銀有「隨你數位(Banking My Way)策略，客戶在哪裡，中信就在哪裡，打造「全客群、全通路、全服務」數位金融體驗。行動網銀的用戶越來越多，不代表只要發展App就好。若要真正貼近顧客需求，分行、ATM、網頁和App都要兼顧。

解決客戶疑難雜症，小資女形象的智能客服「小C」也成主力，小C於2017年推出，至2018年10月，客服數位服務量已超過人工服務量，便是綠野從網上線的80%提升到98%，領先業界的平均90%。

中信銀針對不同年齡客戶，都嘗試用科技提供服務，例如中老年人依然仍愛到分行報到，中國信託就將數位服務導入分行中，例如透過視訊電話，分行客戶能夠直接跟銀行總行的稅務專家、保險專家諮詢，打破地域限制。

在大量使用手機、網路的千禧世代，中信銀主打LINE Pay聯名卡，兩年內便發出兩百萬張卡，其中有一半是簽帳金融卡用戶，2018年LINE Pay聯名卡消費額高達兩千多億元。

中國信託在2018年展是全台唯一防車手防詐騙ATP，能偵測「戴安全帽或遮住臉部提款」及手拿著手機等狀況，做出警告以防詐騙。這款智能ATM還可以分辨提款人的裝扮、年齡、性別等特徵，判斷該推出何種廣告內容，做出精準行銷，譬如穿西裝的，有可能是商務人士，就可推播航空公司聯名卡。

就貿易業務而言，其既有痛點包含紙本、人工文件容易遺失、出錯，但在數位化過程中，卻衍生出資料維護權限該由誰主導(如進口商、開狀銀行、押匯銀行、出口商等)的爭端。若建立區塊鏈資料平台，讓文件數位化的同時，彼此資訊共享但加密，只針對有需求的環節解密、供參與交易者使用。中信銀2019年十月完成第一筆以區塊鏈為基礎的國際貿易，讓奇美實業以數位單據流程，將貨品出口給位在波蘭的進口商，透過區塊鏈技術，可以簡化作業及實體文件傳遞流程，將所需時間從原本的五天縮短到一天內完成，亦大幅提升交易安全性。

近來則投入大數據分析，精準掌握顧客行為，方便給出個人化建議，並做出精準行銷，目前大數據分析的部門員工便有六十名，多數是工程師。

目前有一項創新叫做「視頻櫃員機」(VTM)，讓客戶不分晝夜跟遠端客服人員通話、掃描身分證、迅速完成開戶，但因主管機關尚在審核，不能上路。

(每次創新都讓服務更貼心，靠信任感稱霸11年，今周刊，2018.12.31，pp.144-145；金融界的數據科學家，宋政隆把AI導入應用場景，遠見雜誌，2019/3，pp. 82-91；區塊鏈─生活強應用，今週刊，2019.10/07，pp. 74-78；全通路主動出擊找需求，中信銀打造最有溫度的服務，遠見雜誌，2019.10，pp. 119-120)

思考問題

中信銀依據策略陸續導入行動網銀、線上支付、智能ATM、貿易區塊鏈、視頻櫃員機等系統，請思考或推測其策略規劃的過程。

本章摘要

1. 策略制定的過程主要包含環境偵測、衝擊分析、擬定因應方案等三個步驟。環境偵測乃是蒐集相關的議題與趨勢；衝擊分析乃是針對所蒐集的議題與趨勢進行機會與威脅之解釋；因應方案則是依據機會與威脅之解釋，擬定策略目標、內涵與相對應的行動方案。

2. SWOT分析步驟：1. 列出外界環境之機會與威脅、2. 列出本身企業之強處及弱處、3. 提出策略方案、4. 評估策略方案。

3. 在策略規劃的過程中，資訊系統扮演了四種角色：1. 資訊技術為總體環境趨勢之一、2. 資訊系統為產業環境因素、3. 資訊系統為現有能力之一、4. 資訊系統為策略方案。

4. 資訊方面的能力包含：1.資訊系統應用能力、2.資訊系統發展能力、3.資訊策略規劃能力。

5. 資訊系統策略方案區分為四種類型：1.建置應用軟體、2. 建置IT解案、3. 社群企業模式、4. 平台投資決策。

6. 決定導入那些應用系統需要做成本效益評估，效益包含有形效益與無形效益。重要的系統評估方法包含投資組合分析、計分模型、資本預算模型等。

7. 資訊系統除了能夠支持低成本、差異化及聚焦策略之外，也包含拉近顧客與供應商關係。

8. 建置IT解案包含新產品(例如數位化商品、數位內容、商品知識等)、新服務(例如顧客體驗方案、全通路方案、智慧客服、訂閱模式等)、新的商業模式(例如平台模式、電子商務/行動商務/網路行銷模式、智慧製造等)。亦可能運用資訊科技建構企業的綜效或是核心能力。

9. 策略執行的兩大要件為行動計畫與組織的配套措施，行動計畫是將策略分解為具體的行動；組織配套措施包含組織結構、文化、誘因(激勵)系統、企業流程等。

10. 變革的程度區分為四個層級：自動化、程序合理化、企業流程再設計、典範轉移。

參考文獻

[1] 朱文儀、陳建男譯(2017)，策略管理，四版，臺北市：新加坡商聖智學習(華泰文化總經銷)。

[2] 董和昇譯(2017)，管理資訊系統，14版，新北市：臺灣培生教育出版；臺中市：滄海圖書資訊發行。

資訊系統建置

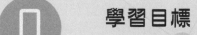

學習目標

◆ 了解系統建置的步驟。

◆ 了解系統發展的方法。

◆ 了解選擇系統發展方法要領。

資料科學家賣小籠包，年改、貿易戰都計算

當外送經濟持續升溫，台灣餐飲業面臨大洗牌，台灣餐飲文化代表的鼎泰豐，卻正做出眾人意想不到的抉擇：它，逆勢展點。2019年12月，它進駐台北信義區遠東百貨，2020年1月底，更將在台北永康商圈開出四層樓高、四百坪大的門市，短短一個月內，鼎泰豐罕見地在台灣開出兩家新店。過去六十二年，它也只在台灣開出十家門市。

由於外送平台覆蓋全台的衝擊、陸客限縮、以及對冷凍食品消費轉變，台灣餐飲業需要大轉型。以鼎泰豐來說，全台來客數掉了1-2%，外帶卻不斷上揚。結合外送平台推動外送是重要的解決方案。

2019年五月，鼎泰豐與Uber Eats獨家合作五家店，半年後，外送業績已占外送店月營收達一成，更有門市的外送業績，超越原有的外帶生意。起初，主管並不認為外送是適當的，主要的原因是抽成高、餐點品質受影響。但是後來發現櫃檯人員忙著接電話服務外帶客人，各式客層的人都有，這代表客戶有需求。

鼎泰豐跟Uber Eats雙方合作磨合一年。鼎泰豐針對餐點品質，祭出最拿手的流程管理，花了三個月做內部測試。他們從餐點製作完成、送到顧客手上，逐一測試餐點的溫度和生菌數等項目，同時檢視餐點的外觀、包裝、口味、口感度是否會被影響。他們改善點餐製作流程，小籠包得少蒸三十秒，避免外皮因外送過程而爛掉，並且嘗試組合各種打包和排列餐點的方式。比如小籠包和排骨飯重量不同，放的方法就不同，以免傾斜。鼎泰豐更進一步，把外送員當自家人，外送夥伴去鼎泰豐取餐，他們還會請喝茶、給小點心、鳳梨酥、小禮物，大家開心了就會認真送。其實，他們原本想自己研發外送外帶系統，踏入會員經營的第一步。但是外送員管理的變數太多，目前仍沒有解法，因此才找外部合作。

鼎泰豐看似傳統，資訊部門卻高達三十人。二十年前，他們就開始自薦內部資訊系統，店內的排隊系統、POS系統都已經串連，他們可以整理出門市在各年段的來客數、國籍、點餐種類、消費人均等，並比照各年段的重要大事，例如中美貿易戰、年金改革、商品調漲等，做各種交叉分析，成為鼎泰豐做重大決策的背景依據。又例如八年來，員工在網路上已經累積百萬篇的員工工作日誌，他們依照各部門需求，設立超過三十個關鍵字，像是品管部是異物、客訴等；資訊部是當機、停電、電腦異常等。當員工日誌出現這些關鍵字，該份工作日誌就會寄給各部門主管，以此作為改善的依據。

如今鼎泰豐研發營運資訊App，主管打開手機，就能隨時看見門市及時的營運資料，包含排隊、內用、外帶人數，以及點餐狀況、員工配置、食材使用等項目，這樣就可以即時判讀人力和備料需求。

(62年小籠包之王遇到大麻煩了，商業週刊1678期，2020，pp. 74-75；資料科學家賣小籠包，年改、貿易戰都計算，商業週刊1678期，2020，pp. 84-86)

鼎泰豐的外送、POS、營運資訊App等系統，不論所採用的是自行開發還是外購系統，當然更重要的是，其自行研發或是外部合作的流程，以及組織內部應該如何配合這些系統。

在策略規劃中，已經決定資訊系統發展的優先順序，也就是專案組合，包含應用系統、IT解案、社群企業的投資以及基礎設施。

資訊系統建置就是針對專案組合中的各個專案，進行開發或系統取得。為了討論方便，我們以應用系統作為系統建置的對象來說明。

欲建置一個專案，需先指派專案經理，成立專案團隊，再進行專案規劃、執行、控制與結案的動作。有關專案管理我們將於下一章介紹，本章專注於系統建置的過程。

系統建置的第一個決策是決定系統取得的方式，主要區分為自製與外購，當然也可以透過委外的方式開發系統，或是採用雲端方式租用系統。這種決策需要對系統發展的方法有些了解才能做適當的評估，我們就先介紹系統發展的方法。

▶8.1 系統建置的步驟

　　前章討論資訊系統策略，策略的產出是資訊系統組合，也就是要分別花費多少預算建置哪些系統或導入哪些技術。接下來是分別針對各個系統進行系統建置的工作。系統建置的步驟可區分為系統分析、系統設計、撰寫程式、系統導入、系統維護等步驟，如圖8.1所示，以下說明之。

　⊃ 圖8.1 系統建置的步驟

一、系統分析

(一)、系統分析的內容

　　分析是了解需求、表達需求的動作，系統分析(systems analysis)是組織打算利用資訊系統解決問題時所進行的分析，也就是要了解使用者的需求，並表達成為具有邏輯性的規格。系統分析的工作包括了定義問題、確定原因、提出解決方案、可行性評估，及配合系統解決方案所定義的資訊需求。

定義問題是針對組織待解決的問題加以描述，問題常常以理想(目標)與事實之間的差距來界定，例如錯誤率高、耗費時間太長等。問題界定之後，要了解發生的原因，例如是人的疏失、機器或是零組件不良、還是流程不佳等，再想辦法提出解決方案。這個解決方案可能是用資訊系統可以解決的，有些可能不是，前者是我們關注的地方(就管理而言，兩者都應該關注)。

舉例來說，公司的庫存管理不佳，其問題可能是領料錯誤或是備料的時間過長，影響生產線的流程，這就是問題。其原因可能是因為零組件種類繁多，造成人力不勝負荷，以及過度勞累造成的錯誤。解決方案可能就可以採用 MRP 系統來改善。

可行性評估是評估即將開發的系統是否有能力做？是否值得做？前者是指團隊有能力做出這個系統，後者指的是這個系統的成本效益是否適當，一般可行性評估包含下列事項：

(1) 技術可行性：評估團隊的人力、技術、經驗、機器設備等是否有能力可以開發出該系統。

(2) 財務可行性：評估資金是否足以支持開發出該系統。

(3) 操作可行性：評估系統的操作性是否與組織或使用者的作業流程相符合。

(4) 法律可行性：評估系統是否符合法律規範，沒有侵犯智慧財產權。

(5) 經濟可行性：評估系統的效益是否大於成本。

接下來就要對這個新系統(此時系統尚未存在)做資訊需求分析，資訊需求(information requirements)包括確認由誰、何時、何處及如何使用資訊，需求分析詳細地定義了新系統或修正系統的目的，並詳細說明新系統將執行的功能。回顧第二章，資訊需求是指使用者因為完成其工作或其他事情所需要的資訊，也就是資訊系統的資訊產出要符合這個資訊需求。資訊需求包含資訊內容、產出格式、產出時間等，分別說明如下：

(1) 資訊內容：資訊內容包含資訊的項目及其屬性，例如銷售量這個資訊，是屬於量化且確定性的資訊、來自組織內部；銷售預測是不確定性的資訊；技術**趨勢**則是外部資訊。

(2) 資訊產出格式：資訊產出的格式可能包含文字、統計圖表、影像、動畫等，使用者對於產出的格式主要的考量因素是專業因素，越專業的使用者，就需要用越專業越正式的格式來表達資訊，較不專業的使用者可能需要越簡單明瞭或趣味性的表達方式。

(3) 時間需求：是指資訊系統產出資訊的時機點，有些系統是週期性的產出報表資訊，有些依需求而產出，有些系統更能及時產出資訊。總而言之，資訊必須要配合使用者進行決策、規劃控制、作業管理或其他用途的時機。

(4) 資訊處理需求：資訊處理需求是資訊系統所產出的資訊為了滿足資訊需求，系統所需做的處理。前述的資訊特質屬於產出資訊的特質，而這些特質都會影響資訊處理需求，例如進行運算、若則分析、統計模擬、知識推論等。在系統發展的過程中，這些處理需求均會被轉化為更技術面的資料庫、軟體、硬體需求。

需求分析始於了解使用者，也就是透過訪談、問卷調查、蒐集表單等方式蒐集需求相關的資料。其基本邏輯是自問：使用者是誰？他們做甚麼事？做這些事需要哪些資訊？這些資訊如何處理？以POS系統為例，說明如表8.1所示。

► 表8.1 需求分析參考格式與範例

輸入	資訊處理	資訊需求	工作內容	使用者
產品編號 數量	結帳程式：價格＊數量	單一顧客消費金額	結帳	店員
產品編號 日期範圍	補貨程式：（庫存量-產品銷售量）比（安全庫存）	產品銷售量 庫存量 （需補貨產品名單）	決定補貨	店員
產品編號 日期範圍	銷售量分析程式	產品銷售量排行榜	決定上下架	店長
產品編號 日期範圍	營業額分析程式	產品銷售金額	檢討業績	店長
產品編號 日期範圍	利潤分析程式	利潤	檢討利潤	店長

系統分析所蒐集的需求資料需要加以整理，首先整理出該系統應該具備哪些功能，稱為功能需求。功能是指系統中的某個程式模組能夠解決使用者甚麼問題。例如一個購物網站的購物車有結帳功能，意見箱有意見反映的功能、電子型錄有型錄的功能等。POS系統的主要功能有：

(1) 結帳程式：結帳金額多少？收多少？找多少？

(2) 補貨程式：哪幾個產品需要補貨？

(3) 銷售量分析程式：個別產品銷售量？分類產品銷售量？銷售排行榜？某時段產品銷售量？

(4) 銷售額分析程式：個別產品銷售額？分類產品銷售額？某時段產品銷售額？

(5) 利潤分析程式：個別產品利潤？分類產品利潤？利潤排行榜？某時段產品利潤？

以資料庫分析來說，資料庫分析的目的就是要知道資料庫中有多少個資料表(檔案)，每個資料表中會有哪些欄位。所需的資料欄位是由資訊需求得來，也就是說，欲得到該資訊需求，需要有哪些資料才能夠進行處理，資料庫分析的過程包含(資料庫分析與設計的基本步驟)：

(1) Step1：決定資料庫之中應該有哪些資料表(檔案)及其關聯性。

(2) Step2：決定各個資料表(檔案)應該有哪幾個欄位。

(3) Step3：決定各個欄位的資料格式(如資料形式、長度等)。

(4) Step4：決定如何將資料安排與實際的儲存媒體中。

其中概念(邏輯)設計(包含分析，Step1、2、3)是依企業觀點所產生的資料庫抽象模型，可以採用的工具如正規化設計、實體關聯圖(ERD)等；實體設計(Step4)主要是展示出資料庫實際上如何被安排於直接存取的存儲裝置中，其工具如分散式資料庫設計等。

(二)、系統分析的結構化方法

結構化(structured)是由上而下、流程導向、逐步開發系統的方法，採用一步接一步的做法，每一步皆根據前步驟之結果來逐步開發系統。結構化開發方法為流程導向，主要在建立流程模型，或是在系統內執行擷取、儲存、操作及傳遞資料等資訊流程。簡而言之，就是將需求分析的結果整理為程式設計師看得懂的邏輯規格。就系統分析而言，結構化方法主要的產出為資料流程圖(Data Flow Diagram, DFD)與資料字典(Data Dictionary, DD)。

繪製資料流程圖的符號包含(如圖8.2)：

(1) 對象

(2) 資料流

(3) 處理(加上編號)：除了背景圖之外都是動詞

(4) 資料儲存

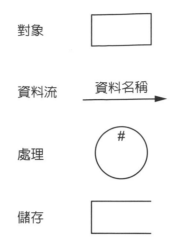

圖8.2 資料流程圖的符號說明

資料流程圖的繪製步驟如下：

(1) 繪製背景圖(Context_Diagram)：系統名稱、對象、輸入輸出。

(2) 往下分解：由上層系統(如階層0的POS系統或階層2.0的計算交易金額)往下分解，先了解其功能內涵，再考量其資訊的輸入、處理與輸出。

(3) 檢查平衡：所謂平衡是上下層的資料輸入與輸出要一致。例如：階層0(a)的輸入是產品編號及數量，階層1一定有相對應的輸入(b)，階層0輸出為明細及交易金額，階層1也要有這個輸出。

資料流程圖的簡要範例如圖8.3。

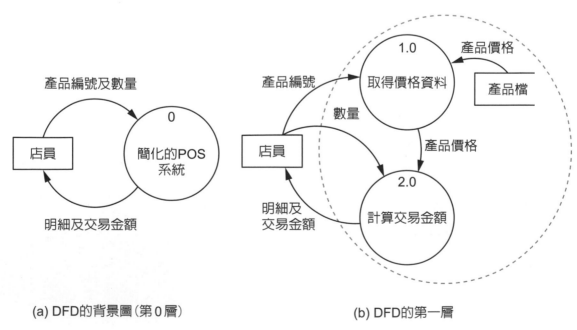

(a) DFD的背景圖(第0層)　　　　　(b) DFD的第一層

◯ 圖8.3 資料流程圖的簡要範例

　　資料字典是將系統中的所有資料列出並解釋，使得程式設計師能夠了解每一筆資料的定義。資料從資料庫、資料表、以及資料表中的欄位都包含在內，也就是說，資料流程圖中的所有資料儲存及資料流都要加以解釋。資料字典的邏輯如圖8.4所示。

作者資料表=作者姓名+作者性別+現任職務+曾任經歷+聯絡電話+郵遞區號+住址
住址=縣市+鄉鎮+鄰里+號
縣市=文字*4
號=4位數字

產品資料表=產品編號+產品名稱+作者+主題類型+產品定價+產品成本+商品庫存+安全庫存+產品類型
產品編號=產品類型編號英文字母一位+主題類型編號英文字母一位+流水號數字兩位

○ 圖8.4 資料字典的邏輯

二、系統設計

　　系統分析是需求的概念，系統設計(system design)的課則是解案，也就是系統設計的結果要滿足需求。系統設計說明系統該如何完成預先設定的目標，也就是如何滿足使用者的需求。因此系統設計將資訊系統建置整體的模型，並將系統設計整理成設計規格書，重要的章節內容包含：

(1) 輸入、輸出的格式。

(2) 處理的過程。

(3) 系統操作步驟。

(4) 系統導入計畫。

　　設計結果的表達可以採用虛擬碼或程式流程圖作為工具。虛擬碼是使用類似程式語言的方式表達設計結果，以POS系統的結帳程式為例(第i個產品的產品編號以Ni表示，購買數量以Qi表示，價格以Pi表示，總金額以AMTi表示)，虛擬碼如圖8.5所示。

讀取產品編號(Ni)。讀取數量(Qi)。i=1 to n

至產品資料表，依據產品編號，取出該產品之產品價格(Pi)、產品名稱(Xi)。i=1 to n

計算金額小計，IF 滿足特價條件，THEN 金額小計(AMTi)=產品特價(Pi)*數量(Qi)，ELSE
金額小計(AMTi)=產品定價(Pi)*數量(Qi)。i=1 to n

計算產品金額，產品金額=∑(產品價格(Pi)*數量(Qi))

計算總金額，IF AMT<1000，THEN 總金額(AMT)=產品金額+ 80，ELSE 總金額(AMT)=產
品金額

列印交易明細，產品名稱(Xi)、產品定價(Pi)、金額小計(AMTi)。i=1 to n

列印總金額，總金額(AMT)

○ 圖8.5 虛擬碼的例子

在系統設計過程中，使用者也扮演重要的角色，使用者必須有效地參與並調整設計流程，以確保系統能反映出企業的優先順序與資訊需求，而不設計變為技術人員偏頗的想法。同時使用者參與參與設計能幫助使用者更了解並接受這個系統。

三、程式設計（programming）

程式設計就是將系統設計時所訂的規格轉譯為軟體程式碼，也就是寫碼(coding)的工作。此項工作由程式設計師負責，程式設計師運用適當的程式語言進行寫碼的工作。

四、測試（testing）

測試是利用檢驗、查證等方式確定程式碼是否正確運作。通常在測試前會先撰寫測試計畫(test plan)，再依據測試計畫進行測試。

測試包含單元測試（unit testing）、系統測試(system testing)、接受度測試(acceptance testing) 三個階段（董和昇譯，2017）：

(1) 單元測試：也稱為程式測試，由程式設計師針對系統中的每支程式或程式模組進行測試。

(2) 系統測試：是針對整體資訊系統的功能進行測試，雖然系統中的每支程式都已經測試過，但是整合起來還不見得是正確，因此需要做系統測試。

(3) 接受度測試：通常是站在使用者的角度來做整個系統的測試，確認系統是否能夠被顧客（使用者）接受，而且能正確上線。

五、導入

導入的具體工作是安裝或轉換，並讓系統順利上線。

針對新系統而言，主要是依據系統的安裝步驟進行系統安裝。若是由新系統取代舊系統，則工作就比較麻煩，需要考量新舊系統的交接，此過程稱為轉換（conversion），依據Laudon & Laudon，系統轉換有平行策略、直接切換策略、先導性研究策略、階段性轉換策略等四大策略(董和昇譯，2017)：

(1) 平行策略（parallel strategy）即為將舊系統及可能更換之新系統並行作業一段時間，直到每一個人都確定新系統能正確運行。

(2) 直接切換（direct cutover）策略將新系統在指定時間內完全取代舊系統。

(3) 先導性研究（pilot study）策略將新系統指定於組織某一個有限的區域先行上線。

(4) 階段性轉換（phased approach）策略可以功能或組織兩種單元，分階段進行轉換新系統。

為了採用、管理與執行某項技術或創新，如新的資訊系統，而進行所有的組織活動稱為導入(Implementation)。導入系統需要組織結構、內部流程以及人員的配合。

系統需求分析的過程，需要考量使用者的需求，系統導入則需要考量系統與組織的配合。上一章談到的策略執行，組織配套措施的內容可作為導入系統的參考。我們也可以從組織結構、流程、人員等方向來考量。也就是說，為了系統導入之後能順利運作，組織結構可能因而隨之調整，流程(例如SOP)也需要修正或重新設計，就人員來說，一個是要能接受這個系統，一個則是要有操作系統的技能，這需要管理階層的宣導，以及有效的教育訓練。

導入之後就是上線使用。

六、維護

上線使用之後，使用者及技術人員都會定期檢視系統，以了解新系統滿足預期目標的程度，並決定是否需要任何更新或修正。所謂維護（maintenance）便是修改上線系統的軟硬體、文件或程序，以修正錯誤、符合新的需求，或改善處理效率。

據統計，美國千大企業的系統，20%是錯誤或修正緊急生產問題；20%是數據、檔案、報告、硬體或系統軟體的錯誤；而60%用於溝通，加強使用者的理解力（董和昇譯，2017）。

將以上系統發展流程之各項活動與產出整理如表8.2所示。

➡ 表8.2 系統發展流程之各項活動與產出

階段	子項活動	產出
系統分析	確認問題、尋求原因、提出解決方案 建立資訊需求 可行性評估	需求分析規格書 可行性評估報告
系統設計	產生設計規格	設計規格書
程式設計	撰寫程式	程式碼
測試	執行單元測試 執行系統測試 執行接受度測試	測試報告
轉換	撰寫轉換計畫 準備相關文件 訓練使用者及技術人員	轉換計畫書 轉換結果 轉換報告
上線使用及維護	操作系統 評估系統 調整系統	評估報告 維護計畫 維護 維護報告

▶ 8.2 系統發展的方法

系統發展的方法包含生命週期法、物件導向法、雛型法、使用者自建系統、購買或租用應用套裝軟體、委外等。

一、生命週期法

依據系統發展的生命週期階段，逐步建立各階段所應執行的目標、內容及產出結果。前一節所述內容即為生命週期法。

二、物件導向開發

結構化方法對於流程的塑模非常有用，但資料塑模卻無法有效處理，物件導向開發(object-oriented development)可以改善這個問題。物件導向開發把物件(object)做為系統分析與設計的基本單元，透過與物件結合在一起的操作(operations)或是方法(methods)，對物件中的資料進行存取和修改，物件導向是以類別(class)和繼承(inheritance)作為塑模的基礎。

三、雛型法

雛型法(prototyping)來自工程界，其概念是透過快速建立低成本的試驗系統供使用者評估。我們把雛型看做是資訊系統或其一部分的工作版本，或是一種初步的系統模型。透過較為精簡快速的方式製作系統的雛型，交由使用者用之後，提供回饋再加以修改，如此循環而得到更佳的系統。因此雛型法積極鼓勵系統設計的改變，具有遞迴設計的效果。

雛型法的步驟如下：

(1) 確認使用者的基本需求。

(2) 發展初步雛型。

(3) 使用雛型。

(4) 修正並強化雛型。

由雛型法的步驟及特色可知，雛型法是一種實驗性質的方法，當團隊對於系統需求內容或設計解決方法不是很確定時，雛型法是最有用的。但是對於大型系統、大量資料或過多使用者的情況，就不太適合採用雛型法。

四、使用者自建系統(End User Computing或 End User Development)

由於軟體的友善度越來越高，使用者可能有能力可以自行開發系統，稱之為使用者自建系統。使用者自建系統最大的優勢就是使用者本身最了解自己的需求，但是系統開發的技術就可能比較不專業。

站在公司資訊部門的角度，就需要去協助使用者開發的技術，同時在管理上，也需要掌握資源的妥善分配，例如避免不同部門開發相同或太類似的系統，造成資源浪費。

五、購買或租用應用套裝軟體

如果系統需求的共通性高，購買套裝軟體是一種不錯的選擇。一般而言，開發套裝軟體的廠商是依照業界的最佳實務開發而成的，也就是相當完整而且理想的系統。

當套裝軟體可以符合大部份的組織需求，公司便不用再額外撰寫自己的軟體程式，而是購買完成的套裝軟體來節省成本與時間。當然這樣的方式代表技術不站在公司這一邊，使用及維護系統都需要廠商的幫忙。

目前雲端運算服務已經相當普遍，企業也可以採用雲端運算方式，也就是 SaaS 服務，來租用應用程式。

購買或租用應用套裝軟體的步驟如下：

(1) 起始階段(initiation)：企業需要了解本身的需求，並搜尋外部解案，是否有供應商在銷售或租用此類應用軟體。

(2) 採用(Adoption)決策：依據搜尋的結果，進行評估，再針對合乎條件的廠商進行談判及協商，決定供應商與解案，並進行購買或租用的動作，簽訂合約。

(3) 適應(Adaptation)：主要的工作是安裝系統，並確認系統已經就緒，這需要調整組織的內部流程，甚至組織結構及相關制度以便搭配系統使用，並做適當的教育訓練。

(4) 接受(Acceptance)：需要確保組織成員接受並承諾系統之使用，例如運用使用者參與、高階主管承諾等方式。

(5) 制度化(Routinization)：當系統的運作逐漸進入穩定，前述的改變也就成為正式的常態活動，需要納入公司的制度中。

六、委外

如果一個公司技術能力不夠或是不想使用其內部資源來建立資訊系統時，它可以將這些工作委外給有提供這項專業服務的外部組織，也就是資訊系統的顧問商。

採取委外策略代表公司已經有查覺到資訊系統的需求，在技術及相關資源的評估之下，所選擇的方案。其重點就是要了解本身的需求，以及選擇適當的顧問商。

▶8.3 選擇系統發展方法之考量因素

系統發展的第一個決策是選擇適當的系統發展方法,其次是依據該方法的流程及要領進行之。

系統發展的方法依循Make or Buy的架構,也就是方法可大略區分為自製或是外購兩大類。依前述,自製的方法包含生命週期發、物件導向法、雛型發、終端使用者開發等三種,外購的方法則包含購買套裝軟體、租用套裝軟體、委外等方式。

一般來說,自製的方式需要有比較好的技術能力,當然也要考量時間與成本的因素;外購的方式是由外部供應商掌握技術,開發及維護都需要依賴供應商,而且有公司機密資料保護的疑慮,需要審慎簽訂合約,但可能提供較佳的時間與成本條件。

選擇系統發展方法決策目標當然是需要發展適合的系統,包含資訊需求能夠滿足使用者需求,也包含該系統能夠為公司省下多少的成本或是更多的無形效益。

接下來就需要一些準則來協助決策,首先掌理各種方法的優缺點,如表8.3所示。

▶ 表8.3 建置方法選用的優缺點與適用時機

建置方法	優點	缺點	適用時機
生命週期法	正式而緊密的過程	昂貴、耗時、缺乏彈性	適合大型而複雜的系統
雛型法	容易得知使用者需求	可能忽略一些系統開發的必要步驟	適合系統需求或解決方法不確定時 不適合大量資料或過多使用者的系統
使用者自建	最符合使用者需求 需最少技術支援 速度快、使用者參與高、滿意度亦高	技術較不專業、也不容易因應技術的變化 引發組織管理、控制等風險	不適合大型系統
應用套裝軟體	節省時間與成本 廠商提供系統維護、技術支援及更新	無法因應高度客製化 不具有系統控制權及技術自主權	適合當套裝軟體功能與組織需求大致相同時
委外	節省開發成本 專業支援	成本(尤其隱藏成本)難以估計 不具技術自主性	適合公司內部IT資源不足或不願意使用時

建置方法	優點	缺點	適用時機
雲端運算	節省開發與使用成本 專業支援	不具技術自主性 資料安全疑慮	適合公司內部 IT 資源不 足或不願意使用時

　　我們將建置方法決策採用計分模型(Scoring Model)來說明，該方法是針對各項方案，以適當的準則及權重加以評估，以選擇最適方案。評估的準則包含技術、系統及使用者三大構面，技術構面可再區分為專業技術能力、技術自主性、技術支援、安全性等；系統構面區分為規模、複雜度、客製化、時間、成本；使用者構面區分為需求明確性、界面友善性、使用者數量等，如表8.4所示。

▶ 表8.4 建置方法選用的決策準則

建置方法	技術				系統					使用者需求		
	專業技術能力	技術自主性	技術支援	安全性	規模	複雜度	客製化	時間	成本	需求明確性	界面友善性	使用者數量
生命週期法												
雛型法												
使用者自建												
應用套裝軟體												
委外												
雲端運算												

本章個案

全聯自推支付app，讓婆媽都買單

　　全聯快速成長可分為三階段。第一階段是快速展店拚規模，主打幫你省錢。1998年林敏雄接手全聯社六十六家分店，改名全聯福利中心，2004年，第二百五十家門市開幕，達損益兩平，隔年營收超越頂好，成最大超市。行銷訴求在於首支廣告，主打「實在真便宜」，全聯先生爆紅；購併楊聯社，打進桃竹苗市場，2006購併善美的，取得生鮮處理技術。

　　第二階段是讓你一站購足，還買得有品味。行銷訴求主打「買進美好生活」、「經濟美學」引發話題；2007年取得穩定蔬果來源，購買台北農產超市，打進蔬果流通體系；2008年發行全聯福利卡，至2019年六月，全台已達九百萬張，發卡量僅次於Happy Go和iCash；2011年，第六百家門市開幕，砸八十億蓋三座生鮮處理中心；2012年成為日本超市協會會員，應收超越量販龍頭家樂福；2013年砸一百億蓋三座物流廠；2014年統一超商前總經理徐重仁接任總裁，開啓小農合作，併購全買超市，改裝為全聯二代店；2015年開啓印花集點換購雙人牌刀具組，併購松青超市，開啓日系質感店型；2016年推出老鷹紅豆系列商品；2017年徐重仁退休，宜蘭傳藝中心開幕；2018年開設藥局，新增迷你店「全聯mini店型，設置現煮咖啡機」併購白木屋，取得麵包烘焙廠房。

　　第三階段則為數位轉型，幫你省更多時間。2019年與日本阪急合資麵包公司，開放供應商數據，啓用自有支付PX Pay。

　　全聯由消費者痛點的解決決定數位化順序，推PX Pay，為的是解決結帳大排長龍的痛點。技術上是與精誠資訊合作，精誠在2019年協助全聯整合第一代實體福利卡，推出線上支付「PX Pay」第二代會員系統，透過綁定信用卡或儲值卡，串接支付、會員和集點系統，不僅結帳速度加快，介接多家銀行信用卡及儲值卡，付款管道選擇性多，增加消費者使用意願，不用現金、不用實體卡片、更不用報電話號碼，結帳快速同時完全不用接觸。

　　　在不影響業務經營下，精誠將既有的第一代全聯福利卡資料，全數無痛轉換為精誠系統，在不到一年的時間內，將資料全面雲端化，將實體儲值卡片升級為行動儲值卡，串接不同付款平台，消費者可自由選擇以儲值方式付費，或是以信用卡付費，對不習慣轉換成行動儲值卡的消費者，實體儲值卡仍可使用，無論消費者採取何種消費模式，相關資料都會統整到同一平台，對行銷單位來說，這些會員的消費資訊，可以為全聯創造最大行銷價值。

　　　系統導入之後，下載量是更重要的指標。全聯全新App及自有支付工具PA Pay，推動有挑戰，因為全聯會員40-60歲的族群佔55%，女性要佔半數以上。為了刺激PXPay下載，全聯的第一階段作法是「空軍」，透過網路媒體邀九百萬會員下載，買單的通常是年輕人，因為接受度高。第二階段則是「陸軍」，全聯本來就有三成婆婆媽媽是服務人員，被全聯稱為「地推部隊」，就是婆媽介紹婆媽，優勢在於婆媽比較有耐性，婆媽也信任婆媽。全聯花了兩千五百萬元，做門市激勵獎金，連合作的八家銀行也一起做點數大放送，成功帶進兩百萬個PX Pay會員。最後階段是「會員找會員」，不只是員工，會員也是一樣，只要介紹朋友註冊PX Pay，對方獲得兩百點之外，也有一百點自動會給推薦者，這讓不少全聯婆媽服務人員下班還在推廣PX Pay。

　　　針對內部員工，現為全聯副董事長謝健南要求一萬名第一線員工，通通要看過教學影片，主管必須確認每個人都會，還舉辦誓師大會，祭出史上最高獎金，連八大銀行都派出兩千個推廣部隊到分店協助。

　　　2019年五月二十四日，全聯手機支付App「PX Pay」上線，十四天過去，PX Pay就突破百萬下載人次，創下通路史上最快紀錄。這紀錄，連Line Pay一卡通都花四個月才達成。

(資料來源：全聯自推支付app，如何讓婆媽買單?天下雜誌，2019年6月5日，pp. 44-45；全聯營收千億的秘密，向外行人一樣思考，商業週刊，1650期，2019.6，pp. 78-99；靠婆婆媽媽，串起店商、電商，天下雜誌，2019年2月12日，pp. 48-50；Yahoo!股市網站，https://tw.stock.yahoo.com/news/個股：精誠助攻全聯數位轉型，PX Pay下載量破600萬，晉升全台第三大行動支付-030418858.html，2020.7.29)

思考問題

　　全聯導入PX Pay，系統發展及導入的過程為何?組織內部如何配合系統的有效導入？

≡ 本章摘要 ≡

1. 系統建置的步驟可區分為系統分析、系統設計、轉寫程式、系統導入、系統維護等。

2. 系統分析的工作包括了定義問題、確定原因、提出解決方案、可行性評估，及配合系統解決方案所定義的資訊需求。

3. 一般可行性評估包含技術可行性、財務可行性、操作可行性、法律可行性、經濟可行性。

4. 資訊需求包含資訊內容、產出格式、產出時間，資訊處理需求是資訊系統所產出的資訊為了滿足資訊需求，系統所需做的處理。

5. 資料流程圖的繪製步驟包含：1.繪製背景圖(Context_Diagram)、2.往下分解、3.檢查平衡。

6. 資料字典是將系統中的所有資料列出並解釋，使得程式設計師能夠了解每一筆資料的定義。

7. 系統設計說明系統該如何完成預先設定的目標，也就是如何滿足使用者的需求。因此系統設計將資訊系統建置整體的模型，並將系統設計整理成設計規格書。

8. 測試包含單元測試、系統測試、接受度測試三個階段。

9. 系統轉換有平行策略、直接切換策略、先導性研究策略、階段性轉換策略等四大策略。

10. 系統發展的方法包含生命週期法、物件導向法、雛型法、使用者自建系統、購買或租用應用套裝軟體、委外等。

11. 雛型法的步驟包含確認使用者的基本需求、發展初步雛型、使用雛型、修正並強化雛型。雛型法是一種實驗性質的方法，當團隊對於系統需求內容或設計解決方法不是很確定時，雛型法是最有用的。

12. 購買或租用應用套裝軟體的步驟包含起始階段、採用決策、適應、接受、制度化。

13. 選擇系統發展方法決策目標是需要發展適合的系統，包含資訊需求能夠滿足使用者需求，也包含該系統能夠為公司省下多少的成本或是更多的無形效益。

14. 選擇系統發展方法評估的準則包含技術、系統及使用者三大構面，技術構面可再區分為專業技術能力、技術自主性、技術支援、安全性等；系統構面區分為規模、複雜度、客製化、時間、成本；使用者構面區分為需求明確性、界面友善性、使用者數量等。

參考文獻

[1] 董和昇譯(2017)，管理資訊系統，14版，新北市：臺灣培生教育出版；臺中市：滄海圖書資訊發行

專案管理

09

學習目標

◆ 了解專案管理的內容。

◆ 了解專案管理的執行步驟。

◆ 了解如何運用專案管理於資訊系統發展。

史上最棒專案：iPhone紫色計畫

身穿黑色T-Shirt的蘋果創辦人史蒂芬・賈伯斯(Steve Jobs)在第一代iPhone發表會上，展示了蘋果史上最成功的專案－打造出iPhone的「紫色計畫」，「iPod、手機加上網際網路，不是三個裝置，而是一種，它叫做iPhone。」

號稱商業領域最傑出的專案，「紫色計畫」是2004年為了打造iPhone推出。當時，蘋果公司許多高階主管嘗試說服賈伯斯，要讓他相信打造一款手機是很棒的點子，賈伯斯決定之後，便成立正式專案，充分投入專案並費盡心力，平均而言，他把40％的時間用來監督與支持各個專案團隊。

發起人是專案的關鍵人物，要確保將必要資源分配給跨部門專案、在問題出現時做出決策、與高階主管有一致的目標、督促組織支持策略性專案。為了確保專案成功，最重要的正是來自高階主管的支持。

紫色計畫團隊是最有才能的團隊之一，參與專案的人全都是最優秀的工程師、程式設計師與產品設計師。不只是技術人員，賈伯斯決定讓最優秀的高階主管加入專案，這些人全都卸下原本的職務，立刻全職投入專案第一位是iPod與MacBook的設計師強納生・艾夫，他負責iPhone的外觀設計。

這項專案的最後幾個月，隨著麥金塔世界電腦展的時間逼近，為了讓iPhone準時上市，專案團隊瘋狂追趕進度，將私人的週年紀念日都拋到腦後，假期取消了，家庭生活亂成一團。「紫色計畫」證明訂定截止日的力量：能對團隊形成壓力，確保每個人百分之百聚焦在眼前的專案，促使他們多走一哩路。

團隊對於品質也相當堅持，確保最終產品超越顧客的期望。對於以往從未製造過手機的公司來說，打造一款手機是更艱巨的任務，更何況還要顧及設計與品質標準。推出觸控螢幕或無鍵盤等新技術需要打造大量的原型和多次的迭代，這樣才能做對做好。儘管有時間壓力，而且推出iPhone的日期也已經確定，產品測試與品質也絕對不容妥協。整個專案期間有好幾次的發展並不順利，iPhone品質沒有達到要求，賈伯斯對專案團隊下達最後通牒：兩週內無法獲得進展，專案就指派給另一支團隊。所有人都知道他不是說著玩的。

　　「紫色計畫」也積極管理專案風險，蘋果公司在生產手機方面毫無經驗，學習曲線可能得比原先計畫多好幾年。團隊為了因應研發風險，提出了兩個做法，一是把當時的人氣產品iPod轉換成手機，二是把現有的麥金塔電腦轉換成觸控式、可打電話的小型平板，同時研發兩種原型。再者，iPhone發表時，手機功能其實還不完善，故蘋果在展示會上，輪流使用多支iPhone，讓一支只展示一個功能，成功避免出錯。

　　有項統計數字顯示，不計入構想階段的成本，蘋果公司花了1.5億美元研發iPhone，這筆鉅資絕對能讓「紫色計畫」晉升有史以來最佳投資之列。2007年6月29日，在年度麥金塔世界電腦展上，iPhone正式發售。也就是說，一家從未生產過手機的公司，只花兩年半就打造出這款革命性手機，同時也是全世界第一款智慧型手機。

　　iPhone自2007年問市後，已經變成一種文化與經濟奇蹟，該專案不只讓蘋果超越當時的手機領導品者黑莓機(BlackBerry)與諾基亞(Nokia)成為智慧型手機霸主，也為蘋果帶來接下來十年中，iPhone系列手機全球銷售超過10億支的好成績，徹底顛覆整個全球電信市場。2017年第一季iPhone營收占蘋果公司總營收69%，估計毛率高於50%，營收超過540億美元。蘋果公司的營收從2004年的80億，增加到2016年已經超過2150億美元。

(資料來源：掌握進度、爭取資源與支持、專案不再卡關，經理人，Febbruary 2020，pp. 44-45：工商時報https://ctee.com.tw/bookstore/selection/199656.html，2020.7.29)

　　由蘋果iPhone紫色計畫可以看出專案管理從指定專案經理、成立專案團隊、專案規劃、執行與控制、品質與風險管理等重要的議題。

▶9.1 專案管理基本概念

一、專案管理的定義

專案(project)是為達成特定的企業目標,所規劃一系列相關活動的集合。例如營建工程、資訊系統、新產品或技術研發、設計案均為典型專案。相對於一般的團隊而言,專案最重要的特色是專案具有目標性而且專案具特定的時間,也就是說,專案的形成是接受了特定的任務(例如開發新產品、舉辦婚禮等均有特殊性),而該專案具有明確的開始及完成時間。

專案管理(Project Management)是應用知識、技巧、工具與技術在明確的預算與時間以達成特定的目標,也就是說,運用規劃、控制等管理功能,達成專案目標。專案管理主要是針對專案範圍、時間、成本、品質、風險等要素進行管理 (宋文娟、宋美瑩譯,民99):

(1) 範圍(scope):專案範圍指的是為達成專案目標所需要產出的內容,這內容包含產品、半成品、以及專案執行過程中所需完成之文件等,例如資訊系統的程式碼、規格書、測試報告等。

(2) 時間:指整個專案進行的時間,以及各項工作內容完成的時間。

(3) 成本:指整個專案進行所需花費的成本,以及執行各項工作所需的成本。成本項目可能包含人事費用、儀器設備費用、人力資源、維護費用等。

(4) 品質:專案的產出、專案執行的過程均需注重品質,產出品質指的是產出能夠滿足顧客的需求,專案執行過程的品質是專案執行時各項工作內容的品質以及專案流程是否順暢。

(5) 風險:風險是造成專案在上述四項指標受到影響的不確定性因素。例如技術風險可能造成時程延宕、或是品質不良;人員流動的風險可能造成時程延宕、或是成本提高;當然外在環境改變、顧客需求改變、公司政策改變等也都是風險的因素。

二、專案管理內容

欲達成專案範圍、時程、成本與品質等目標,需要有不同的知識技能,美國專案管理學會就定義專案管理的知識體,包含九大領域(熊培霖等譯,2009),分別說明如下:

(1) 專案整合管理：專案整合管理第一個主要的工作是啟動專案，啟動專案是利用專案章程，說明專案目標、目的、主要預算、時程等內容，並指定及授權專案經理。

(2) 專案範疇管理：專案範疇管理定義專案的範圍，該範圍主要是以專案需要完成的事項(主要包含中間與最終產品與文件等內容)，將這些事項以工作分解結構(Work Breakdown Structure, WBS)來表達。工作分解結構表達了專案的範圍。

(3) 專案時間管理：專案時間管理主要是為專案排定工作時程，使得專案能順利進行。排定時程首先將工作分解結構的工作包加以分析，定義完成該工作包所需的活動，再將這些活動的先後順序予以關聯，畫出網路圖或甘特圖；接下來再估計完成每項活動所需的時間，這樣就完成了專案的時程規劃。

(4) 專案成本管理：專案成本管理是依據WBS以及專案時程所需的資源、風險因應所需之資源、人力資源或是溝通管理所需之資源進行成本之估算。該成本之估算除了算出專案成本之結構外，也搭配專案時程表，定義出每項工作包(對應到數個活動)所需耗用之成本，也就是未來可以得知何時需要花費多少成本，以及控制成本是否超支。

(5) 專案品質管理：專案品質管理主要是管理交付標的的品質，以及專案流程的品質。管理交付標的的品質方面，首先依據交付標的之驗收水準，擬定出專案或是產品服務之品質指標，並依據該指標來檢驗或測試專案執行成果是否達成品質要求。在專案流程的品質方面，需要設計一套機制並針對專案中各項流程，擬出分析流程的步驟，也就是制定流程改善計畫書，進行流程改善的動作。

(6) 專案人力資源管理：專案人力資源管理主要是定義執行專案所需要之人員技能需求，包含執行專案的技術專業以及專案管理團隊所需的規劃、控制、溝通、協調等能力。專案經理需要依據這些技能需求進行人員取得、定義人員的角色與責任、教育訓練、績效評估與激勵、專案人員解編(解散)的流程。

(7) 專案溝通管理：專案溝通管理主要管理專案對內與對外的溝通，溝通內容可能包含專案執行狀況、專案進度、專案績效、與專案相關的議題等。在對內溝通方面，主要是專案經理與專案成員之間，或是專案成員之間的專案目標、規格、進度、品質等內容之溝通。對外溝通主要是專案經理向客戶或上級報告專案進度及績效，也包含專案成員與外部利害關係者之間的溝通，例如記者會、與居民關切議題之討論等。

(8) 專案風險管理：造成專案失敗或是影響專案成效的風險包含環境改變、組織資源或政策改變、專案本身人員或技術上的風險等。專案風險管理主要的進行步驟包含辨識風險、評估這些風險的發生機率及衝擊大小、擬定風險因應策略(例如規避、移轉、減輕、承擔等)，最後在追蹤及控制這些風險方生與因應狀況。因應風險的策略及預備用的預備金均應於成本管理時加以考量。

(9) 專案採購管理：專案的某些交付標的或是工作包如果需要外包時，就需要進行專案採購管理。首先，要先將待外包的交付標的或是工作包的規格擬定清楚，接下來就徵求計畫，進行招標，專案依據事先擬定的外包廠商評估準則進行評選，最後決定外包商，簽定合約。站在外包商的角度，接到這筆生意等於自己成立了專案來執行，而採購廠商則依據與定的規格進行驗收，完成採購之程序。所有的採購程序必須全部完成之後，專案才可以結案。

三、專案團隊

一般來說，企業組織有其組織結構，執行其組織活動，該組織之中，可能有數個專案在進行，每一個專案構成一個團隊，而這些專案有可能各自獨立，也可能相互關連。

專案之所以會形成是透過提案及專案選擇的過程。專案提案的來源可能是公司營業項目(例如：新產品研發、忠誠度方案)、客戶要求或法規要求等。專案選擇是企業透過策略評估的方式，來決定專案，這種專案選擇是公司策略規劃項目之一。例如某家建設公司企業決定要興建別墅與樓房兩個專案(這意味著其他專案，如廠房，並未中選)，這是一個策略活動，稱為專案選擇，如果已經決定要開發這兩棟房子，就會成立兩個專案。

企業可能同時有數個專案在進行，為了能夠協調與整合，組織可能成會成立整合性的專案管理單位，稱為計畫(Program)，也就是說，計畫經理需要協調所有的專案經理，包含專案目標、執行進度與成本之管控，成果之績效評估等。簡言之，計畫管理是管理公司的專案組合。

因為專案執行的是特定而有時間性的任務，因此專案的團隊也是臨時性的組織。就組織結構而言，兩種極端的情況是功能型組織與專案型組織，功能型組織是傳統以部門為分工基礎的組織，若成立專案，則專案經理的權限較低，專案成員花費在專案上的時間也相對較少，甚至是非專職的成員。若是專案型組織，專案經理對資源分配就有很大的權限，專案成員也都投入主要的心力於專案上。

專案團隊一般是由專案經理來負責，其成員各有不同的任務及專長。

▶9.2 專案管理的階段

依據PMBOK(熊培霖等譯，2009)，專案流程區分為起始、規劃、執行、監視與控制、結束等五個階段。

一、起始階段

起始階段主要是專案的發起與成立，為了達成組織的某些特定目的(例如開發新產品)，需要由發起人發起專案，專案發起人最主要是公司的主管。其次，起始階段也需要宣告專案的成立，並成立專案組織，由發起人指定並佈達專案經理。可能的做法是透過誓師大會(Kickoff Meeting)來佈達。大部分的專案組織均為弱矩陣組織，專案經理的權力不足，因而需要有組織章程，取得專案發起人授與之權力。組織章程是起始階段重要產出文件，該文件載明專案的目的、目標，並需要專案經理級專案發起人的簽名，以賦予專案經理的權利。

二、規劃階段

規劃乃是設定目標（包含設定整個專案目標及專案流程各階段工作目標），以及分配資源以達成該目標的工作。依據 PMBOK(熊培霖等 譯，2009)，規劃流程群組包含執行一系列建立投入的專業範疇、界定專案目標，且發展達成那些目標而需採取行動的流程。其中專案的範疇是指專案執行過程中重要的產出，這些產出必須要有一定的品質、時間、成本等水準，就是專案目標，為了達成這些目標，專案在時程、成本、品質、溝通等各方面均需要加以規劃，以付諸實行。

規劃的主要方法之一是工作分解(Work Breakdown)。專案規劃需要定義專案目標與專案範圍，再依據專案範圍進行專案活動規劃與排成，並擬定允收標準，作為專案控制及驗收之依據。專案目標是具體、可衡量、能夠有效分工及管制的指標；專案範圍是由一系列的交付標的(Deliverables)所組成，交付標的產品或服務的半成果產出、最終產出及其所附屬的報告和文件，而經由專案之顧客核可者，例如，資訊系統發展專案中，程式是半成果產出，最後的系統是最終成果，可行性分析報告、系統分析規格、設計規格等式附屬報告或文件，這些交付標的均須明確定義，作為專案範圍。需特別注意的是交付標的是否適當，乃是依據需求分析而得，也就是交付標的的內容及品質水準，需要滿足顧客或利害相關人的需求。

專案範圍中的交付標的是專案發展過程中的產出概念，也就是專案的各階段執行一些活動，以產出這些交付標的。專案規劃需要依據這些產出來定義執行的活動(Activities)，再將這些活動予以排序，決定執行時間、成本、負責人員以及所需的儀器設備等資源，構成專案規劃之內容，再依據規劃內容執行之。

資訊系統專案也是由活動所構成，每個活動均有其工作的內容及產出的目標，依據任務與目標，擬定人員(技能需求)、時間(時程需求)、工具與設備需求、資金的需求等，再將人、時、設備、工具、資金等資源加以妥善的分配以達成目標。

三、執行階段

執行是完成專案管理計畫書中所定義的工作，並滿足專案規格，包含專案範圍所定義的各項活動的執行、品質管理活動的執行、溝通活動的執行、以及專案團隊的成員取得與發展等，並記錄執行織結果。

四、監視與控制階段

依據PMBOK(熊培霖等譯，2009)，監視與控制乃是執行追蹤、檢討並調整專案的進度與績效，辨識計畫內需要變更的任何部分，並啓動相對應之變更等所需的系列流程。監視包括偵測專案執行現況與進度，並做適當的績效報告以及提供相關的資訊，包含績效資訊的蒐集、衡量與發佈，並評估衡量值及趨勢，以利流程的改善。控制包含決定矯正或預防行動或重新規劃的後續行動計畫，並決定是否採取的行動化解了執行績效上的議題。監視與控制階段也需要進行各項變更的申請、核准以及變更後的執行狀況監控等工作。

五、結束階段

依據PMBOK(熊培霖等譯，2009)，結束流程群組包含執行一系列完成橫跨 所有專案管理流程群組的活動，以正式結束專案、或階段、或合約義務所需的流程。一般而言，專案結束需要有兩個條件，第一個是專案對外採購的流程結束，第二個條件是專案所有的範圍均依據計畫書完成驗收或該專案決議中止(例如經評估成本效益不符)。結束階段及管理這些條件是否符合既定的流程。專案管理也強調經驗與學習效果，因此對於專案執行狀況需進行評估，紀錄評估結果。

▶9.3 專案管理的步驟及範例

依據9.2節的專案流程群組（階段）及各項專業流程，以下將以專案的核心產出，即產出的產品、服務或制度為核心，也就是從專案目標、需求、交付標的、工作包、規格、及活動等為中心，建立專案管理的步驟。

一、策略與專案選擇

一般來說，策略是組織分配資源的依據，因為企業需要做些甚麼事情才會有競爭力，才會將資源投入哪件事情上，例如，企業若分析認為開發新產品具有競爭力，便會投入資源來開發新產品。因此，產品組合策略指的就是投入適當的資源，來開發一種或數種新產品或平台產品，稱之為產品組合。觀念上，若這個策略決定了，產品組合中有幾樣產品就成立了幾個專案，例如公司的產品組合是開發平板電腦及筆記型電腦，這兩項新產品便分別成立了專案。

當然上述的策略需要進行分析，可能需要觀察外部環境以便察覺需要或是辨識機會，並以可能需要評估自己了解本身的問題以及技術能力，提出一系列的方案之後進行評估，決定優先執行之專案，以前述例子來說就是產品組合。

專案選擇是一種策略活動，著重於有效的資源分配，例如某電腦廠商因應市場需求與競爭壓力，將投入資源於下列事項：(1)開發筆記型電腦；(2)開發平板電腦；某企業希望透過e化來提升效率，進而提升競爭力，將投入資源於下列事項：(1)發展POS系統；(2)導入ERP系統；(3)建置電子商務網站；某餐廳在大好日子，接了下列各筆生意：(1)林李婚宴；(2)某公司聚餐；(3)某大老生日宴；某企業注重社會責任，擬於假日敦親睦鄰，將投入資源實施下列事項：(1)淨山；(2)淨灘。

這些是典型的內部產生專案的過程，企業許多的技術創新、流程創新、資訊系統導入等專案也都可採取這樣的決策過程。當然，專案也可能來自外部，例如從外面標得專案、顧客委託、政府或其他單位委託等均可能成立專案，但通常還是需要經過策略分析或成本效益評估，才能決定是否接下該專案。接受外部委託的專案其初步的規格要求經常用專案工作條款（Statement of Work, SOW）來表達，也就是說，專案工作條款是專案所要交付產品或服務的一種敘述式的說明，包含顧客對專案所期望獲得之結果，以及專案應如何及何時完成與用什麼方法來完成該結果。例如資訊系統專案，其專案工作條款包含：

1. 設計、導入會員使用之手機型應用程式App。
2. 包含查詢、訂購、支付功能。
3. 應用程式在Android及iOS上均能使用。
4. 簽約後150天內完成專案，導入App。
5. 專案總金額不超過150萬新台幣。

二、製作專案章程

專案選擇確定了公司即將要進行哪幾個專案，針對每一個專案均要成立專案團隊執行之。也就是要起始一個專案，專案起始包含以下三項主要工作：

(1) 專案成立：專案透過外部標案、顧客委託、政府指派或是內部提案，經由步驟一的專案選擇過程，決定執行某些專案時，代表該專案成立。

(2) 專案內容：每個專案在提案以及評選時，已經有了初步的內容，包含顧客或發起人對專案的要求（例如工作條款的內容），以及提案者對於專案目的、產出內容、概略時程與預算等描述。這些內容在評選過程中可能會有些許修正。

(3) 專案授權：高階主管需要針對某個專案指定專案經理，並授與執行專案的權力，例如調派人手、取得資源等。

上述三項工作可以用專案章程來表達，發展專案章程是專案起始階段最重要的工作之一。專案章程是一份正式授權一個專案的文件，記錄能滿足利害關係者需求與期望之初步需求的流程。專案章程主要的內容包含下列幾項（整理自熊培霖等譯，2009）：

(1) 專案緣由：簡述專案的緣由。例如資訊系統專案的緣由是資訊部門受上級要求、策略選擇或顧客委託，決定承包此案。

(2) 專案目的：專案目的是比較抽象或是願景式的描述專案，例如飯店需要寬敞、舒適、休閒風，能夠提升度假品質等；營建專案是依據建築藍圖蓋出合乎屋主需求的房子；資訊系統專案則是滿足使用者功能需求、操作便利的系統。

(3) 專案目標：目標應該明確可衡量，例如利潤要比去年增加10%；營建專案的目標是在時間內完成符合驗收標準的房子；資訊系統專案的目標則可能是降低生產作業成本15%。

(4) 交付標的：交付標的是專案主要的產出，可能是半成品、成品或文件。例如營建專案的交付標的可能是綁妥之鋼筋、混凝土強度測試報告、房子、使用執照等；資訊系統專案的交付標的包含需求規格書、設計規格書、程式碼、測試報告等。

(5) 高層次的需求與風險：包含對專案內容與執行方式的需求、重要的里程碑與時程需求、初步預算需求、重要的風險等。

(6) 專案授權：主要描述專案核准的條件，以及被指派的專案經理、責任及其權限。例如專案需要達成專案目標方能視為成功，資訊部門經理（發起人）指派A君為專案經理，發起人及專案經理均需要在專案章程上簽名。A君經過主管授權開始籌組專案團隊。

三、定義專案範疇

定義專案範疇是在專案章程的高層次需求前提之下，蒐集顧客或利害關係人的需求，並加以整理，以便得出交付標的與工作包，專案目標與交付標的與工作包之間的關係繪製成工作分解結構，工作分解結構便是專案範疇的主體。定義專案範疇主要步驟如下：

(一)、蒐集需求

依據高層次的需求以及利害關係人的期望進行資料蒐集需求，得出需求清單。需求類別可以分成功能需求、非功能需求、品質需求與允收準則等，資訊系統專案主要的便是蒐集資訊需求。

(二)、定義交付標的

依據高層次的專案描述與產品特性，加上上述的需求清單，來定義交付標的。並由需求分析或是由競爭者比較得出可以被接受的性能或品質標準，因而訂出允收準則。最具體的允收水準是規格指標。例如資訊系統應用軟體開發專案的交付標的可能包含需求規格書、設計規格書、軟體程式碼、操作手冊、技術維修手冊等；手機產品開發專案的交付標的可能包含產品規格書籍、可移轉產品。這些交付標的均需定義其允收水準或規格指標。

（三）、定義工作包

交付標的再分解成約80小時可達成的工作包（若有必要），以便於管理及分配資源。工作包與允收標準或規格就可以構成工作分解結構。只包含交付標的的工作分解結構如圖9-1所示。

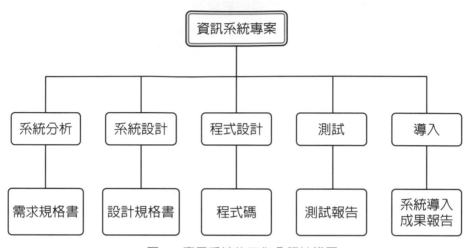

○ 圖9.1 應用系統的工作分解結構圖

（四）、建立工作分解結構（WBS）

工作分解結構是將專案交付標的專案工作細分成更小、更易管理的組成要素流程。WBS組件中最底層所涵蓋的計劃工作，稱為工作包（Work Package），在WBS的範圍內所謂工作是指工作的產出或交付標的，是一種產出的概念，而非指工作的本身。每一個工作包都有其管制帳戶（Control Account）。建立工作分解結構的工具及技術為分解術，進行分解術的要領如下：

(1) 原則：以交付標的為導向。交付標的可能是產品、服務、文件或能力。交付標的的最小單位為工作包，工作包是工作成本及時程最能被可靠估算與管理的那個點。

(2) 分解成較小單位：分解的第一層可能有三種情況，即生命週期、主要交付標的、子專案等三者之一作為第一層。第一層建議以生命週期分階段；工作包盡量分解到約兩週的大小，使時間、成本、產出均適宜管理。

(3) WBS結構：可用大綱式、組織表式、魚骨圖式或其他形式。並做驗證，驗證分解的正確性，需要判定次一層次的WBS組件，是否能充份及必要的完成相對應的上一層的交付標的。

(4) WBS結果：是以「交付標的」產生，就是工作包（有識別碼），每一個工作包對應管制帳戶。每一個管制帳戶可能對應一個或多個工作包，但一個工作包只能對應到一個管制帳戶。

四、時程規劃

時程規劃是依據交付標的與工作包的產出要求，列出可完成該產出的活動。這些活動需要加以排出先後順序，依此繪出活動的初步網路圖或甘特圖，其次再估算每個活動的期程及資源，據以得出時程表。例如某表演活動專案的「場地布置」這個交付標的可能需要租借場地、搬運設備、布置場地等活動。時程規劃步驟如下：

1. 列出活動清單

依據各個工作包的產出要求，定義活動。例如工作包如果是測試報告，那活動可能就是準備測試軟體、執行測試、撰寫測試報告。活動是動作（動詞），是需要花費時間的。列出活動清單就是列出所有的活動並加以編號。例如資訊系統開發專案的活動清單如下：

(1) 問題分析

(2) 可行性評估

(3) 資訊需求分析

(4) 軟體設計

(5) 操作流程設計

(6) 撰寫導入計畫

(7) 撰寫程式

(8) 撰寫測試計畫

(9) 執行系統測試

(10) 執行接受度測試

(11) 系統安裝

(12) 宣導與教育訓練

(13) 組織與流程變革

(14) 撰寫結案成果報告

2. 繪製網路圖

　　繪製網路圖有一些原則。首先，每一項活動與工作分解結構中的工作包均要有所對應；其次，先繪出主要架構，之後再擴展細部的網路圖；第三，活動的時間間距不要太長。

　　網路圖主要格式如圖9.2所示。

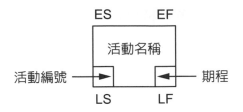

說明：
最早開始 (ES)、最早結束 (EF)
最晚開始 (LS)、最晚結束 (LF)

○ 圖9.2 網路圖主要格式

　　依據活動清單，將各項活動的順序，以及其前後活動的關聯性加以列表說明（表9.1），據以繪出網路圖（圖9.3）。

➡ 表9.1 前後活動的關聯性

活動	編號	前活動	後活動
1. 問題分析	1	-	2
2. 可行性評估	2	1	3
3. 資訊需求分析	3	2	4,5,6
4. 軟體設計	4	3	7,8
5. 操作流程設計	5	3	7,8
6. 撰寫導入計畫	6	3	7,8
7. 撰寫程式	7	4,5,6	9
8. 撰寫測試計畫	8	4,5,6	9
9. 執行系統測試	9	7,8	10
10. 執行接受度測試	10	9	11,12,13
11. 系統安裝	11	10	14
12. 宣導與教育訓練	12	10	14
13. 組織與流程變革	13	10	14
14. 撰寫結案成果報告	14	11,12,13	-

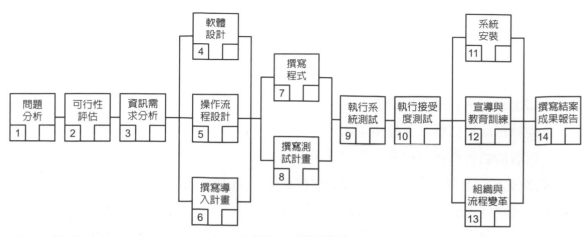

◯ 圖9.3 活動網路圖

3. 預估活動期程

分別針對各項活動，估計該項活動所需要花費的時間，例如三天、五週等。再將該期程填入網路圖的正確位置。以本例而言，活動1至14的期程估計為：5、5、10、30、20、25、50、10、5、10、5、20、25、10，如圖9.4所示。

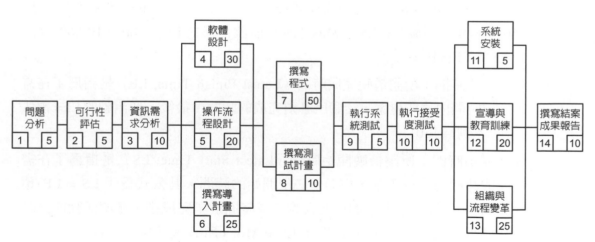

◯ 9.4 加上期程的活動網路圖

4. 時程計算

　　時程計算的意思是決定每一項活動的開始執行以及結束的時間，而且開始及結束時間均有最早開始（ES）、最早結束（EF）與最晚開始（LS）、最晚結束（LF）之分。例如某項活動 X，其活動期程是 5 天，如果受限於前面活動 W 須完成才能執行此項活動，其最早開始的時間為 5 月 2 日，則其最早結束的時間為 5 月 7 日；而該活動有可能可以晚一點進行，而不會影響其他行程（例如 X 與 Y 必須同時完成之後才能進行活動 Z，而活動 Z 需要 8 天），則活動 X 最晚開始的時間為 5 月 5 日，其最晚結束的時間為 5 月 10 日。

(1) 最早開始時間：當所有的前置活動完成後，該活動可以開始執行的最早時間，即稱之為最早開始時間（Earliest Start Time, ES）。

(2) 最早完成時間：作業自最早開始時間執行，在正常情況下所完成的時間，即稱之為最早完成時間（Earliest Finish Time, EF）。其公式為「EF = ES + 預估工期」。須注意前置活動最早完成時間最晚完成後，後續作業的最早開始時間方能開始，用公式表示是「ES = Max {所有前置作業的 EF}」。例如活動 7 的 EF = ES + 預估工期 = 50+50 = 100，活動 8 的 EF = ES + 預估工期 = 50+10 = 60；活動 9 的 ES = Max {所有前置作業的 EF} = Max（100,60）[活動 7,8 的 EF] = 100。

(3) 最晚完成時間：所謂最晚完成時間（Latest Finish Time, LF）是指為了在需求完成時間內達成專案，活動所必須完成的時間。最後一個活動的 LF = 預估工期 [本例為 150]）

(4) 最晚開始時間：所謂最晚開始時間（Latest Start Time, LS）是指為了在需求完成時間內達成專案，作業所必須開始的時間。其公式為「LS = LF- 預估工期」。須注意前置活動作業最晚完成時間最早完成後，後續活動的最晚開始時間即可開始，其公式為「LF = Min {所有次活動的 LS}」。例如活動 11 的 LS = LF- 預估工期 = 140-5 = 135，活動 12 的 LS = LF- 預估工期 = 140-20 = 120，活動 13 的 LS = LF- 預估工期 = 140-25 = 115；活動 10 的 LF = Min {所有次活動 (活動 11,12,13) 的 LS} = min（135,120,115）= 115。

　　依據時程計算步驟，填入最早即最晚時間如圖 9.5 所示。

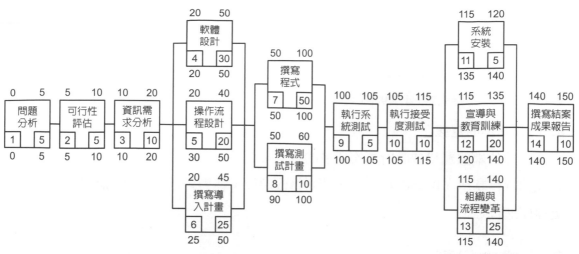

➲ 圖9.5 加入最早及最晚時間的網圖

(5) 計算寬裕時間：總寬裕時間（Total Slack, TS），有時候也稱作閒置時間或浮動時間（Float）。計算公式是：

總寬裕時間 = 最晚完成時間（LF）- 最早完成時間（EF）

總寬裕時間 = 最晚開始時間（LS）- 最早開始時間（ES）

整理如表9.2所示。

➡ 表9.2 時程表

活動	編號	期程	最早開始	最早完成	最晚開始	最晚完成	總寬裕時間
1.問題分析	1	5	0	5	0	5	0
2.可行性評估	2	5	5	10	5	10	0
3.資訊需求分析	3	10	10	20	10	20	0
4.軟體設計	4	30	20	50	20	50	0
5.操作流程設計	5	20	20	40	30	50	10
6.撰寫導入計畫	6	25	20	45	25	50	5
7.撰寫程式	7	50	50	100	50	100	0
8.撰寫測試計畫	8	10	50	60	90	100	40
9.執行系統測試	9	5	100	105	100	105	0
10.執行接受度測試	10	10	105	115	105	115	0
11.系統安裝	11	5	115	120	135	140	20
12.宣導與教育訓練	12	20	115	135	120	140	5
13.組織與流程變革	13	25	115	140	115	140	0
14.撰寫結案成果報告	14	10	140	150	140	150	0

5. 決定要徑

在網路圖中，耗時最長的路徑稱之為要徑（Critical Path），最長的那條路徑又稱之為主要要徑（Most Critical Path）。寬裕時間最小的路徑（=0）就是要徑。圖9.4之要徑活動為1,2,3,4,7,9,10,13,14。

6. 時程基準的定義

前述的網路圖構成執行專案所需的時間規劃，該網路圖若經過核准程序核准，就成為時程基準（Baseline），往後若需修改時程，經需經過專案控制階段的專案變更程序進行之。

五、成本規劃

成本規劃所需要做的主要事情是估算成本以及決定預算，一般的成本項目可能包含人事費、材料費、下包廠商及顧問諮詢費、儀器設備、租金、差旅費、預備金等。

(一) 估算成本

估算成本係指發展出完成專案活動所需一財務資源概估的流程（熊培霖等譯，2009）。估算成本的基礎是估計各項活動的成本，某工作包的所有活動成本總和就是該工作包的成本，工作包的成本總和構成交付標的的成本，所有交付標的的成本就構成專案的成本。成本估算如表9.3所示。

表9.3 應用程式專案的成本估算表

階段	交付標的	工作包	活動	成本(千元)	累計成本
系統分析	需求分析規格書	可行性評估報告 需求規格	1.問題分析	30	30
			2.可行性評估	25	55
			3.資訊需求分析	90	145
系統設計	設計規格書	系統設計規格 操作說明書 系統導入計畫	4.軟體設計	200	345
			5.操作流程設計	40	385
			6.撰寫導入計畫	40	425
程式設計	程式碼	各模組程式碼	7.撰寫程式	400	825
測試	測試報告	系統測試報告(含單元測試報告) 接受度測試報告	8.撰寫測試計畫	50	875
			9.執行系統測試	80	955
			10.執行接受度測試	75	1030
導入	系統導入成果報告 組織變革報告	系統安裝報告	11.系統安裝	100	1130
			12.宣導與教育訓練	120	1250
			13.組織與流程變革	200	1450
			14.撰寫結案成果報告	50	1500

（二）、擬定預算

其次是擬定專案預算。有兩個方法可以分配總預算成本：

(1) 由上至下法（Top-Down Approach），這種方式是先將工作範圍內的所有預算評估審視後，再將總預算按各工作包所需比例往下分配。

(2) 由下至上法（Bottom-Up Approach），這種方式是先估計每項工作包的細項作業成本，再整合所有項目，彙總得到總預算成本。

除了上述的專案成本之外，可能需要編列一些預算來因應專案可能的風險，專案風險若經辨識之後，擬定因應對策，該對策所需之成本稱為應變準備金。專案風險若無法辨識，也無法擬定因應對策，其作法是編列某種比率的預算，以應不時之需，該預算稱為管理準備金。因此，專案預算的組成如下：

(1) 專案預算＝成本基準＋管理準備金

(2) 管理準備金（不確定風險而預留）

(3) 成本基準＝專業成本估算＋應變準備金

(4) 應變準備金（已辨識之風險準備）

(5) 專案成本估算＝所有工作包成本估算

(6) 工作包成本估算＝所有活動成本估計值

(7) 活動成本估計值

(三)、成本基準的定義

　　配合活動時程與前述之成本架構，可以製作專案各時程所需花費的成本，通常這個成本採用累積預算成本的方式表示，也就是按每個時間週期累加之前的預算成本，所得就是累積預算成本（Cumulative Budgeted Cost, CBC），或稱成本的計畫值（Planned Value, PV），如圖9.6所示。這項累積預算成本若經過核准程序核准，就成為成本基準，往後若需修改成本，經需經過專案控制階段的專案變更程序進行之。

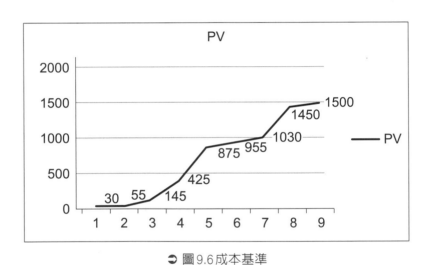

○ 圖9.6成本基準

六、品質規劃

　　品質規劃係指辨識專案與產品的品質需求及／標準，並擬定如何符合品質要求的流程。在製作專案章程時，針對更個交付標的，已經初步擬出允收水準，建立工作分解結構時，更依據顧客或利害關係者的需求，擬出規格值，品質值規劃的重要工作之一便是依依據這些允收水準及規格要求，訂出品質度量指標（例如準時績效、預算控制、缺點發生頻率、失效率、可用度、可靠度、測試覆蓋率等），再設計能達成這些指標的流程或方法，例如抽樣檢驗、品質稽核等。

其次，規劃品質也需要針對於專案的各項流程的品質進行管控，例如人力獲得流程或教育訓練計畫如果不夠理想，就需要改善，此時可能需要設計一套稽核流程品質的計畫書，以便稽核流程適切性，並提出流程改善的方法，確保專案各項流程有效。

因此，規劃品質是要規劃上面兩大事項，擬出品質管理計畫書以及流程改善計畫書。

七、專案控制

所謂控制是指在專案過程或結束時偵測執行的狀況，將該狀況與目標（來自規劃階段）相比較，若有顯著差距則採取修正行動。對專案管理而言，專案控制的流程如下：

(1) 偵測（Detect）：蒐集資料，記錄工作績效資訊。

(2) 比較（Compare）：監視與控制專案工作，將工作績效資訊與基準或規格比較（將進度、時間、成本、品質等工作績效資訊，與範疇、時間、成本等基準加以比較），得出工作績效資訊衡量值，後續整理成績效報告。

(3) 修正（Act）：若有差異，找出差距發生的原因，尋求改善之對策。須提出變更申請，經由相關委員會（例如變更控制委員會）核准後修正實施。

控制對專案管理而言是重要的，若專案失控，可能會造成很大的損失。

(一)、時程控制

時程控制係指監視專案進度現況與計畫時程之差異，以更新專案進度。時程控制往往採用實獲值管理的方法，實獲值管理需要了解以下概念：

1. 計畫值（Plan Vlaue，PV）：計畫值是階段或工作包所分配到的預算值。

2. 實獲值（獲利價值，Earned Value, EV），是指實際執行的價值，也就是由實際上執行的進度來乘以所分配到的預算，例如設計工作，第一週完成了10%的工作，而該項工作的預算是24000元，則其實獲值EV=24000*10%=2400。

分析時程之績效有兩種指標：

(1) 時程績效指標（Schedule Performance Index，SPI），公式為「SPI=EV/PV」，若SPI>1表示比預計完成工作要多（進度超前），若SPI=1，進度一致，若SPI<1則進度落後。例如活動2，SPI=EV/PV=50/55=0.91<1，代表進度落後。

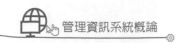

(2) 時程變異（Schedule Variance，SV），公式為「SV=EV-PV」，SV>0表示比預計完成工作要多（進度超前），若SV=0，進度一致，若SV<0則進度落後。例如活動2，SPI=EV-PV=50-55=-5<0，代表進度落後。

時程變異可以用圖表來表示，分別如表9.4與圖9.7所示。

➡ 表9-4 資訊系統專案的時程變異表

活動	時程(天)	累計時程	累計成本(PV)	實獲值(EV)
1. 問題分析	5	5	30	30
2. 可行性評估	5	10	55	50
3. 資訊需求分析	10	20	145	120
4. 軟體設計 5. 操作流程設計 6. 撰寫導入計畫	30,20,25	50	425	350
7. 撰寫程式 8. 撰寫測試計畫	50,10	100	875	700
9. 執行系統測試	5	105	955	800
10. 執行接受度測試	10	115	1030	
11. 系統安裝 12. 宣導與教育訓練 13. 組織與流程變革	5,20,25	140	1450	
14. 撰寫結案成果報告	10	150	1500	

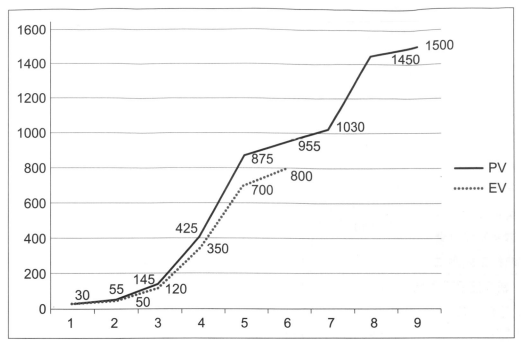

➲ 圖9.7 資訊系統專案的時程變異圖

　　從控制的角度，若時程績效指標不理想，可能要做一些調整的工作，例如調整人力、變更工作包、修正專案之時程等。

(二)、成本控制

　　成本控制主要的步驟包含決定實際成本、分析成本績效、決定工作包是否要採取校正行動。決定實際成本是依據各時間地的進度，記錄其所耗用之成本，並以累積實際成本（Cumulative Actual Cost, CAC）表示。分析成本績效的意思就是比較實際成本與預算成本（成本基準），並計算其差距或變異，也有兩種指標：

1. **成本績效指數（Cost Performance Index, CPI）**：其公式為「CPI=PV/CAC」，若CPI大於1代表預算之內。上例中，就第100天而言，其計畫值PV=875，實際花費1000，CPI=875/1000=0.875。小於1代表成本超支。

2. **成本變異（Cost Variance, CV）**：其公式為「CV=PV-CAC」，若CV為正代表預算之內。上例中，就第100天而言，其計畫值PV=875，CV=875-1000=-125。小於0代表成本超支。

　　成本變異也可以用圖表來表示，分別如表9.5與圖9.8所示。從控制的角度，若成本績效指標不理想，可能要做一些調整的工作，例如調整往後之預算、尋求降低專案成本之方法、追加專案之預算等。

➡ 表9.5 資訊系統專案的成本變異表

活動	時程（天）	累計時程	累計成本（PV）	累計實際成本 CAC
1. 問題分析	5	5	30	30
2. 可行性評估	5	10	55	60
3. 資訊需求分析	10	20	145	150
4. 軟體設計 5. 操作流程設計 6. 撰寫導入計畫	30,20,25	50	425	450
7. 撰寫程式 8. 撰寫測試計畫	50,10	100	875	1000
9. 執行系統測試	5	105	955	1200
10. 執行接受度測試	10	115	1030	
11. 系統安裝 12. 宣導與教育訓練 13. 組織與流程變革	5,20,25	140	1450	
14. 撰寫結案成果報告	10	150	1500	

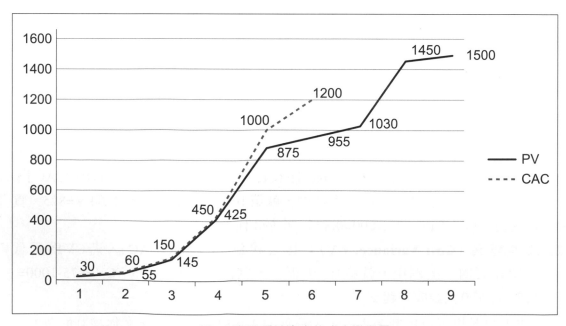

➲ 圖9.8 資訊系統專案的成本變異圖

(三)、變更控制

專案進行中，不論是工作包或交付標的的項目、內容品質、專案時程、專案成本等內容，均可能需要變更。主要變更的理由是客戶的要求、公司政策的改變、技術改變、或是專案的範圍、時間、成本、品質等指標不符合預期。

以下各項是專案本身的狀況，有需要提出變更者：

1. **專案範疇：** 產品或服務的技術績效不符合目標、範疇需要改變等。
2. **時間成本差異：** 時間成本差異分析有發現顯著差異時。
3. **品質：** 工作包、交付標的或流程的品質不佳時。

提出變更申請時，須填具變更申請書，變更申請書的格式主要包含文件編號、申請單位、預計生效日期、變更原因、變更型態、變更內容（例如規格、用量、位置等）、導入方式（包含：變更後在製品與製成品或庫存品處理方式）等。

變更申請及核准需要有一套明確的流程，如果是工作項目的內容改變或順序調整等小的變更，專案經理來核准就可以。如果是影響到專案範疇的放大（或縮小）、交付的時間提前（或延後）與專案成本的增加（或減少）等基準變更的問題，必須透過變更控制委員會的審查與核准，才能夠進行變更，也就是說，變更控制委員會負責召開會議及審查變更申請，並核准或駁回申請。其次，變更控制也需要管制變更之後的執行情形，包含工作包範圍、時間、成本、品質等，而且需要注意交付標的、文件、產品等各項變更之後的版本修訂，以及文件發行程序包含發出、回收、銷毀等，這稱之為構型管理（Configuration Management）。

一般而言，專案變更的核准單位的權力來源為：

1. **專案經理：** 在專案角色及責任中載明專案經理的權限。
2. **變更控制委員會：** 變更控制程序中載明變更控制委員會之權限，其角色及責任須明確定義，並為相關利害關係者所同意。一般而言，成員可能包含專案經理、高階主管、客戶或專家等。
3. **客戶：** 合約中可能載明變更須經由客戶核准。

七、專案結束

專案必須要有明確的結束，即使專案因為某些原因需要中斷，也需要有一個明確的結案程序，並加以檢討。

結束專案係指完成所有專案管理流程群組所涉及的全部活動以正式結束該專案或階段的流程，專案結束之條件如下（熊培霖等譯，2009）：

1. **結束採購：** 結束採購係指完成每一個專案採購的流程，針對專案所有外包出去的採購案，均需要進行驗證，確認所有工作及交付標的是可以接受的。此外，結束採購也涉及求償、更新記錄、資料建檔等行政活動。

2. **成果移轉：** 專案的交付標的產出獲得客戶或贊助人的接受（Acceptance），也就是說，需要執行專案結束後的審查，審查通過後才能驗收。

3. **資訊紀錄：** 記錄對任何流程所造成的影響以及經驗學習（Lessons Learned），並適當地更新組織的流程資產。將專案管理資訊系統（PMIS）內所有相關的專案文件建檔（Archive），以供歷史資料之用。

本章個案

八德區戶政事務所導入資訊科技之創新服務應用

八德區戶政事務所迎向AI時代，邁向智慧城市，導入資訊科技，結合AI為服務品質創新的新方向，持續推動有感的創新服務。

桃園市人口成長快速，戶政業務也包羅萬象，其中90%的項目可異地辦理，但不少民眾並不知情，跨區案件相當多，造成人流不經濟移動。民眾對於戶政業務，比較關心的是：文件是否帶齊?會不會白跑一趟?周邊停車方不方便?會不會辦很久?會不會人很多?

戶政事務所核發的每一份文件，都是個人身份的重要文書，牽涉民眾重大權益，必須非常謹慎，加上業務繁重，導入資訊科技，改善業務流程，提升服務效能，是重要解決方案。

於是八德區戶政事務所組成專案團隊，稱為資訊小組，包含主任王瓊慧、秘書陳凱福、課長陳玟君、游雅淳，及替代役人員共計十人，開發「八德米寶LINE智能客服系統」。

在計畫階段，主要是設定計畫目標，據以擬定計畫。目標方面，由於LINE的使用普及，因此從民眾視角研發LINE機器人，訂定運用人工智慧為創新計劃目標達成功能齊全，操作簡易之指標。過程中運用魚骨圖分析民眾辦理戶政業務會遇到的問題，並構思可能的解案，該解案形成系統的六大功能：

(1) 系統知能客服：提供戶政業務申辦須知等相關提醒、申辦進度查詢、申辦案件通知、跨機關服務申辦資訊、意見箱等功能，解決民眾擔心資料是否齊全、可否跨區等問題。

(2) 智慧導航：整合桃園市各區戶所動態及Google Maps定位民眾所在位置，讓民眾選擇就近戶所申辦，解決人多不多的問題。

(3) 線上取號：可於出門前遠端取號，節省排隊等候時間。

(4) 線上申辦：整合內政部戶政司網站及桃園網路e指通線上申辦系統連結，提供網路預約及網路查詢服務。

(5) 邀請好友：結合LINE好友資訊，利於全面推廣行銷。

(6) 關於我們：提供本所相關資訊、歷年活動花絮、最新消息、米寶貼圖下在即戶政檔案大解密遊戲。

計畫範圍包含，擬訂計畫書、軟體程式(六大功能)、測試報告、最終程式等內容。在時程方面，希望在四個月的期間完成計畫。在推廣計畫方面，採取全員推廣的方式，由同仁及志工協助來所洽公民眾加入好友，並適時參與各機關及地方活動，宣傳鼓勵民眾使用，以及函請里辦公處、社區管委會協助宣傳，並函請本市N合一相關機關周知。

在專案執行及控制方面，依據計畫執行開發工作，定期追蹤開發進度及功能測試，檢討改進執行成果，並針對測試結果提出改進作法。專案的計畫、執行、控制過程是採用PDCA循環。

　　八德米寶LINE智能客服系統自109年2月12日上線至109年4月27日止，透過全員參與與推廣，已達7743人加入智能客服好友，其中活躍好友計7528人，仍持續成長中。而109年2月12日辦理「八德戶政六都首推LINE全功能智慧導航服務零距離」記者會，媒體露出共計29則：平面媒體三則、有線電視五則、網路新聞十七則、廣播電台四則，對於八德區戶政事務所推出的創新服務，頗感認同，堪稱便民又貼心。

(資料來源：八德區戶政事務所導入資訊科技之創新服務應用，品質月刊，MAY 2020，pp. 24-28)

思考問題

　　請為這個專案撰寫專案章程，並列出專案範圍。

本章摘要

1. 專案(project)是為達成特定的企業目標，所規劃一系列相關活動的集合。例如營建工程、資訊系統、新產品或技術研發、設計案均為典型專案。

2. 專案管理主要是針對專案範圍、時間、成本、品質、風險等要素進行管理。

3. 風險可分為內部風險與外部風險，內部風險包含專案本身及技術達成度之風險；外部風險包含組織風險、技術風險及其他環境因素。

4. 專案風險管理第一步是先辨識風險，第二步是針對各項風險評估其發生機率與嚴重性，第三步才針對較重要的風險(綜合發生機率與嚴重性整體評估其重要度)，提出相對應的因應策略。

5. 專案管理的知識體包含、專案整合管理、專案範疇管理、專案時間管理、專案成本管理、專案品質管理、專案人力資源管理、專案溝通管理、專案風險管理、專案採購管理等九大領域。

6. 每一個專案構成一個團隊，而這些專案有可能各自獨立，也可能相互關連。企業可能同時有數個專案在進行，為了能夠協調與整合，組織可能成會成立整合性的專案管理單位，稱為計畫(Program)。

7. 專案流程區分為起始、規劃、執行、監視與控制、結束等五個階段。

8. 專案範圍中的交付標的是專案發展過程中的產出概念，也就是專案的各階段 執行一些活動，以產出這些交付標的。專案規劃需要依據這些產出來定義執行的活動(Activities)，再將這些活動予以排序，決定執行時間、成本、負責人員以及 所需的儀器設備等資源，構成專案規劃之內容，再依據規劃內容執行之。

9. 執行階段包含一系列用來完成專案 管理計畫書中所定義的工作，以滿足專案規格的流程。監視與控制流程群組乃是執行追蹤、檢討並調整專案的進度與績效，辨識計畫內需要變更的任何部分，並啓動相對應之變更等所需的系列流程。

10. 策略是組織分配資源的依據，專案選擇是一種策略活動，著重於有效的資源分配。

11. 專案起始階段包含專案成立、專案內容、專案授權三項主要工作。專案章程主要的內容包含專案緣由、專案目的、專案目標、交付標的、高層次的需求與風險、專案授權。

12. 蒐集顧客或利害關係人的需求，並加以整理，以便得出交付標的與工作包，專案目標與交付標的與工作包之間的關係繪製成工作分解結構，工作分解結構便是專案範疇的主體。

13. 時程規劃步驟包含列出活動清單、繪製網路圖、預估活動期程、時程計算、決定要徑、定義時程基準等六步驟。

14. 成本規劃包含估算成本、擬定預算、定義成本基準等三大工作。

15. 控制時程係指監視專案現況以更新專案進度，並管理時程基準變更的流程，時程控制往往採用實獲值管理的方法。

16. 成本控制主要的步驟包含決定實際成本、分析成本績效、決定工作包是否要採取校正行動。

參考文獻

[1] 宋文娟、宋美瑩譯（民99）。專案管理，初版。台北市：新加坡商勝智學習。

[2] 熊培霖等譯（2009）。專案管理知識體指南／PMI 國際專案管理學會（A Guide to the Project Management Body of Knowledge, 4th ed.），初版。台北市：博聖科技文化。

第四篇
應用篇

企業應用系統

學習目標

◆ 了解企業資源規劃系統的功能及應用方式。

◆ 了解供應鏈管理系統的功能及應用方式。

◆ 了解顧客關係管理系統的功能及應用方式。

遠傳電信善用科技打造千面人服務

　　遠傳電信為國內資通訊與數位應用服務之先驅，以「誠信、敏捷、創新、團隊合作」為核心價值，自1997年成立以來，遠傳致力拉近人與人的距離，實現「只有遠傳 沒有距離」。在邁向5G新世代之際，遠傳不再只是電信，於2019年重新詮釋品牌宣言，以「靠得更近 想得更遠」設下全新里程碑，希冀透過大數據、人工智慧及物聯網等數位應用，不只拉近彼此心的距離，更要縮短人們與「新科技」的距離。

　　2020年《遠見》神秘客調查，電信業由遠傳睽違四年後再度榮登寶座。總經理李彬開心表示，努力總算被肯定，言談間滿滿對第一線同事的感謝。2018年10月底，遠傳順利拿到ISO18925客服中心管理認證，是全亞洲第一家。

　　遠傳電信從2017年開始，放棄傳統的顧客滿意度調查，而採用「淨推薦值」（Net Promotor Score），該數值代表客戶有多少意願推薦產品給朋友或同事，分數越高越好。近來遠傳電信推出融合科技的「One channel」專案，斥資千萬，將門市、客服、網路和App的資訊串聯起來，打造「千人千面」的服務體驗。也就是以360度門市心服務為目標，推出10分滿意 10分承諾、門市預約、白金會員維修到府收送、門市自助繳費機、神機妙轉及舊機估價買回等各式貼心服務，持續提升消費者滿意度。遠傳推出此「行動客服APP」，打造O2O跨通路的一站式服務，深受消費者喜愛。舉例來說，顧客走進店裡，門市人員能根據過去在客服和App諮詢或操作地的狀況提供建議；消費者如果在月底打電話問帳號，系統也會根據使用者習慣，主動給出繳費建議；不同消費者使用App時，眼前出現的頁面也會因費率方案和偏好差異而不同。

　　「行動客服APP」獲得《數位時代》Future Commerce Awards創新商務獎之「最佳全通路體驗」銀獎及「最佳客戶溝通」銅獎、亞洲通訊獎「最佳客戶服務」等殊榮。也因為結合此應用系統，榮獲遠見五星服務獎、壹週刊服務第壹大獎、工商時報服務業大評鑑等獎項，奪得外界一致肯定。

（資料來源：台式服務無懈可擊：遠傳電信/善用科技打造千面人服務，遠見雜誌2018/12，pp. 99-100；遠傳官網https://www.fetnet.net/corporate/Introduction.html，2020.07.29）

遠傳電信在企業系統的應用上，導入了與客戶互動最有關係的客服系統，該系統對於顧客滿意度與忠誠度有相當大的影響。

▶10.1 企業資源規劃

一、企業應用系統的分類

依據資訊系統的定義，資訊系統產出資訊，提供給使用者使用，包含交易、決策支援、規劃、控制等行為，這些行為也可以從功能及流程的角度來觀察，一個企業有非常多的企業功能與流程，也許就有許多的資訊系統及其相對應的資料庫。支援這些功能或流程的資訊系統就稱為企業系統(enterprise system)，也就是企業資源規劃系統(enterprise resource planning, ERP)，企業資源規劃系統能夠整合諸多的企業應用系統，在尚未整合之前，企業的應用系統可能是分開獨立的，然後逐漸朝整合的方向前進，構成 ERP。

若依照組織應用範圍來說，企業應用系統的分類如下(劉哲宏、陳玄玲譯，2019)：

(1) 個人資訊系統(personal information system)：指的是單一使用者使用的資訊系統，這類的資訊系統不需要與其他流程相連結，也沒有正式的操作流程。

(2) 工作群組資訊系統(workgroup information system)：指的是支援工作流程的資訊系統，該工作流程可能是單一部門或跨部門的工作所形成流程，因此工作群組資訊系統包含功能資訊系統以及協作資訊系統。主要目的是協助團隊解決問題。

(3) 企業資訊系統(enterprise information system)：指的是涵蓋整個組織的資訊系統，已經將企業流程正式化，此時企業的資訊系統已經有相當的整合。

(4) 跨企業資訊系統(inter-enterprise information system)：指的是兩家或以上的公司共用的資訊系統。

二、資訊孤島問題

資訊孤島(information Silo)問題指的是資料隔離地存在於互不相連結的資訊系統(劉哲宏、陳玄玲譯，2019)，例如採購部門的資訊系統會有物料資料庫，品管資訊系統也會有物料資料庫做為進料檢驗的依據，如果兩個資訊系統不相連結，就構成資訊孤島問題。

解決資訊孤島問題的方法就是以企業應用程式整合工作群組資訊系統所產生的隔離資料，分散式應用程式，在一個單一雲端資料庫、或把分開、獨立的資料庫連結一起，讓應用程式像只有一個資料庫般處理這些資料庫。稱為企業系統整合(enterprise application integration, EAI)，企業系統整合是透過類似中介軟體，讓現有的應用程式及資料能夠相容與共享，可以連結各系統「孤島」，讓現有的應用程式能夠相互溝通並共用資料，這種整合系統，往往是逐步轉換成ERP的重要準備動作。也就是說，可以透過企業系統整合的方式，而非一開始就導入完整性及複雜度都很高的企業資源規劃(enterprise resource planning, ERP)系統。因為導入ERP還需要企業流程及人員的配合，例如改變與重新設計業務流程，來充分發揮新資訊系統的功能與效益。這造成企業在變革上的困難，進展可能很慢，而且成本可能很高。

三 企業資源規劃定義及特色

企業系統，常被稱為企業資源規劃系統，它是由一套整合的軟體模組與一個集中資料庫所組成。亦即將業務營運整合為一個單一、一致的電子平台，是由應用程式(也就是程式模組)、資料庫與處理流程所組成。資料庫從公司內的各事業單位與部門蒐集資料，結合生產製造、財務會計、銷售與行銷以及人力資源等大量關鍵企業流程的資料，產出幾乎可以支援組織內企業活動所需的全部資訊(董和昇譯，2017)，讓公司的各個部門之間隨時溝通正在執行的業務，而且相關資料皆可隨時更新、隨時傳播，可以更省時而正確地擬定各項決策。

企業系統所提供的價值在於強化營運效率與提供全公司的資料讓管理者得以做出更好的決策，同時協助公司快速地回應客戶對資訊與產品的需求。

ERP的各個模組支援企業的銷售、製造、財務及人力資源流程，也包含了供應鏈及顧客端的介面，以下分別說明之。

(一)、銷售與訂單管理流程

銷售部門可能經由銷售預測或接單方式，提出生產的要求，然後追蹤產品是否順利出貨，因此銷售與訂單管理流程中主要活動包含預測、接單與出貨，與此相關的 ERP 模組包含生產規劃模組、配銷規劃模組。

銷售與訂單管理流程及其相關 ERP 模組如圖 10.1 所示。

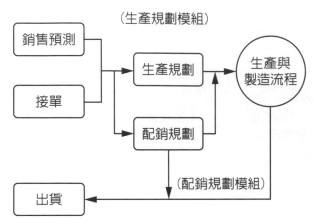

➲ 圖 10.1 銷售與訂單管理流程及其相關 ERP 模組

(二)、生產與製造流程

此流程中包含生產部門進行生產規劃，採購部門依據生產規劃進行物料採購，物料入庫或投入生產，生產之後產品入庫等待出貨。因此生產與製造流程主要活動包含採購、生產、入庫，與此相關的 ERP 模組包含物料規劃模組(包含排程、產能規劃等)、物料及倉儲管理模組，也包含品質管理。

生產與製造流程及其相關 ERP 模組如圖 10.2 所示。

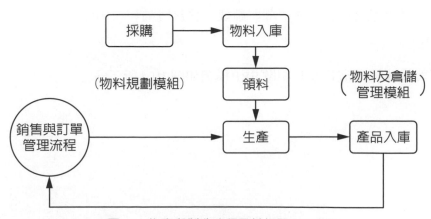

➲ 圖 10.2 生產與製造流程及其相關 ERP 模組

(三)、財務會計管理流程

財會部門將採購所花費的金額，以及銷貨相關收入加以紀錄，稱為財務會計，並將生產過程中之物料、人工及管理成本加以記錄，稱為成本會計。這些成本及收益資料進一步編製財務報表並做財務報表分析，因此財務會計管理流程主要活動包含成本會計、財務會計、財報分析，其相對應的ERP模組包含應付帳款模組、應收帳款模組、成本會計模組，也包含現金管理、固定資產會計等。

財務會計管理流程及其相關ERP模組如圖10.3所示。

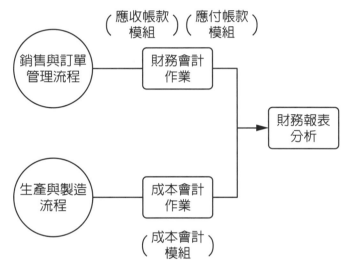

➲ 圖10.3財務會計管理流程及其相關 ERP 模組

(四)、人資與行政管理流程

包含人力資源的招募與訓練、薪資與福利、出勤與考核等活動，也包含預算管理、專案管理等行政活動，其相對應的ERP模組就包含人資管理模組、行政管理模組，其中人資管理模組又包含招募與訓練、薪資與福利、出勤與考核、人力資源管理等子模組。

人資與行政管理流程及其相關ERP模組如圖10.4所示。

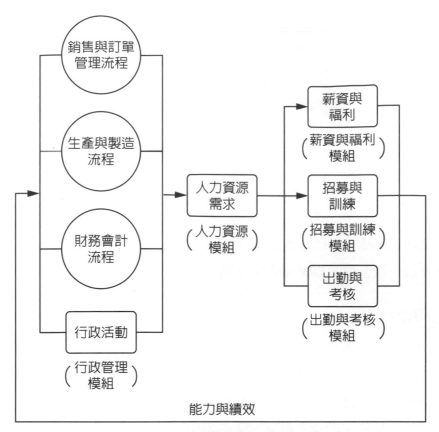

⊃ 圖10.4 人資與行政管理流程及其相關ERP模組

　　ERP的應用程式由程式模組以及更細的可配置的應用程式所組成，每一個可配置的應用程式對應一個預先定義好的最佳實務的企業流程，開發團隊會設定配置參數以指定ERP應用程式如何運作。舉例來說，每小時薪資設定的應用程式已被配置好，制訂不同工作項目的每周工時應為多少、每小時時薪多寡，以及超時加班和假日工作的薪資調整等。SAP的 ERP 產品就有超過 8,000 個配置值。

　　ERP的資料庫包含資料庫的設計以及初始的配置資料。例如SAP的資料庫中提供了超過 15,000 種表單格式，包含像詮釋資料，以及解釋彼此的關聯性，或者是其他關於資料和表格之間的規則與相容限制。

　　人員的訓練也是ERP重要的議題，ERP供應商會提供許多相關的訓練課程，並做培訓，也會提供現場的顧問諮詢，以執行與使用 ERP 系統。

ERP有兩大特色，第一個是流程導向，由圖10.1-10.4可知，ERP與企業流程有緊密的結合，也就是說，ERP的使用者就是在執行這些企業流程的人員。ERP的第二個特色是模組化設計，ERP是龐大的系統，幾乎能支援全公司所的的活動流程，為了要達成跨部門資訊溝通、中央統籌管理以及逐步導入之彈性，ERP採模組化設計。

四、ERP導入的流程

ERP導入的流程與一般資訊系統導入的流程相似(請參考第八章)，只是ERP系統對應整個企業流程，因此其需求分析和涵蓋策略面的組織資訊需求分析與專案面的系統分析，以下說明ERP導入的流程。

(一)、需求分析

ERP的需求分析結合了組織資訊需求分析以及系統發展的系統分析概念，由於ERP幾乎涵蓋企業的各方使用者，因此需求分析也需要從組織資訊需求分析的角度來進行。例如運用關鍵成功因素法，列出企業的成功關鍵因素，而支持這些關鍵成功因素的資訊就是優先的資訊需求。又例如採用企業系統規劃法(BSP)，則是將公司的所有活動列出，再將與所有活動相對應的資料(包含執行活動所需的資料或是執行完活動所產生的資料)列出來，而以表格表示，從表格中去討論及整理重要的資訊需求。

系統分析是針對組織資訊需求中的某些功能(就是對應ERP模組)，進行需求分析。

ERP的需求分析還需要特別注意的是，ERP需要與目前的資訊技術平台及資料庫能夠相連結。

(二)、擬定目標及KPI

ERP的目標是要能夠提供企業流程所需的資訊，以提升流程的效率，因而其關鍵指標就在於降低庫存、降低成本或提升接單速度等項目。

(三)、選擇最適當的ERP

　　針對ERP可能的產品，需要進行評估以選擇最適當的ERP，評估ERP包含廠商與產品的評估兩部分，就廠商的評估而言，主要包含企業形象信譽、專業能力、對產品的支援能力等。產品評估的重點在於準則與權重的決定，所謂的準則必須符合前述ERP目標及KPI，而且考量ERP系統的功能、使用方便性及成本等。

　　目前雲端運算服務已經相當普遍，企業也可以採用雲端運算方式，也就是SaaS服務，來租用ERP應用程式。

(四)、系統導入

　　系統導入需要考量系統與組織的配合。組織配合的內容包含組織結構、流程、人員等方向。也就是說，為了系統導入之後能順利運作，組織結構可能因而隨之調整，流程(例如SOP)也需要修正或重新設計；就人員來說，一個是要能接受這個系統，一個則是要有操作系統的技能，這需要管理階層的宣導，以及有效的教育訓練。

　　上述ERP導入的流程也需搭配專案管理方式進行之，請參考第九章。

五、ERP的未來發展

　　雲端運算對ERP的供應商造成不小的影響，過去採用賣斷方式建構ERP，未來則傾向採用雲端運算。以SAP為例，該公司建立SAP HANNA 企業雲，提供平台即服務ERP (PaaS ERP)，平台即服務（PaaS）是以雲端平台取代公司既有的硬體設施，並安裝 ERP系統和資料庫在已租賃的雲端平台。

　　當然也可能採取軟體即服務(SaaS)的方式，軟體即服務提供雲端 ERP 的解決方案。基於雲端的安全考量，許多客戶將大部分的資料儲存在供應商所管理的雲端平台，但較為隱私或重要的資料則自行管理。

　　此外，行動裝置的使用，安全問題更加嚴重。例如倉庫、裝卸碼頭或運輸部門的工人將攜帶行動裝置來執行ERP的流程，經理人或決策者以及其他知識工作者的電話和行動裝置也會有類似的應用程式。這些裝置來自工作的地方、辦公室、街道以及自家中，安全問題更為嚴重，罪犯、或者是惡意的內部人員滲透到 ERP 系統，可能大肆擾亂供應鏈訂單和庫存，甚至是工廠機器的運轉。未來公司必須注意在新科技的效益以及損失的風險中達到平衡。

SAP 的下一代企業應用納入 SOA 標準，並能與 SAP 自有的應用以及第三方開發的網站服務串連。下一代的企業應用系統也包含開放原始碼，同時行動平台也會提供越來越多的功能。

▶ 10.2 供應鏈管理

一、供應鏈的架構與類型

公司的供應鏈(supply chain)是由組織與企業流程所構成，用來採購原物料、將原物料轉換成半成品與成品，並配送到客戶手中。典型的供應鏈結構如圖 10.5 所示。

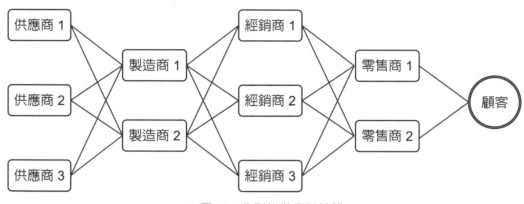

⊃ 圖 10.5 典型的供應鏈結構

若以製造商為中心，供應鏈上游(upstream)包括公司的供應商、供應商的供應商，下游(downstream)部分則有配送與遞交產品給最終客戶的經銷商或零售商。因此典型的供應鏈包含供應商、製造商、經銷商、零售商等四大組織及顧客。

從需求驅動的角度來說，供應鏈區分推事模式與拉式模式為兩大類型(董和昇譯，2017)：

(1) 推式模式(push-based model)：供應鏈的生產排程是依據預測或產品需求的最佳猜測所推導而來，並把產品「推向」給客戶。

(2) 拉式模式(pull-based model)：又稱為需求導向或接單後生產模式，由供應鏈中的客戶實際下單或購買所觸發。

二、供應鏈的議題

除了原物料及產品的品質之外，供應鏈成員之間的傳送效率及時間，應該是供應鏈的關鍵績效指標。影響供應鏈績效的因素包含(劉哲宏、陳玄玲譯，2019)：

(1) 設備：設備是用在生產及配銷上的機器、設備、廠房、設施，包括店面、倉庫、網站等，這些設備置於生產配銷流程的各個位置，其地點、大小、作業方式變得相當複雜。

(2) 庫存：指的是原物料、半成品之庫存，每家公司的有許多不同類型的庫存品及其相對應的數量，庫存大小及管理方式就變得相當重要，針對庫存大小與生產出貨需求之間要能夠相對應，需求端要的是及時交貨，供給端需要考量庫存的成本，庫存管理常常在缺貨及成本之間拉鋸。

(3) 運輸：指的是物料及成品之移轉，運輸議題包含路線之規劃、自行運輸與委外之決定等。

(4) 資訊：供應鏈成員之間如何查詢、分享、通知訊息，以便適時反應是供應鏈管理重要議題。資訊包含物料、生產、庫存、銷售、品質、成本等狀態，其正確性、可得、使用工具等都是重要議題。

在上述因素之下，供應鏈的議題包含庫存、服務、回應速度及長鞭效應等議題，以下分別說明之。

(一)、庫存問題

庫存問題主要包含存貨成本太高，或是缺貨而造成損失。及時生產策略(just-in-time strategy)指的是零件會剛好在需要時送達，而成品會在離開生產線後立即出貨，此項策略考量了成本及缺貨的議題。

(二)、資源效率議題

由於供應鏈成員溝通協調不佳，造成零組件供應不穩定，造成生產線設備閒置。

(三)、回應速度問題

由於市場需求改變，該訊息傳遞太慢，造成回應不及，喪失商機。

(四)、長鞭效應

長鞭效應(bullwhip effect)是供應鏈管理中會循環發生的問題，肇因於產品需求資訊在供應鏈成員間傳遞時產生扭曲(董和昇譯，2017)。也就是說，在供應鏈的各個階段中，訂貨量和訂貨時間的「變異度」會在下一階段擴大，零售商那裡需求小小的變化會逐漸往供應鏈的上游擴大。因此，製造的數量無法反映顧客真實的需求，長鞭效應的大幅波動強迫代理商、製造商和供應商庫存遠超過真正所需降低了供應鏈的全盤獲利能力。

長鞭效應主要的原因是不確定性，不確定性區分為三種(林東清譯，2018)：

(1) 需求面：需求面的不確定性包含消費者偏好改變、顧客對於數量及交貨時間的改變、以及預測的不準確等。

(2) 製造面：製造面的不確定性包含機台損壞、品質不穩、員工曠職等。

(3) 供給面：供給面的不確定性包含供應商交貨時間、品質與數量之錯誤、價格變動等。

消除長鞭效應的一個辦法，是把零售商手裡的顧客需求資訊與整個供應鏈分享。

三、供應鏈軟體

供應鏈成員包含供應商、製造商、經銷商、零售商與客戶，這些成員之間也是由許多流程所組成，當然供應鏈管理系統的程式模組也要支援這些流程。主要的流程包含：

(1) 採購管理：主要是描述製造商對於供應商的採購作業。

(2) 製造管理：主要是製造商執行生產過程的管理活動。

(3) 倉儲管理：在供應端與製造進料端會有物流儲存活動，製造商及其下又均有成品庫存，這些都需要倉儲管理。

(4) 運輸管理：在物料及成本的運輸過程需要運輸管理。

(5) 銷售管理：從顧客、零售商、經銷商到製造商，都需要進行銷售活動。

供應鏈結構及供應鏈軟體模組之間的關係如圖10.6所示。

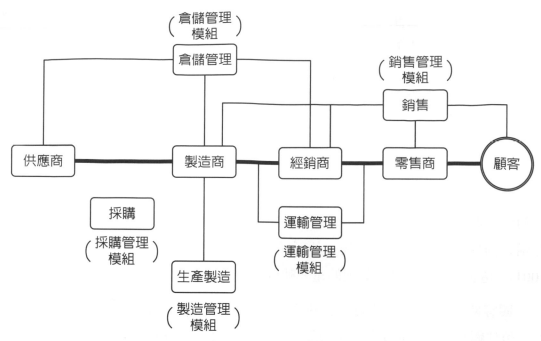

➲ 圖 10.6 供應鏈結構及供應鏈軟體模組之間的關係

　　由圖 10.6 可知供應鏈軟體在支援供應鏈功能方面包含採購、製造、倉儲運輸銷售等五大模組，加上主規劃模組及資訊分享模組共七大模組，分別說明如下 (林東清，2018)：

(1) 採購規劃模組：包含採購規劃物料規劃。採購規劃主要考量供應商所提供的折扣條件 (例如數量優惠、交貨地點等) 及相關成本條件 (庫存成本、管理成本、倉儲空間等) 尋求最低成本的採購量；物料規劃則依據生產排程，適時提供原物料。

(2) 製造規劃模組：包含生產規劃與排程規劃，接受主生產計劃指令，將產能與原物料配合，快速做出生產規劃與排程。

(3) 倉儲規劃模組：包含補貨規劃、供應商存貨管理等功能。

(4) 運輸規劃：依據帶運輸之產品，安排運輸交通工具、路線等，使得運輸成本最低、速度最快。也包含在運輸過程中，產品之追蹤。

(5) 銷售規劃：包含產品組合功能設定、及時交貨、需求管理等功能。

(6) SCM 主規劃模組：主要是依據企業的不同策略 (例如不同客戶的產品、地點、服務優先性或利潤) 及產能限制，整合及呼叫前述的五大模組，做資源最有效之配置。

(7) SCM跨組織資訊分享模組：主要功能包含供應鏈上的協同合作、支援電子
商務及供應鏈資訊分享等。

▸10.3 顧客關係管理

一、顧客關係管理定義

基於關係行銷與資料庫行銷的觀念日漸普及，顧客關係管理的理念也就隨
之興起。顧客關係管理主要的目的是要留住舊有顧客，其基本理由是留住一位顧
客購買同樣金額的產品是尋找一位新顧客成本的六分之一(Kalakota & Robinson,
2001)，這也就是顧客關係管理的重要動機。

顧客關係管理的目的可以從兩個角度來討論，一為留住顧客，一為投資顧
客。留住顧客指的是企業除了開發顧客，希望也能維持顧客，除了考量顧客價值，
也考量顧客終身價值，因此顧客關係管理的目標是顧客的顧客終身價值最大化；在
投資顧客方面，指的是視顧客為資產，認為不同顧客群(顧客區隔)其投資報酬率
有所不同，因此對於各顧客群所投入的金額亦有所不同。

顧客關係管理定義如下(徐茂練，2019)：

「顧客關係管理乃是企業與顧客建立及維持長程關係，以提升顧客終身價值的
管理活動」。

顧客關係管理的目的，主要是透過顧客互動方案來達成，例如餐廳服務、服
飾選購、理財網站等均為顧客互動方案，一般而言，顧客互動的內容或頻率越佳、
個人化程度越高則顧客關係越好(當然投入成本也越大)，顧客關係越好則該顧客對
企業而言，價值越高，價值可能表現在再度購買、口碑推薦、對品質價格的容忍度
等。

二、顧客關係管理相關流程

顧客互動方案一般區分為行銷、銷售、顧客服務、顧客忠誠度方案。

(一)、銷售

銷售目標主要的指標在於銷售額或銷售量,以及顧客開創與維持績效,即新顧客人數、流失顧客人數。

銷售活動主要是由業務員人員來負責,業務員主要扮演的角色包含爭取訂單、接單、提供銷售支援等。一般的銷售流程包含發掘潛在顧客、銷售準備、推介與解說、成交與簽約、追蹤與服務等。而銷售管理的活動包含銷售預測、銷售策略與計畫(例如採取說明、說服、信服之銷售策略)、產品管理、行程安排、工作追蹤、溝通與公告、知識管理等活動,以便達成銷售目標。與銷售相關的顧客互動方案如下:

(1) 銷售活動之執行:包含前台銷售、店外銷售、銷售人員解說、電子商務等。

(2) 產品、服務或體驗之關聯或擴充:包含交叉銷售、升級銷售等,屬於產品搭售的模式。

(3) 自動化:指的是以資訊系統支援相關銷售活動,例如銷售自動化系統。

(4) 銷售流程或付費方式之變化:例如採用預售或租賃方式等。

(二)、行銷

行銷最主要的目的便是促成交易,也就是透過買賣雙方的價值交換來創造效用,例如商品服務的加值效用、時間節省的效用、地點的方便效用等。因此行銷規劃主要的目標就是要透過提供顧客價值而達到企業的目標,主要的行銷目標包含營業額、利潤、市場佔有率、提昇品牌知名度、提昇公司形象、建立顧客關係等。

欲提供顧客價值,傳統行銷的做法包含定位與行銷組合。定位是定義企業以及企業在產業中的地位,包含技術、產品、形象等在顧客心目中的地位。行銷定位通常是透過市場區隔、定義目標市場、定位等三個步驟進行之。

定位策略之後,重要的行銷活動是行銷組合,包含產品(Product)、通路(Place)、價格(Price)、推廣(Promotion)等內容。依據上述,行銷相關的互動方案如下:

(1) STP:指的是市場區隔與定位,定位可能依據價值、差異化等方式而與競爭者有所不同。

(2) 4P行銷組合:執行行銷組合時,可考量客製化與個人化、精準化、口碑、忠誠度方案等。

(3) 資料庫行銷：採用資訊化及顧客資料庫進行行銷，包含精準行銷、口碑行銷等。

(三)、顧客服務

顧客服務也是屬於顧客互動的一種形式，除了銷售、行銷之外，企業針對顧客所提供的有價值的活動均屬於顧客服務的範圍。顧客服務的內容包含售後服務、維修服務、顧客滿意度調查、顧客抱怨處理、顧客諮詢服務、顧客服務保證等。例如現場服務、售後服務及維修、技術支援與諮詢等均為服務方案之例。顧客服務也可以從售前、售中、售後來分類：

(1) 售前服務：在銷售商品或服務前，一切促進產品或服務銷售的活動。其目的在於提供充分的資訊給消費者知曉，才能吸引消費者購買。例如商品資訊傳遞、會員型錄的寄送等均為售前服務。

(2) 售中服務：從消費者開始採購商品或服務，至結帳完畢的過程中，所有對幫助、促進消費者採購商品的活動。

(3) 售後服務：意指消費者在結帳完成後所提供的各項協助服務。包括商品的配送、安裝、退貨、換貨、諮詢、客訴處理等。

顧客服務流程主要包含需求分析、服務規劃(目標與服務流程)、服務傳送、績效評估等步驟。顧客服務相關互動方案則包含顧客自助服務、常見答問集(FAQ)等。

(四)、忠誠度方案

忠誠度方案是為了維繫顧客而對具有潛力顧客採取的優惠或酬賓計畫。忠誠度方案的設計需考慮的事項包含目標對象、方案設計、方案推動三方面來考量。目標對象方面，忠誠度方案必須要針對不同目標客群來設計，傳遞的訊息也要與其他通路的訊息一致，也就是說，依據顧客偏好傳遞個人化的訊息，而該訊息需考慮一致性。方案設計方面，忠誠度方案要能夠提升顧客體驗，讓顧客的感受價值提高；同時方案也要考慮操作性，最好世間單明瞭、容易參與。方案推動方面，除了與顧客好好的互動之外，最重要的是對顧客的抱怨或不滿意時，要能及時處理回應，也就是快速而有效地採取補救措施。

三、CRM軟體類型與功能

CRM資訊系統是一種資訊系統，其使用的領域是行銷、銷售、顧客服務、忠誠度方案，其目標是協助提升建立與維持顧客關係，並提升顧客忠誠度。

CRM資訊系統可分為以下三類(Khodakarami and Chan, 2014)：

(1) 操作型系統(Operational Systems)：負責自動化與支援CRM流程，例如客服系統(Call center)、銷售自動化系統(SFA或POS)、行銷自動化(如email, campaign)系統等，也包含顧客(自助)服務、行動銷售(mobile sales)、現場服務(Field Service)等活動之支援。操作型CRM (operational CRM) 包括用在與客戶面對面時的應用，例如銷售力自動化、客服中心與客戶服務支援，以及行銷自動化等工具

(2) 分析型系統(Analytical Systems)：用以分析顧客資料與知識，協助各項互動方案之進行，比較偏向商議智慧系統。分析工具包含資料採礦、資料倉儲、線上分析處理等，大數據資料分析也屬於此類。分析型CRM (analytical CRM)則針對操作型CRM所蒐集到的客戶資料進行分析，以提供資訊來改善企業績效

(3) 協同型系統(Collaborative Systems)：用以管理及整合溝通管道及顧客互動的接觸點，包含企業網站、e-mail、顧客入口網站、網路會議系統、社交媒體(例如網站、虛擬社群、臉書粉絲專頁)等。

與顧客關係管理較有關係的資訊系統包含行銷資訊系統、資料庫行銷、銷售支援系統、產品建議系統、資料採礦系統等，只要該系統與建立及維持顧客關係有關，均為顧客關係管理資訊系統。目前市面上已經有許多名為顧客關係管理的軟體，這些軟體使用時，可能包含單機使用，於桌上型電腦使用或筆記型電腦中使用，或是網路版，提供不同時間不同地點做存取與處理。

顧客關係管理軟體的主要功能如下(徐茂練，2019)：

(1) 顧客聯繫：由於企業相關人員(如銷售主管、業務代表等人員)需要與顧客不斷聯繫，這些聯繫可能是約定拜訪時間、內容、意見反應等，因此有充分的溝通管道是重要的。

(2) 交易流程支援：企業提供顧客一個方便可靠的交易流程也是重要的，例如，下單(購物車)、結帳、付款等，如果是數位化商品，還包含傳送過程。

(3) 顧客服務：有多的業務可以透過資訊系統來進行，例如查詢產品型錄、查詢業務流程、表單下載、問題解答等。

(4) 機會分析：透過對於顧客資料分析的結果，可以進行顧客區隔，並發現一些商機，例如，了解顧客購買偏好，可以用來規劃新產品及新服務、了解顧客交易內容，可以用來提出促銷方案等。

四、CRM未來趨勢

顧客關係管理隨著關係行銷觀念的演進以及資訊技術之進步，已經逐漸成為一種趨勢，有人甚至認為顧客關係管理會如同 ERP 一樣成為企業 e 化的主流。

資訊通訊技術由個人電腦、工作站，進展到網路，其處理及傳輸速度也大幅提升，尤其是網際網路的應用技術，其進展非常快速，包含社交網站、共同編輯網站等，對於各類型的顧客關係，均有增進的效果，企業也常利用這些技術，做為企業內外社群溝通的工具。至於雲端運算(Cloud Computing)技術的興起，也使得資料處理產生許多變化，包含資料處理的便利性以及資料機密的疑慮，當然也形成新型態的顧客關係；物聯網所蒐集的資料會透過網路層加以傳輸，這些資料逐漸可累積成大數據，進行大數據分析或人工智慧的應用，產生許多的價值。

人工智慧技術也增加了顧客互動的便利性，例如醫生運用影像識別來閱讀病歷及病情，協助診斷與監控，又例如社群網站臉書、IG 上的許多圖片、影片、照片資料，以及大街小巷裝設的自動監視器影像資料、RFID 所記錄的顧客資料，這些大數據，結合人工智慧技術，產生許多的發展及應用空間。就顧客關係管理領域而言，大數據結合人工智慧分析讓個人化的顧客區隔變得可能，我們可以說，大數據分析出來或預測出來的需求是個別顧客的需求，依據這種需求所提出的顧客互動方案也變得更為多元而有彈性。當然，顧客被了解得越清楚詳細，其隱私也越受威脅。

本章個案

數位轉型能為中小企業帶來多少效益?

　　海陸家赫,總公司位在台中潭子的三十七年老礦油廠,員工僅三十人,但隨者二代企業家曾煥龍數位轉型有成,近六年間,營收成長四倍,員工年均產值是同業兩倍,甚至勝過聯發科,其主力商品更躍升全台市佔率前三。

　　曾煥龍2008年唸完書後不願意接班,而是自己去創了另一家油行家赫公司,拚到營收與父親創立的海陸公司相去不遠,才回家掌管業務部門,兩家公司則在2015年正式合併為海陸家赫。

　　它的主力商品切削液,是機械及金屬加工的冷卻劑和潤滑劑,主要由石化原料提煉,是傳統的B2B行業。

　　為了數位轉型,曾煥龍下的第一手棋,是從客戶需求,找到業務成長的切入點。由於油類產品製程單純,為各種配方原料原油與水的混合,各家差異性不大,「當每家都是八十分,服務才是競爭門檻!」曾煥龍直言,唯有服務差異才能鎖住客戶。因此,2017年開始討論數位轉型,海陸家赫最一開始想做的是CRM(顧客關係管理系統),二代企業家曾煥龍認為,第一步不是從產品端下手,而要要導入系統、掌握顧客的大數據,透過分析數據協助業務,精確掌握顧客的需求。手中握有近三千名顧客的海陸家赫,相當有優勢,但資料需要更進一步活化。

　　過去兩千七百家客戶的資料模糊,做不了真正的客戶管理。2013年曾煥龍先改既有的業務群分工。傳產經要常求業務要同時負責開發市場、鞏固回購率、還要二十四小時on call做售後服務,這很難兼顧。於是,他將業務拆成三組人馬,前端行銷,負責抓出潛在商機名單;中端業務,負責提案報價與關單;後端售後服務,負責現有客戶的所有需求。

曾煥龍用筆電秀出他最自豪的「商機與客戶分群平台」。針對客戶分群，例如「目標獵物區」就是現在交到業務員手裡，最可能成交的黃金潛在客戶名單，再點開「目標獵物區」，企業名稱底下，又包括需求產品、需求數量、需求時間、預算、競爭者、建議解決方案，以及最重要的一欄：「關鍵決策者」等資訊，只有上述欄位全部填寫完畢，行銷才能按下送出，將潛在商機正式轉為「機會」。這形同將球傳到終端業務手中，當業務拿到最有可能成交的「機會名單」後，規定一周內必須關單結案。

再進入現有的客戶分群平台，又出現四傳神的的分類名稱：「A級黑鮪魚、B級土魠魚、C級大白鯊與D級吻仔魚」，AB級均為好客戶，量穩又不砍價，只是訂單價值有高低之分；D級是目前規模小但值得栽培之客戶；C級就是愛砍價又要求服務的「奧客」。客戶分群是先由資訊系統篩選，準則包含營收、平均客單價、交易頻率、售後服務頻率等，電腦自動演算出清單，最後依據業務回饋的客戶訊息，決定最終排序結果。

排序一出來，全公司都知道要對這個客戶的後續服務該怎麼做，例如售後服務人員接到客訴，第一件事是確認層級，黑鮪魚可提供客製化服務，力求緊密合作；若是大白鯊，甚至可以技巧性的轉介給競爭者，避免浪費太多組織資源。

近年來，切削油競爭產生變化，附加價值高的那一塊，被嘉實多、美孚等大廠盤據，台灣業者多被夾殺，能夠生存，需有獨特能耐。

當大家還在把展覽會當作換名片場所時，海陸家赫已經有透過Line@蒐集來的客戶資料，事前經過行銷漏斗篩選，直接邀請成交機率最高的潛在客戶到場，業務員則事前模擬過銷售策略，展覽會場就是關單戰場。

又例如C2B的核心概念，是從客戶痛點發展新業務，機械與金屬加工業者近年面臨日益提高的環保標準，造成不小的壓力。於是，海陸家赫不等客戶下單，直接利用物聯網(IoT)概念，在油桶中加入感測器，只要存量低於水位，客戶的Line@就會主動跳出續訂提醒，兩個步驟即可線上下訂。訂單透過雲端，自動傳至ERP系統產生訂單序號，一來可確認庫存和生產排程，二來可事前預測規劃送貨的車隊路線，三則更可順勢切入廢油處理與循環經濟市場，不僅提前掌控客戶需求，也解決客戶痛點。

下一步是擴大轉型範圍，公司的八項主要業務，已經被整理成超過四百張流程圖，最終目標就是「車同軌、書同文」。

(資料來源：筆電裡的黑鮪魚客戶，讓老油行營收6年翻4倍，商業周刊1631期，2019.02，pp.66-70；重新定義員工角色、職責，海陸家赫成功提升成交率，數位時代，2020.02，pp.76-77)

思考問題

海陸家赫的CRM(顧客關係管理系統)主要的功能為何？該系統對於海陸家赫的服務品質以及行銷與銷售業務有何幫助？

本章摘要

1. 若依照組織應用範圍來說，企業應用系統分為個人資訊系統、工作群組資訊系統、企業資訊系統、跨企業資訊系統四類。

2. 解決資訊孤島問題的方法是採用企業系統整合或是導入企業資源規劃系統。

3. 銷售與訂單管理流程中主要活動包含預測、接單與出貨，與此相關的ERP模組包含生產規劃模組、配銷規劃模組；生產與製造流程主要活動包含採購、生產、入庫，與此相關的ERP模組包含物料規劃模組(包含排程、產能規劃等)、物料及倉儲管理模組，也包含品質管理；財務會計管理流程主要活動包含成本會計、財務會計、財報分析，其相對應的ERP模組包含應付帳款模組、應收帳款模組、成本會計模組，也包含現金管理、固定資產會計等；人資與行政管理流程對應的ERP模組就包含人資管理模組、行政管理模組，其中人資管理模組又包含招募與訓練、薪資與福利、出勤與考核、人力資源管理等子模組。

4. ERP有兩大特色，第一個是流程導向，第二個特色是模組化設計。

5. ERP導入的流程包含需求分析、擬定目標及KPI、選擇最適當的ERP、系統導入等步驟。

6. 從需求驅動的角度來說，供應鏈區分推事模式與拉式模式為兩大類型，針對推式模式，供應鏈的生產排程是依據預測或產品需求的最佳猜測所推導而來，並把產品「推向」給客戶；拉式模式又稱為需求導向或接單後生產模式，由供應鏈中的客戶實際下單或購買所觸發。

7. 影響供應鏈績效的因素包含設備、庫存、運輸、資訊等，供應鏈的議題包含庫存、服務、回應速度及長鞭效應等。

8. 長鞭效應是供應鏈管理中會循環發生的問題，肇因於產品需求資訊在供應鏈成員間傳遞時產生扭曲。長鞭效應主要的原因是需求面、製造面與供給面的不確定性。

9. 供應鏈軟體在支援供應鏈功能方面包含採購、製造、倉儲運輸銷售等五大模組，加上主規劃模組及資訊分享模組共七大模組。

10. 顧客關係管理的目的有二，一為留住顧客，一為投資顧客。顧客關係管理定義為「顧客關係管理乃是企業與顧客建立及維持長程關係，以提升顧客終身價值的管理活動」。

11. 顧客互動方案一般區分為行銷、銷售、顧客服務、顧客忠誠度方案。與銷售相關的顧客互動方案包含銷售活動之執行、產品、服務或體驗之關聯或擴充、自動化銷售流程或付費方式之變化；行銷相關的互動方案包含STP、4P行銷組合、資料庫行銷等；顧客服務可以從售前、售中、售後來分類，顧客服務流程主要包含需求分析、服務規劃(目標與服務流程)、服務傳送、績效評估等步驟；忠誠度方案的設計需考慮的事項包含目標對象、方案設計、方案推動三方面。

12. CRM資訊系統可分為操作型系統、分析型系統、協同型系統三類。顧客關係管理軟體的主要功能包含顧客聯繫、交易流程支援、顧客服務、機會分析等。

參考文獻

[1] 林東清(2018)，資訊管理：e化企業的核心競爭力，七版，臺北市：智勝文化

[2] 徐茂練(2019)，顧客關係管理，七版，新北市：全華圖書

[3] 董和昇譯(2017)，管理資訊系統，14版，新北市：臺灣培生教育出版；臺中市：滄海圖書資訊發行

[4] 劉哲宏、陳玄玲譯（2019）。資訊管理，七版。台北市：華泰。

[5] Kalakota, R., Robinson, M., (2001), e-Business: Roadmap for Success, 2nd Ed Addison Wesley.

[6] Khodakarami,F., Chan,Y.E. (2014), "Exploring the Role of Customer Relationship Management (CRM) Systems in Customer Knowledge Creation." Information & Management, 51, pp. 27-42.

知識管理與智慧系統

11

學習目標

◆ 了解知識管理系統的功能及應用方式。

◆ 了解企業智慧系統的功能及應用方式。

◆ 了解人工智慧的功能及應用方式。

國泰產險致力於預防交通事故的發生

國泰世紀產物保險股份有限公司成立於1993年7月，原名東泰產物保險股份有限公司，於2002年加入「國泰金控」，透過集團資源整合，提供客戶一次購足金融商品的便利以及專業個人理財的服務，同年並更名為國泰世紀產物保險股份有限公司，自2007年起穩居台灣第二大產物保險公司的地位，同時也不斷向外擴展經營版圖，分別於2008年及2010年成立大陸國泰產險和越南國泰產險，並迅速佈點，2016年9月大陸國泰產險以增資擴股方式引進阿里巴巴集團旗下的螞蟻金融服務攜手合作互聯網金融服務。

國泰產險連續 5 年消費者心目中理想品牌大調查『產險業第一名』2009至2013 年連續五年獲管理雜誌評選為『消費者心目中理想品牌大調查』產險業第一名。

國泰產險觀察到，台灣交通事故一直是嚴重問題，每年大約有四十萬人因交通意外而受傷，就產險業而言，有50%以上的業務是出自於車險，為提升保護及社會大眾的安全意識，進而催生「零事故研究所」網站，做為推動交通安全的宣導平台。

根據交通事故統計，人為因素大約占總事故的九成以上，有別於傳統教條式的宣導，零事故研究所以人為本，著手開發「駕駛全人評測」，透過駕駛適性診斷、危險感知測驗、行車金頭腦，評估受測者的「心理」、「反應」、「知能」層面，對症下藥給予個人化建議，才能有效導正駕駛行為，降低事故比例。心理層面方面，國泰產險運用問卷調查駕駛行為與習慣，分析受測者的適性度及安全度，依據診斷結果予以個人化建議，提醒用路人應該注意的事項，培養良好駕駛習慣。

在反應方面，採用實境行車畫面，觀察受測者能否察覺道路環境中的潛在風險，並進一步採取正確舉動，這種能力培養在國際間已經被證實，對降低車禍事故發生有顯著效果。在知能方面，涵蓋運行、操控、事故處理、核心觀念、維護保養、科技新知、交通法規等七個主題面向，以選擇題形式，評測駕駛人之能強弱，細部解構駕駛人的能力，且正確學習，全方位提升駕駛人安全知能，成為知行合一的用路人。

「零事故研究所」上線後，依據多年的推廣經驗，國泰產險看出在大專院校中的年輕族群，發生事故率最高，特別是機車騎士。因此，希望能降低年輕機車族群的肇事比率，故而催生「不意外騎士」活動，走入校園來推廣交通安全。

「不意外騎士」分為室內及室外課程，室內課程著重防禦性駕駛的觀念，室外課程透過實際騎乘展演教育學生如何安全駕駛。國泰產險為提高學習成效，結合VR虛擬實境技術，以第一人稱視角體驗，將駕駛歷程量化為感知力和肇事率兩項分數，對不同交通風險場景給予預防建議。一經推出深受外界熱烈的迴響，學校和公務機關邀約不斷。

(資料來源：從企業到個人，風險無處不在。損害防阻推動，國泰產險努力不懈，卓越雜誌，2020-01，pp. 80-82；國泰產險官網，https://www.cathay-ins.com.tw/cathayins，2020.07.31)

國泰產險致力於預防交通事故的發生，在其宣導教育中，運用到的技術包含人工智慧技術、虛擬實境技術等，達到相當良好的效果。

▶11.1 知識管理系統

一、知識管理系統定義

資料(data)是一連串的事件或交易，並透過組織的系統記錄與支援，因此，資料可以說是代表物體或事件的符號。資料經過適當的處理而成為資訊(information)，資訊最主要的特性是要對使用者有價值，可以協助使用者作決策、訂計劃、或是處理相關業務。如果資訊中具有意義的規律、規則與情況，能夠更具有推論性或預測性，則稱之為知識(knowledge)。

知識可區分為內隱知識(Tacit Knowledge)與外顯知識(Explicit Knowledge)，「內隱知識」是指高度內隱專業的且個人化，是無法用文字描述的經驗知識，且是不容易文件化與標準化的獨特性知識，所以不易形成與相互溝通，必須經由人際互動才能產生共識。而「外顯知識」是能以形式、系統語言，如外顯事實、公理、標示來加以傳播的，它能以參考手冊、電腦程式、訓練工具等被編撰且清楚表達，因此，顯性的知識可以自知識庫中直接複製使用，其特點是知識與人分離。

組織使用各式各樣的組織型學習機制來創造與集結知識，透過資料的蒐集、縝密衡量規劃的活動、反覆試驗(實驗)；以及來自顧客與環境的回饋，組織獲得經驗，也就是透過一些流程來處理知識。

知識處理流程區分為知識創造、知識分類與儲存、知識分享與移轉、知識應用等步驟。知識創造指的是知識的蒐集、取得、創造，由外部取得知識重要的做法包含收購、策略聯盟、外包等。組織內部個人或群體透過創意、實驗、討論、訓練等方式開創新知識。知識可以按照專業領域、內隱性與外顯類型、知識來源等方式分類，以利知識的儲存、搜尋與取得的工作。知識分享與移轉指的是將知識傳遞給所需的人，包含對象的決定、移轉的內容、移轉的方式等。知識應用指的是知識與使用者本身工作(如決策制定、問題解決、工作流程等)結合，以產生效果。

知識處理流程需要妥善的工具來協助，欲使相關知識流程運作無礙，需建構知識管理系統。

二、知識管理系統分類

知識管理系統有許多不同的分類，可能從應用領域或是知識類別的角度來分類，此處我們依照 Laudon & Laudon 的分類方式，將知識管理系統區分為以下三分類(董和昇譯，2017)：

(1) 整體企業知識管理系統：這是以公司為單位，來蒐集、儲存、散布，以及應用數位內容與知識，主要的企業知識管理系統包含企業內容管理系統、協同工作與社群工具、學習管理系統。

(2) 知識工作系統：電腦輔助設計(CAD)、3-D 視覺化、虛擬實境、投資工作站。

(3) 智慧型技術：具有類似人工智慧處理能力的技術，例如資料探勘、類神經網路、專家系統、案例式推理、模糊邏輯、基因演算法、智慧型代理人等。

(一)、整體企業知識管理系統

1. 企業內容管理系統

指的是協助文件管理和傳遞以及員工知識的資訊系統，該系統具有捕捉知識、儲存、檢索、散布及保存知識的能力，主要的知識包含文件、報表、簡報、最佳實例等。內容管理系統的典型用戶通常是販賣複雜性的產品的企業，並希望分享他們的產品給員工和客戶。舉例來說：微軟希望與全世界的資料探勘分析師分享如何使用微軟的產品，將資料從一個 Oracle 資料庫搬進 Excel。

企業營運所需的知識內容種類繁多，數量龐大，加上知識內容的特性不同，運用資訊技術來處理，變得相當困難。內容管理的挑戰如下(劉哲宏、陳玄玲譯，2019)。

(1) 大多數內容資料庫非常龐大。

(2) 內容是動態的。

(3) 文件並不是彼此隔離地獨立存在。

(4) 文件內容會過時。

(5) 每個文件，不論以何種語言撰寫都必須翻譯成各國語言。

因此，自行建置內容管理應用程式的開發和維護成本是非常昂貴的，大多數企業今天會選擇不支持自建企業內容管理系統，而是採用現成的應用程式，這種現成產品比大多數內部系統多相當多的功能，而且也遠不如維護費用昂貴。此外，也可以使用公共搜尋引擎，例如Google、Bing，當然，企業必須分類內部的專有文件，並為自己人提供內部的搜尋功能。

2. 協同工作與社群工具

有些知識並不是數位化文件的形式，而是存在公司內個別專家的記憶中，此時就需要協同工作與社群工具來分享或散播這些知識。包含專家的工作經驗、從事的專案、著作或專業文章、教育背景等，均可據以找到合適的專家。

來自外部的知識，也可以透過社群工具，讓使用者將有興趣的網頁加入書籤，添加關鍵字的標籤在這些書籤上，在分享標籤與網頁連結給其他人。

3. 學習管理系統

學習管理系統(learning management system, LMS)提供工具來管理、傳遞、追蹤，以及評估不同類型員工的學習與訓練紀錄。

在學術上，大規模網路公開課程(massive open online courses, MOOCs) 是專為大量參與者提供的網路線上課程。

其次，在知識工作系統方面，知識工作者主要扮演三種角色，對於組織與管理者來說都是關鍵人物(董和昇譯，2017)：

(1) 維持組織知識的流動，並能引入外在世界的發展。

(2) 擔任內部的顧問，針對所擅長領域的變遷與機會提供見解。

(3) 扮演變革推動者，評估、發起、促進變革的專案。

(二)、知識工作系統

1.電腦輔助設計

電腦輔助設計(computer-aided design, CAD)使用電腦與複雜的繪圖軟體，將設計的創作與編修自動化，CAD系統能支援3-D列印(3-D printing)的資料，也是所熟知的「積層製造」，使用機器製作實心物件，一層一層根據數位檔案的規格累積出各種形狀的立體物品。

2.虛擬實境

虛擬實境(Virtual Reality, VR) 指的是電腦創造出3D的虛擬空間，一般會搭配頭戴顯示器，使用者不會看到現實環境，完全沉浸在這個虛擬世界中。使用VR讓是自己感覺進入另一個空間裡，常用於遊戲、模擬訓練。

3.擴增實境

擴增實境(augmented reality, AR) 指的是透過攝影機的影像畫面結合某種辨識技術，來讓螢幕中的現實場景擴增出虛擬的物件並與之互動的技術，你會同時看到真實世界與虛擬同時並存的內容。是看到原本不存在於現實世界的東西，必須將虛擬影像與現實世界結合，以彩妝業為例，顧客可以把虛擬彩妝放在自己臉上，就居家設計來說，顧客可以在自己家客廳裡置入一座虛擬沙發(溫力秦譯，2020，pp. 21)。

4.投資工作站

金融業則是使用專屬的投資工作站(investment workstations)。

(三)、智慧型技術

最後，在智慧型技術方面，指的就是人工智慧，請見第五章第二節及本章第三節。

▶11.2 企業智慧

　　企業智慧是指資訊系統運用更進階的處理技術，處理出更個人化，具有價值的資訊，協助管理者分析、預測或制訂決策。所謂更進階的技術包含決策支援系統、資料倉儲、資料探勘等技術，甚至結合策略層級的工具，如平衡計分卡(Balanced Scorecard, BSC)、關鍵績效指標(KPI)等，進行策略分析及規劃。這樣的系統所產出的資訊是更有「智慧」的，稱為企業智慧系統。

　　企業智慧主要架構包含(圖11.1)：

(1) 介面：主要是顯示資訊，例如高階資訊系統的儀表板就是介面。

(2) 資料分析：企業智慧與分析的功能包含產生報表、參數化報表、儀表板／計分卡、偶發查詢／搜尋／報表製作、向下探鑽(drill down)、預測、情境、模型等(董和昇譯，2017)。

(3) 資料儲存：包含資料庫、資料倉儲(Data Warehouse, DW)、資料超市(Data mart, DM)等。

(4) 資料來源：企業智慧的資料來源包含企業內部的TPS、POS、ERP、CRM、SCM系統，也包含外部的Internet、Extranet、外部資料庫等。

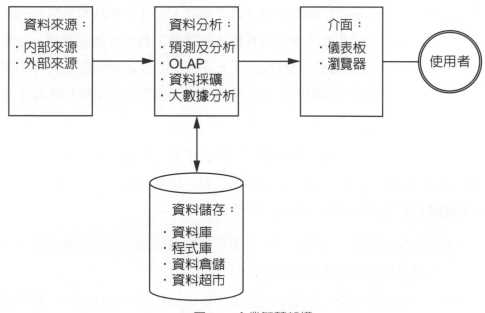

⊃ 圖11.1 企業智慧架構

圖 11.1 中企業智慧資料分析中，依據其產生報表、參數化報表、儀表板／計分卡、偶發查詢／搜尋／報表製作、向下探鑽(drill down)、預測、情境、模型等主要功能，所進行的分析包含報表分析(如 OLAP)、資料探勘、大數據分析(人工智慧分析)等。

從支援組織階層的角度來說，中低階層的管理分析主要是運用預測及若則分析、OLAP 等分析模式，高階管理的分析則將平衡計分卡(BSC)、KPI 等指標作為分析的基礎。主要在中高階方面提供決策支援分析，中階管理者通常使用管理資訊系統(management information systems, MIS) 來支援決策，主要是以例行性報表的方式來呈現，資料內容則是來自公司交易處理系統(TPS) 萃取與統整的結果。

決策支援系統(decision support systems, DSS) 則具備支援半結構化決策制定的能力，DSS 比 MIS 更依賴模型，使用數學或分析模型來執行「若－則」(what-if)和其他種類的分析。「若－則」分析從已知或假設條件出發，允許使用者改變特定變數的值來測試結果，看看變數值的改變會造成哪些差異。敏感性分析(sensitivity analysis)則是重複地詢問「若－則」的問題，來預測當一個或多個變數改變許多次後，結果變動的範圍。

群體決策支援系統(group decision-support systems, GDSS) 則是一個互動的電腦系統，由一組身處同地或異地的決策者組成團隊，試著一起為非結構化的問題找出解決方案。採用 GDSS 的會議會在裝有特殊軟硬體工具的會議室開會，以強化群體決策的制定。硬體包括電腦與網路設備、天花板上的投影機與顯示螢幕，軟體則是用來蒐集、整理、排序、編輯與儲存決策會議中所產生之想法的特殊電子會議軟體等。

高階管理階層的決策支援經常採用平衡計分卡與企業績效管理方法，高階主管支援系統(executive support systems, ESS)，主要目的是在幫助高階管理者，專注於影響公司整體利潤及成功與否的關鍵績效資訊。

其次，若從應用領域的角度來源，企業智慧的應用領域包含預測分析、作業智慧與分析、位置分析與地理資訊系統(董和昇譯，2017)：

(1) 預測分析(董和昇譯，2017)：預測分析(predictive analytics) 透過統計分析、資料探勘技術、歷史資料以及對未來狀況的假設，匯入可以用來預測未來行為的變數，來預測未來的趨勢與行為模式，預測分析大量地納入企業智慧系統，應用在銷售、行銷、財務、詐欺偵查以及保健等領域，預測分析正

開始使用來自公部門與私部門的大數據，包括社群媒體、客戶交易以及感應器和機器的輸出結果。

(2) 作業智慧與分析：物聯網(Internet of Things, IoT) 透過網站活動、智慧型手機、感應器、測量設備與監視設備，創造出龐大的資料流，這些資料能用來分析組織內外的活動進而達到作業智慧，作業智慧軟體讓組織得以分析即時蒐集到的巨量資料，公司可以設定事件警示的功能，或將這些資料餵入數位儀表板中，協助管理者做決策。

(3) 位置分析與地理資訊系統：位置分析(location analytics)，能從資料中的地理位置部分，像是手機的地點位置資料、感測器或掃描器的輸出以及地圖的資料，找到脈絡提供企業洞見。地理資訊系統(geographic information systems, GIS) 提供工具，協助決策者將問題透過地圖以視覺化的方式來呈現。

▶ 11.3 人工智慧應用

一、何謂人工智慧

早在通用型電腦問世之前，數學家艾倫・圖靈(Alan Turing)就構思了先進的圖靈機架構，也在1947年提出「人工智慧」的概念。

1956年，達特矛斯會議在美國達特矛斯舉行為期兩個月的研討會，正式研究人工智慧，會議中歸納出人工智慧的四大目標(陳子安譯，2018，pp. 83)：

(1) 懂得使用語言：能理解並使用文法，以及學習新的單字。

(2) 解決只有人類可以處理的問題：可以應付只有人類可以處理的高難度問題。

(3) 擁有抽象化與概念化的能力：可以從得到的資料中找出特徵並同時產生新的概念。

(4) 可以自我改良：從失敗中學習，能自我改良並提升性能。

1994年，美國「Mainstream Science on Intelligence」定義智慧為「事物的理解能力、捕捉語言涵義的能力、解決事情的能力」。

要判斷電腦有沒有智慧，圖靈設計了有名的「圖靈實驗」，由人去猜訊息是由「人工智慧」還是「人」所發出，若有30%以上測試者都判定人工智慧是人類，就代表該人工智慧「有智慧」。

事實上，對人類很簡單的事情，對電腦卻是很困難，例如辨識影像、偵測情感及感覺，而有些則是電腦很擅長的事，例如給予足夠的規則，則人工智慧有非常好的推理能力。雖然資訊技術已經有非常大的進步，但是要電腦全面模擬人的能力仍有很大空間，因而人工智慧有強 AI 與弱 AI 之分（王建堯等著，陳信希、郭大維、李傑主編，2019）：

(1) 強 AI：是通用型 AI，能全面性的模擬人類的能力，也就是將人工智慧與意識、知識、自覺等人類的特徵結合在一起，具備與人類同等的智慧，這是未來的目標。

(2) 弱 AI：特定用途 AI，只能模擬人類的思維與行為表現，但缺乏真正的推理與解決問題的能力，也不具有自主意識或像人類一樣思考的能力，目前大部分的人工智慧都是屬於這類。

再以遊戲來舉例，我們可以把常見的遊戲區分為完全資訊遊戲與不完全資訊遊戲，前者是對手的下一步動作是可掌握的，例如西洋棋或是圍棋，目前這方面的人工智慧軟體都表現不錯；後者指的是撲克牌、麻將這類的遊戲，因為無法掌握對手的下一步，因此人工智慧幾乎派不上用場。

松尾豐將人工智慧的發展區分為四級（江裕真譯，2016）：

(1) 純粹的控制程式：將只加裝控制程式的家電稱為人工智慧家電，例如空調、吸塵器、洗衣機等，這實在不能稱為人工智慧，比較像是行銷術語。

(2) 典型的人工智慧：有許多的行動模式，因為人工智慧具有推論、探索的能力，使得輸入與輸出之間的組合有非常多的可能性，舉凡下棋程式、掃地機器人、聊天機器人、醫學診斷程式等都是屬於這一級。

(3) 加入機器學習的人工智慧：機器學習是能夠根據大數據自動學習做出判斷。

(4) 加入深度學習的人工智慧：深度學習是能夠在機器學習時懂得抓取特徵量，使得學習更為快速。

二、人工智慧的學派

人工智慧的學習區分為兩種學派，法則學派(Rule Based Approach)與機器學習學派(Machine Learning Approach)（林東清，2018）。法則學派運用邏輯推理的方式，根據人類學到的法則及環境變數的輸入而推理出判斷的結果，其重點在於「推理(reasoning)」而非學習，其主要的應用是專家系統。換言之，法則學派運用符號系統，經由模擬大腦的邏輯結構來加工處理各種資訊，稱為符號主義。

　　機器學習學派則著重於由機器透過以往資料的學習，找到資料的特徵(features，指一系列屬性的集合)規則後，建立數學統計模型，用以分析判斷或預測(林東清，2018)。機器學習學派中，有一種是模仿大腦皮層神經網路及神經網路間的連結機制，稱為連結主義，主要是運用多個隱藏層的神經網路建構模型，也就是深度學習的方法；另一種是模仿人類控制行為的行為主義，主要的方法是強化學習(王建堯等著，陳信希、郭大維、李傑主編，2019)。

三、人工智慧的應用

　　人工智慧模擬人類的感知、認知與創造等能力。所謂感知就是人類的五官能夠感知外在的世界，例如視覺，人工智慧就會有電腦視覺相關的研究，能夠做圖像識別或是視頻識別，又例如聽覺，人工智慧的技術就應用到了語音識別的領域；所謂認知，就是指分析、推理、學習、判斷的能力，例如透過醫學影像的判讀，分析出疾病異常的狀況，或是利用機器學習的方式，分析消費者行為，以進行產品推薦；至於創作，則是由機器推出目前所不存在的資料，例如利用自然語言的技術加上生成式學習的方法，讓人工智慧可以繪畫、寫詩、作文章。我們將人工智慧的應用領域區分為影像識別、語音識別及自然語言處理三方面來介紹。

(一)、影像識別

　　影像識別包含圖像識別與視頻識別。

1. 圖像識別

　　就圖像識別而言，一幅圖像是有許多像素(解析度越高像素越多)所組成，輸入圖片的每個像素(pixel)，而且每個像素都區分為RGB三部分，RGB的值用三個向量值代表其顏色，其數值介於0-255，例如(255,0,0)代表純紅色、(0,255,0)代表純藍色。將圖像的數值輸入神經網路中進行卷積運算而得到識別的圖像，卷積神經網路會由圖像中找出代表性的特徵來辨識圖像。

　　圖像辨識是對二維的圖像進行分析、辨識與分類。目前圖像辨識最大的資料庫是Image Net，提供1500萬張有標籤的相片來認識22000種物品(林東清，2018)。圖像辨識主要演算法是CNN，一個圖像可能包含上百萬個節點、上千萬遇上億個連結。以Google為例，其圖像辨識的神經網路高達152層(林東清，2018)。

例如影像識別識別一隻貓，找出貓的共同特徵，就是採用機器學習方式，Google的人工智慧成功辨識出「貓」，採用的是非監督式學習。

搭載深度學習的人工智慧由加拿大多倫多大學開發的影像辨識系統SuperVision在2012年ILSVRC(影像辨識比賽)獲得優秀成績。而被視為經典卷積神經網路架構的AlexNet，更在ILSVRC競賽中獲得冠軍。

Google子公司開發的人工智慧Deep Q-Network(DQN)，其中Q是Q-Learning，為強化學習的演算法，透過深度學習辨識遊戲畫面，以及「贏對手的動作就是好動作」的強化學習，DQN戰勝許多遊戲，例如磚塊遊戲、彈珠擂台，超級瑪利兄弟等。

Google旗下的Deepmind開發的人工智慧AlphaGo成功擊敗世界圍棋冠軍。AlphaGo運用「智慧型的搜尋演算法」、「盤面評估」、「戰術預測」技術，而後兩者「盤面評估」及「戰術預測」結合了深度學習與強化學習技術，深度學習是從圍棋段數六至九段選手對奕的2940萬棋步，做影像辨識，而強化學習用來預測勝率。

2. 視頻識別

影像(或視頻，video)比圖像更為複雜，一段視頻可視為N張圖像的組合，假設每秒有30張影格，一部10分鐘的影片，其資料量是一張圖片的18000倍，根據這些圖像進行動作向量估測。也就是說，我們要從這18000張圖片中取樣，來分析其動作，取樣太少，可能錯估，取樣太多，則處理數量太大，因此在技術上需要適當的斟酌。

上述動作向量估測或動作的分析稱為動作估計(motion estimation)(王建堯等著，陳信希、郭大維、李傑主編，2019)，其主要的應用包含物體追蹤與行為識別。

物體追蹤是從影片中找到某個體在一段時間內空間位置的變化，例如動物影片中對一隻狗的追蹤，逛街影片中對某個人的追蹤等。

行為識別是由電腦自動化地分析影片，並判別出該影片的行為標籤，例如日常生活的飲食、運動場上的體操等，均有其不同的行為標籤(類別)，就應用面而言，例如經由分析使用者的表情、手勢、動作，來決定要向那些人投放廣告，提升廣告轉化率。

3.影像識別的應用

影像識別在各行業應用範例如下：

(1) 交通領域的自駕車，主要用電腦視覺、深度學習及相關感測器及訊號處理技術，自動駕駛透過「影像辨識」辨別倒路線與障礙物，借由「路線搜尋」找出短距離及安全之路線。Google目前正在著手研究先進的自駕車。

(2) 醫療領域：影像辨識的應用在數位醫療的醫療影像判斷，監視X光CT等醫學影像，甚至包含AI心理師，辨識病人的情緒。

(3) 工業機器人：機器人若與影像辨識結合，就可以做出可以迎賓、客服的機器人。例如Amazon的Kiva物流機器人，就運用電腦視覺、物件辨識、圖像辨識等技術。

(4) 商業行銷：影像識別識也可以應用到互動行銷，透過辨識顧客所瀏覽的照片，得知其需求或偏好而進行推薦或廣告。Google將影像辨識技術應用在Google搜尋及Youtube影片推薦

(5) 創作：就繪畫創作來說，卷積神經網路可以從大量的畫作中找出繪畫的「特徵」，只要學習特定畫家的風格與技巧，就可做出精美的仿作，若再加上適當的整合，可能會有新的創作。寫文章、填詞、作曲等創作，也都可能由人工智慧來實現，當然這也衍生出著作權的議題了。

(二)、語音識別

要用程式模擬聲音，就必須要將聲音的音量(dB)、音高(頻率)、音色(波形或振幅)用數學公式來表示。

語音識別在應用領域上有其不同的分類方式，若依據使用者分類可區分為(王建堯等著，陳信希、郭大維、李傑主編，2019)：

(1) 語者相關(speaker dependent)：系統的使用者只限特定人士。

(2) 語者獨立(speaker independent)：系統的使用者通用於一般人。

若依據系統功能的難易度來分，可分為(王建堯等著，陳信希、郭大維、李傑主編，2019)：

(1) 語音命令(voice command)：使用者下達一句語音指令，系統從有限的指令集中找出最可能的指令，並執行相關動作。

(2).關鍵詞偵測(keyword spotting)：使用者下達一句語音指令，系統可以偵測該指令是否含有特定的內容或關鍵字。

(3) 聽寫(dictation)：使用者下達一段語音指令，系統可以自動產生正確的逐字稿。例如影片字幕產生系統。

(4) 對話(dialog)：使用者可以直接與系統對話，也就是系統可以了解使用者的意圖而予以答覆，例如聊天機器人(chatbot)。

依據上述兩個構面的分類，目前最複雜的語音識別系統就是語者獨立的對話系統。

2. 應用

語音處理的應用包含：

(1) 語音辨識：將人類的語言透過訓練，擷取其特徵值，透過分析、建模之後，轉為相對應的文本。語音辨識的應用表現在智慧手機開始內建語音助理功能。語音辨識類似影像辨識，將語音轉成數據(波形圖)。Google的「Google 翻譯」、微軟的「Microsoft Translators」都是語音辨識。此外也可作為語音助理，AI語音助理如Siri、Google Assistant、Amazon Echo(搭載Alexa)、Samsung的Bixby，運用於秘書工作、專家助手(例如大學教授助教)，這些語音識別技術也都搭配的自然語言技術，達到更佳的效果。此外，語音辨識也可用於音樂檢索、醫療(例如心音、心電圖音、情緒憂鬱之音)、工廠設備異音、橋梁異音等。

(2) 語音合成(Speech Synthesis)：輸入一段文字之後，透過訓練學習及模式建立，轉呈相對應的語音，也就是參考某聲音製造出自己的聲音，例如Google的語音助理Google Assistant。

三、自然語言處理

自然語言就像一篇文章，由數個段落所構成，而每個段落又是由數據句子所構成，句子再由字、詞組成。自然語言處理要針對這樣的文章做語言分析。

語言分析是用程式來模擬語句，這需要將一個句子做斷詞處理、標記詞性、詞意消歧、語法剖析等處理(王建堯等著，陳信希、郭大維、李傑主編，2019)：

(1) 斷詞處理：斷詞就是決定詞彙的邊界，例如「電腦是很重要的工具」，可能斷為「電腦_是_很_重要_的_工具_」。對中文而言，這又特別重要，因為中文不像英文一樣，每個字之間有空白鍵。

(2) 標記詞性：把相近詞性的詞彙放在一起並標上詞性，例如名詞、動詞、形容詞、副詞、介詞等。詞性標記系統的功能就是根據上下文將句子裡的每個詞彙加上一個詞性。

(3) 詞意消歧：詞意就是詞彙的意義，同一個詞彙可能有不同的意義，例如關門可能是關起門、打烊或結束營業的意思，需要由其前上下文來加以判斷。

(4) 語法剖析：將某些詞彙組合在一起，例如片語是由那些詞彙所構成的，或是形容詞修飾名詞、副詞修飾形容詞或動詞等。

前面介紹具有記憶的遞歸神經網路(RNN)最擅長處理自然語言。

2. 應用

自然語言處理主要應用於機器翻譯（Machine Translation）、文本辨識(Text Recognition)、聊天機器人以及工業機器人。

(1) 機器翻譯(Machine Translation)：是將語言轉換成另一種語言，而維持其相同的意義。機器翻譯有兩種方式，一種是由人類解析目標語言的辭典和文法特徵，再轉化為規則，稱為「規則式機器翻譯」；另一種是由學習方式學習對譯模型、目標語言模型，以進行翻譯，稱為統計式機器翻譯(林仁惠譯，2018)。

(2) 文本辨識(Text Recognition)：是訓練機器了解文本內容及意涵。例如由一篇文章中抽取主要關鍵句子、摘要、主題等。IBM的Watson在益智節目擊敗益智王，在節目中，Watson針對所提的問題，可能從類如維基百科的資料庫中找到答案。IBM的人工智慧是以Watson為主軸，IBM人工智慧發展以Watson為核心，在應用上，Watson應用到運動、金融等諸多行業，尤以醫療最受人矚目。Facebook主要是將自然語言處理技術應用於社群資料之分析，例如DeepText專門處理自然語言，可以用近乎人類的理解力來理解使用者的貼文，包含「監視惡意貼文」、「擷取有幫助的留言」、「擷取和貼文有關的資料」等。

(3) 聊天機器人(Chatbot)：是運用自然語言處理、機器學習、專家系統等技術，製作出來的對話機器人。1966年，可與人對話的機器人ELIZA誕生，用於模擬偏執型精神病患，ELIZA可說是Siri的原型。1972年，可與人對話的機器人PARRY誕生，由MIT開發，用於診療師。近年來也出現許多聊天機器人，例如娛樂型對話機器人：「玲奈」、「小冰」、「小愛同學」，玲奈是日本微軟推出的聊天機器人，設定為女子高中生，「小冰」也是日本微軟推出的中文版聊天機器人，兩者都可透過LINE或Twitter等軟體與使用者對話，主要是使用搜尋引擎Bing的資料庫做為對話之參考，「小愛同學」則是由中國小米推出的語音助理，除了可以語音查詢資料之外，還可以語音控制、調整、設定小米公司所推出的其他產品(陳子安譯，2018，P146-147)。

(4) 工業機器人：結合深度學習，機器人也嘗試錯誤，自行學習。技術是結合強化學習及深度學習的深度強化學習。美國的零售商早已經引進機器人，例如又美國Fellow Robots所開發的機器人「NAVii」，應用於居家裝修賣場負責接待及庫存管理，NAVii既可以語音應答，也可以親自引導顧客前去商品擺放處。在庫存管理方面，NAVii內建無線射頻讀取器(RFID Reader)，可讀取商品標籤，確認貨架上之庫存(林仁惠譯，2018)。

以行業別來說，自然語言處理在各行業應用範例如下：

(1) 醫療：做爲預防醫學之用，主要透過穿戴式裝置傳回生理資料，用以分析判讀，提供預防性的建議。精準醫療或個人化醫療，以基因定序爲主，呈現個人生命密碼，估算罹病機率。也就是由基因的特性與變異(例如染色體基因有缺損)，找出造成某些疾病的原因。藥品的處方建議。病歷探勘、健康照護

(2) 法律：運用自然語言處理、文本辨識用以協助律師辯護相關工作，也可透過與深度學習結合用於法律案件預測，或做法律諮詢。

(3) 教育：可做烹飪教學或應用於書籍或論文分析。

(4) 服務業：包含迎賓機器人、客服機器人等。

WeLab借錢給銀行看不上的人成為銀行界獨角獸

2013年，一位來自香港金融圈，曾任職花旗銀行與渣打銀行管理階層共15年的金融老將，成立了一家現在人稱金融科技獨角獸的公司－WeLab。WeLab員工數量約200人，來自支付寶、騰訊以及百度等科技公司與花旗銀行、高盛集團等金融機構。WeLab Bank將人與金融科技力量結合，一齊開創虛擬銀行新世界。

2015年1月，WeLab宣布完成2000萬美元A輪融資，紅杉中國、TOM集團、DST、Iconiq Capital投資；2016年1月，完成1.6億美元B輪融資，投資方為阿里巴巴、瑞士信貸、中國建設銀行、國際金融公司。2019年十二月十二日，WeLab宣布完成一億五千六百萬美元(約合新台幣四十七億元)的C輪融資，成為今年兩岸三地最大筆金融科技融資，這間公司估值達人民幣七十億元(約合新台幣三百零五億元)。

傳統銀行做的是信用金字塔頂端的客戶，WeLab則靠傳統銀行看不上的客群－大學生與年輕人，晉升獨角獸之列，成立六年，用戶數超過四千萬人。

以學生族群為例，在銀行信用卡裡因審核嚴格，額度又不高，因此產生龐大需求，WeLab起家時瞄準了大學生群體。2014年9月推出「我來貸APP」，專門貸款給中國大學生，最低1500元人民幣至最高6000元人民幣，學生只要在App中填寫個人基本資料（包括教育與聯繫人資訊）把學生證和身分證拍照上傳，系統24小時內就會完成審核並放貸。

WeLab運用大數據算放貸風險，倒債率比銀行、PayPal還低，截至2018年三月，三個月預期還款率只有0.2%，比一般銀行的1%還低很多，甚至比PayPal還低。關鍵就在於WeLab用大數據算出個人信用風險，突破了客戶的邊界。用戶只要登入WeLab，所有申貸流程皆在網路上完成，用戶一天內就能借到錢，還可以根據個人信用客定利率，低於香港信用卡利率，吸引年輕人借款。

徵信資料來自借款人手機裡的數據，當借款人下載App時，必須同意讓WeLab抓取手機內的各種資料，包含SIM卡通訊錄、簡訊、GPS資料和社交網站的訊息等。WeLab發現，經常接到電話費催繳簡訊的人，信用評等就不會高。用戶如果輸入姓名時第一個字母是大寫的話，其信用評等較高。因為小時候老師教寫英文名時，每個字的第一個字母要大寫，他就照著做，比較聽話的人較不會做違規的事，其信用評等較高。

WeLab透過兩百名工程師、數據分析師與行為分析師，加上自主研發的大數據平台、風險管理和人工智慧系統，每天可以處理超過百億次的數據訪問，在幾秒內算出客戶的風險程度。

WeLab在2018年投入到隱私計算領域，包括雲端計算、邊緣計算(是一種分散式運算的架構，將應用程式、數據資料與服務的運算，由網路中心節點，移往網路邏輯上的邊緣節點來處理)並已獲得了邊緣計算的相關專利，其專利邊緣計算解決方案將在高效計算的基礎上確保更安全精簡的數據傳輸。在2019年，WeLab全面上線了高維向量檢索—ANN(人工神經網路)演算法，也將運用這一演算法進行高效的檢測欺詐行為。

(資料來源：借錢給銀行看不上的人，他，孵出305億金融獨角獸，商業週刊1676期，2019，pp. 64-66：inFlux 普匯金融科技https://www.influxfin.com/香港fintech借貸平台獨角獸%E3%80%80－%E3%80%80welab/，2020.07.31：WeLab Bank 官網https://www.welab.bank/zh/，2020.07.31)

思考問題

WeLab運用了那些人工智慧的技術，而應用於銀行的那些業務？

≡ 本章摘要 ≡

1. 知識可區分為內隱知識與外顯知識內隱知識是指高度內隱專業的且個人化，是無法用文字描述的經驗知識，而外顯知識是能以形式、系統語言，如外顯事實、公理、標示被傳播的。

2. 知識處理流程區分為知識創造、知識分類與儲存、知識分享與移轉、知識應用等步驟。

3. 知識管理系統區分為整體企業知識管理系統、知識工作系統、智慧型技術三大類。整體企業知識管理系統包含企業內容管理系統、協同工作與社群工具、學習管理系統；知識工作系統包含電腦輔助設計(CAD)、3-D視覺化、虛擬實境、投資工作站；智慧型技術包含資料探勘、類神經網路、專家系統、案例式推理、模糊邏輯、基因演算法、智慧型代理人。

4. 企業智慧主要架構包含介面、資料分析、資料儲存、資料來源等四大元件。其中資料分析的功能包含產生報表、參數化報表、儀表板／計分卡、偶發查詢／搜尋／報表製作、向下探鑽、預測、情境、模型等，所進行的分析包含報表分析(如OLAP)、資料探勘、大數據分析(人工智慧分析)等。

5. 若從應用領域的角度來源，企業智慧的應用領域包含預測分析、作業智慧與分析、位置分析與地理資訊系統。

6. 人工智慧的學習區分為兩種學派，法則學派與機器學習學派。法則學派運用邏輯推理的方式，根據人類學到的法則及環境變數的輸入而推理出判斷的結果，其重點在於「推理」而非學習，其主要的應用是專家系統；機器學習學派則著重於由機器透過以往資料的學習，找到資料的特徵規則後，建立數學統計模型，用以分析判斷或預測。

7. 人工智慧有強AI與弱AI之分，強AI是通用型AI，能全面性的模擬人類的能力；弱AI是特定用途AI，目前大部分的人工智慧都是屬於這類。

8. 影像識別在各行業應用包含交通領域的自駕車、醫療領域影像辨識、工業機器人、商業行銷、創作等。

9. 語音處理的應用包含語音辨識與語音合成。語音辨識的應用表現在智慧手機開始內建語音助理功能；語音合成是輸入一段文字之後，透過訓練學習及模式建立，轉呈相對應的語音，也就是參考某聲音製造出自己的聲音，例如Google的語音助理Google Assistant。

10. 自然語言處理主要應用於機器翻譯（Machine Translation）、文本辨識(Text Recognition)、聊天機器人以及工業機器人。

參考文獻

[1] 王建堯等著；陳信希、郭大維、李傑主編(2019)，人工智慧導論，初版，新北市：全華圖書

[2] 江裕真譯(2016)，了解人工智慧的第一本書，機器人和人工智慧是否能取代人類?/松尾豐著，初版，臺北市：經濟新潮社出版：家庭傳媒城邦分公司發行

[3] 林仁惠譯(2018)，AI人工智慧的現在·未來進行式/古明地正俊，長谷佳明作，初版，臺北市：遠流

[4] 陳子安譯(2018)，圖解AI人工智慧大未來：關於人工智慧一定要懂的96件事/三津村直貴著，臺北市：旗標

[5] 董和昇譯(2017)，管理資訊系統，14 版，新北市：臺灣培生教育出版；臺中市：滄海圖書資訊發行。

[6] 劉哲宏、陳玄玲譯（2019）。資訊管理，七版。台北市：華泰。

電子商務

有理百物(Unipapa)運用網路電商的「D2C」新思維

有理百物(Unipapa)創辦人陳奕璋學工業設計出身，原本是自己設計新穎外型家電在網路販售，成績未見起色，他主動去找大品牌聯名，由他為大公司經典產品重新設計外型、改良細節，不收設計費用，只要讓Unipapa獨家銷售聯名產品。

這樣的創新模式讓有理百物(Unipapa)陸續得到與花仙子、鱷魚牌等品牌合作的機會。花仙子旗下的好神拖以紫色為主打的經典款，原本八百多元就可買到，突然有了全白版本，在網路上引起話題，即使價格提高到一千出頭，兩千組白色好神拖仍在三周內售罄。

過去鱷魚牌以實體通路為主，消費者自己到通路選購，家庭主婦是主要客群，但Unipapa把鱷魚牌產品做了新設計，在網路販售，還與消費者在社群平台上密切互動，居然吸引一群鐵粉。Unipapa營運長何澤欣說：「我們的會員，二十五歲至四十四歲佔八成以上，簡單說，就是喜歡用網路的族群。」透過新產品設計，加上網路經營社群，Unipapa找到鱷魚牌的非典型客戶，讓鱷魚牌營收創新高，連美式大賣場等實體通路都主動來找他們聯名產品上架。

再與跟鱷魚牌的第二次合作為例，設計權力一直是雙方共有，但現在Unipapa不僅免費設計，也共同承擔開模等硬體成本；而Unipapa製作的網路影片等資源，鱷魚派也都可以使用，就是希望雙方再聯名產品上資源共享、互惠，創造更緊密的合作關係。這次雙方聯名產品包含防蚊液、防蟑液，賣得最好的則是隨身攜帶的防蚊卡匣。分析行銷奏效的原因，主要是設計理念，採用黑白色調，去除多餘顏色、形狀，喜歡無印良品的族群就會喜歡。除了設計之外，就是D2C模式，直接在網路上和消費者互動，Unipapa把握住用戶在社群平台上的真實心聲，回頭來改良、設計產品，而不是僅單方面推廣行銷。

官網是Unipapa最主要的銷售管道，貢獻九成以上的業績，「官網用我們的方式敘述產品的故事和理念，讓消費者完整接觸到品牌」，因此Unipapa訴求設計簡約、實用性高的日常用品風格，才能短時間內在茫茫網路資訊中，找到目標客群，累積忠實顧客。

(小新創把顧客痛點變亮點，幫62歲防蚊鱷魚牌回春，今週刊，2019.08/19，pp. 118-120)

　　Unipapa採用聯名行銷的方式進行電子商務，由這個個案可以看出電子商務經營模式、網路行銷、聯合行銷等相關主題。

▶12.1 電子商務網站

一、電子商務流程

　　網際網路具有相強大的功能來支援商務活動，例如：

(1) 傳輸能力：優越的頻寬可以快速傳輸多媒體資料，且具有強大連接能力(連接性)及雙向溝通能力(互動性)。

(2) 運算能力：資料處理自動化，包含計算、篩選、分析、判斷等。

　　商務活動可能包含交易，交易之前的行銷活動，以及交易之後的售後服務。較廣義的商務也包含企業內部活動，本章聚焦於狹義的電子商務。

　　電子商務就是運用電子媒體來支援這些商務活動。電子媒體包含網際網路的某項服務(如WWW、E-Mail)、網際網路、其他電子媒體(如電話、傳真)、非電子媒體等。

　　從交易對象來說，電子商務可區分為企業間電子商(B2B)、企業對消費者(B2C)、消費者對消費者(C2C)，三大類型，各有其不同的經營模式。近年來也形成由消費者發動的電子商務(C2B)。

　　電子商務的基本流程如下(以B2C為例，如圖12.1所示)：

(1) 下單：消費者進到商家網站瀏覽商品，將中意的商品置入購物車，完成下單手續。

(2) 商家確認：網路商店依據最終購物車選定的商品進行結帳，並提供消費者進行確認。

(3) 付款：消費者確認後選擇付款方式(例如信用卡付款、貨到付款等)，以信用卡為例，消費者同意付款，將付款訊息轉金融單位，加以驗證。

(4) 撥款：將款項由發卡銀行中消費者帳戶轉到收單銀行的網路商店帳戶，完成撥款手續。

(5) 託送：網路商店委託物流業者進行送貨。

(6) 配送：物流業者將商品運至消費者手中。

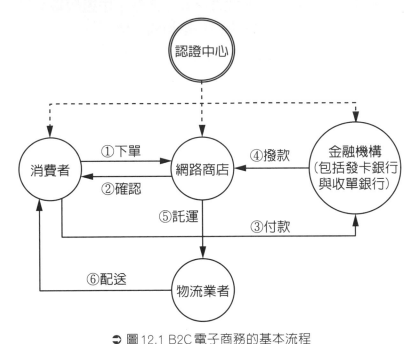

⊃ 圖 12.1 B2C 電子商務的基本流程

因此，為了有效執行電子商務，需要有下列成員之加入：

(1) 買家或消費者。

(2) 賣方或網路商店。

(3) 銀行與付款服務單位：其中買方的信用卡銀行稱為發卡銀行，商家開戶的銀行稱為收單銀行，經驗證後，便可將信用卡中的金額轉入收單銀行的商家帳戶。

(4) 認證與公信單位。

二、電子商務網站系統架構

電子商務網路主要是運用網際網路中的全球資訊網（World Wide Web, WWW）服務，建構一個具有查詢(型錄)、交易(下單、付款)、自助服務、雙向討論等功能的網站，以便進行企業對企業(B2B)、企業對顧客(B2C)、甚至顧客之間 (C2C)的商務活動。

電子商務網站主要的構成元件為伺服器、瀏覽器以及中介軟體：

(1) 伺服器：屬於網站伺服端的軟體，包含網站伺服器與應用伺服器，網站伺服器主要功能在於回應使者對於 HTML 或 XML 網頁的請求，例如微軟公司的 Micorosoft、Internet Informatation Servier (IIS) 便是網站伺服器；應用伺服器則用以協助網站各項功能之實現，諸如郵件伺服器、聊天伺服器、影音伺服器、廣告伺服器、拍賣伺服器等。

(2) 瀏覽器：屬於顧客端的軟體，用以協助使用者提出對伺服器提供服務的要求，目前微軟的 Explorer 為典型的瀏覽器。

(3) 中介軟體：網站資料主要是以 HTML 或 XML 的格式儲存，但企業原有的資料庫，則可能以其他格式(如 DB2 、Oracle) 來儲存，因此，欲透過網站來取得企業內部資料，需要有轉換格式之功能，該轉換之軟體稱為中介軟體 (Middleware)。

三、電子商務網站系統功能

電子商務網站系統功能通常依據顧客的決策過程來建立，也就是顧客從知悉、了解、評估、下單、收件、售後服務、客訴等流程，每一個活動均可能透過網站與企業進行互動。典型的互動項目包含吸引顧客、產品建議、個人化促銷、下單與付款、自動服務、意見反應、以及社群討論等，分別說明如下：

(1) 吸引顧客：企業透過登錄搜尋引擎、網路廣告、名片或產品包裝加印網址等方式，可以讓顧客知道本網站，也可透過網站活動或是主動以 E-mail 通知等方式來吸引顧客。光吸引顧客仍是不夠的，需要有良好的網站設計以及具競爭性的產品、服務或資訊，方能留住顧客。

(2) 產品建議：對顧客進行客觀、專業、深入的產品解釋及建議，對顧客而言是一個重要的服務，這種建議越專業、越個人化，則顧客心動的機率也越高。在網站上提供此項服務是重要的顧客關係管理手段，目前有許多更專業、更智慧的軟體來協助顧客，稱為智慧代理人 (Intelligent Agent)。

(3) 個人化促銷：所謂個人化促銷乃是依據顧客的個別需求，採取特定的促銷手法。顧客的個別需求乃是由顧客的基本資料、偏好資料、交易資料分析而得，根據特定需求，提供滿足該需求的促銷手法，較能打動顧客的心。例如亞馬遜網站，能夠由顧客的購書紀錄，了解每個顧客常購買的書類，當該顧客一上亞馬遜的網站，網站上立刻出現該類書籍的廣告。

(4) 下單與付款：提供下單功能的網站技術稱為購物車，顧客能夠在網站下單，便能感受到方便性，若能夠在網路上付款，更是便利(當然需要考量安全性)。

(5) 自助服務：透過網路分享自助服務的類型包含FAQ的查詢服務、軟體下載等資訊分享以及可數位化的安裝維修服務等。在技術的支援之下，這些服務可以設計得很個人化，而且介面相當友善，對於顧客造成相當多的方便性，當然其滿意度與忠誠度也隨之提升。

(6) 意見反應：透過網站上的留言版以及E-mail信箱，可以讓顧客有充分反應意見的管道，當然意見有正面的、負面的，均需要妥善加以處理，所提供的資料也需加以妥善運用，因此除了資訊技術之外，有關意見回應、抱怨處理等流程，也都是顧客關係管理系統的重要元件。

(7) 網路社群：電子商務可以提供顧客對顧客交談的社群功能，提供不同主題的社群討論。網路社群可以讓顧客在線上的時間較久，而且社群中所蘊涵的資訊更是豐富，不但可了解顧客的需求、顧客的抱怨，可為產品服務設計的依據，更有許多的專業知識在此產生。

電子商務網站主要的互動流程包含上述的吸引顧客、產品建議、個人化促銷、下單與付款、自動服務、意見反應以及網路社群，其主要的互動介面乃是透過網站及電子郵件來進行。WWW網站本身已經有良好的互動效果，如果有必要，更可配合虛擬實境技術，使得顧客互動更為密切，例如邀請專家線上諮詢、座談、或是動畫影片等。

在資料分析工具方面，網路的技術包含搜尋引擎、智慧代理人、購物車、資料採礦、個人化追蹤等技術，均已經相當普遍。

其次，物流的配合是電子商務網站非常重要的條件，網路商店不但在產品來源與品質方面，需有適當的夥伴配合；在物流方面，也需要有配送的策略夥伴。

四、電子商務安全機制

電子商務執行過程中，產生一些安全上的疑慮，包含欺騙、資料洩密等議題，因此需要設計安全機制，加密系統就是重要的安全機制之一。一般而言，加密系統的目的包含以下數項：

(1) 機密性：網路上傳佈的資料具有保密效果，非傳送、接收或授權者無法得知信息內容或涵義。

(2) 訊息完整性：確保網路上傳送的訊息在接收者收到時沒有被竄改過。

(3) 無可否認性：傳送訊息者無法否認他(她)已經傳送該訊息。

(4) 身分辨識性：網路上傳送、接收或相關人員，能夠辨識其身分。

　　加密系統運用加解密技術，加密(encryption)是將清楚的文字或資料(明文)轉成密碼文件(密文)的過程，讓只有發文者與指定的接收者才能讀懂。加密的基本原則是將明文經過加密之後變成密文，密文經過解密之後再變成明文。其中加密或解密的過程是運用一套轉換的原則，該原則稱為金鑰(key)。如果加密及解密的金鑰是一樣的，稱為對稱式金鑰，若兩者不同，則稱為非對稱式金鑰。

　　常見的對稱金鑰加密法稱為資料加密標準(Data Encryption Standard, DES)，其加解密流程簡單說明如下：

(1) 選取56位元之隨機變數，加上8位元之同位檢查位元，形成64位元DES Key。

(2) 將56位元之隨機變數分為左右各28位元兩部分，分別加以轉換、排列、縮減成為48位元，成為K1。

(3) 用不同之轉換、排列規則，進行16次，K2、K3、…、K16。

(4) 加密演算：將明文分割成64位元分別加密。

(5) 解密：用相同的金鑰解密。

　　非對稱性加密指的是加密與解密的金鑰不同，有時又用私密金鑰與公開金鑰表示，其流程稱為RSA(Rivest、Shamir、Adleman)加解密流程，RSA加解密流程簡單說明如下：

(1) 找到任何兩個質數p,q，令n=p*q，$\emptyset$(n)=(p-1)*(q-1)。例如p=17,q=19，令n=p*q=323，$\emptyset$(n)=(p-1)*(q-1)=288。

(2) 找到公開金鑰e，滿足e與$\emptyset$(n)互質。例如取e=29。

(3) 找到私密金鑰d，滿足(ed-1)與$\emptyset$(n)可相互整除。例如取d=5。

(4) 加密：設明文為m，密文c=mod(me/n)。例如設明文為m=3，密文c=mod(329/323)=29。

(5) 解密：m=mod(cd/n)。結果mod(295/323)=3。

　　數位簽章(Digital Signature)是為了滿足訊息完整性的一種技術，透過數位簽章方式，試圖保證資料在網路上沒有被竄改。基本上還是運用加解密技術，而且將上雜湊函數(Hash Function，是一種不可逆的數學函數)，其運作流程如下(圖12.2)：

(1) 輸入明文(付款資料、訂單資料)。

(2) 將明文(付款資料、訂單資料)透過Hash函數轉為訊息摘要。

(3) 將訊息摘要以私人金鑰加密後稱為數位簽章。

(4) 將訂購資料明文與數位簽章傳送至商店伺服器。

(5) 商店伺服器將訂購資料明文以 Hash 函數轉為訊息摘要，再將數位簽章以公開金鑰解密成為訊息摘要，兩者比對，若一致則認證完成。

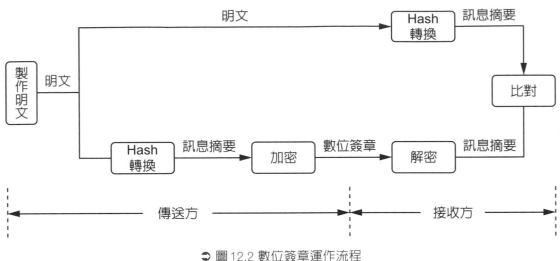

◯ 圖 12.2 數位簽章運作流程

雙簽章 (Dual Signature) 是運用數位簽章原理，使得銀行只能解開付款資料，而商店只能解開訂單資料。

數位信封 (Digital Envelope) 則是將金鑰傳送給對方予以解密的技術。首先，運用對稱金鑰將訊息加密，稱為密文。再將對稱金鑰用接收者的公鑰加密，稱為訊息的數位信封。接著將數位信封和加密訊息一起送至接收者。接收者先用私鑰將數位信封解密，得到對稱金鑰，再用對稱金鑰解開加密之訊息。數位信封運作流程如圖 12.3 所示。

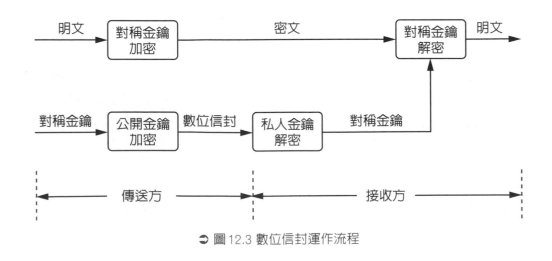

◯ 圖 12.3 數位信封運作流程

加解密相關技術若要有效運用於辨識身分，需要有認證中心(Certificate Authority, CA)單位。認證中心主要功能爲簽發數位證書、建立簽發原則、註銷數位證書以及其他管理功能。包含以下層級：

(1) RCA(Root CA)：信用卡認證架構的最高管理單位。

(2) BCA(Brand CA)：指各家信用卡公司的認證單位。

(3) CCA(Cardholder CA)：負責辦理持卡人數位證書的認證中心。

(4) MCA(Merchant CA)：負責辦理商店數位證書的認證中心。

(5) PCA(Payment CA)：負責辦理付款轉接站數位證書的認證中心。

數位證書包含版本、序號、演算法、發證者、發證者識別碼、使用者、使用者識別碼、公鑰資訊、有效日期(起始、結束)等內容，依據發放對象，其類別包含個人數位證書、企業(伺服器)數位證書、軟體(開發者)數位證書。

公開金鑰基礎設施(PKI，Public Key Infrastructure)，是一種安全的認證中心管理應用的體系稱爲公開金鑰基礎設施，使得眾多的認證中心具有一個開放性的標準，而且認證中心之間能夠互連、互相認證。

電子商務在公開金鑰基礎設之的架構之下，建置數種加密系統，最常見之加密系統爲(董和昇譯，2017)：

(1) 安全通訊協議(Secure Sockets Layer, SSL)，以及後來的傳輸層安全協議(Transport Layer Security, TLS)，讓用戶端與伺服器端的電腦，在一個安全的網站對話連線進行溝通時，得以管理加密和解密的活動。

(2) 安全超文字傳輸協定(Secure Hypertext Transfer Protocol, S-HTTP) 是一個用於加密網路傳輸資料的協定，但僅限於個別訊息。

▶12.2 電子商務經營模式

一、經營模式的定義與構面

經營模式指的是描述公司如何送交產品或服務，並展示公司如何創造財富(尤傳莉譯，2012)。經營模式可用價值主張、資源能力及收益模式三大構面來表示。

(一)、價值主張

　　價值主張描述企業能夠提供顧客甚麼價值，一般而言，企業的產出是產品與服務，顧客價值通常是運用產品、服務及其他顧客互動而產生。描述價值主張需要牽涉到目標客層、通路、顧客關係、價值主張，分別說明如下 (尤傳莉譯，2012)：

(1) 目標客層：目標客層是一家公司鎖定為目標，要接觸或服務的個人或組織團體，這種目標客層之型態可能包含大眾市場、利基市場、區隔化市場、多元化市場、多邊平台 (多邊市場) 等。

(2) 通路：通路是一家公司用以與目標客層溝通、接觸，以傳達價值主張的介面，通路可能是人力銷售、網路銷售等直接通路，或是自有商店、合夥商店、批發商等間接通路。

(3) 顧客關係：是一家公司與特定的目標客層，所建立起來的關係型態，顧客關係型態可能包含個人協助、專屬個人協助、自助式、自動化服務、社群、共同創造等。

(4) 價值主張：是可以為特定目標客層，創造出價值的整套產品與服務，價值主張需要考慮提供顧客甚麼價值？為顧客解決甚麼問題？滿足顧客哪些需求？甚麼樣的產品與服務？為什麼消費者會選擇本公司而不選擇其他公司？價值的例子包含新穎、效能、客製化、設計、品牌/地位、價格、成本降低、風險降低、可及性、便利性/易用性，據以表述價值主張可能為產品的個人化與客製化、搜尋成本之降低、價格發現成本之降低、控制產品運送而簡化交易等。

(二)、資源能力

　　資源能力指的是企業能夠產出並運送產品、服務及相關互動的能力及所需的資源。由關鍵活動、關鍵資源、關鍵合作夥伴所構成，分別說明如下 (尤傳莉譯，2012)：

(1) 關鍵活動：是要讓一個經營模式運作所需的最重要必辦事項，例如生產、行銷、解決問題、平台/網路建置及運作等。

(2) 關鍵資源：是要讓一個經營模式運作所需的最重要資產，包含實體資源、智慧資源、人力資源、財務資源等。

(3) 關鍵合作夥伴：是要讓一個經營模式運作所需的供應商及合作夥伴網路，建立夥伴關係之動機包含最適化與規模經濟、降低風險與不確定性、取得特定資源與活動等。

(三)、收益模式

收益模式指的是企業透過甚麼方式或的收益，收益模式(revenue model)說明了公司如何賺取收入、產生利潤，以及獲得高額的投資報酬。包含收益流與成本結構，分別說明如下(尤傳莉譯，2012)：

(1) 收益流：是一家公司從每個客層所產生的現金(收益必須扣除成本，才是利潤)，收益的方式包含資產銷售、使用費、會員費、租賃費、授權費、仲介費、廣告等。收益的多寡除了數量之外，也與價格有關，訂價機制包含了統一訂價、由產品特色決定、由目標客層決定、由數量決定等固定訂價方式，也包含協商(議價)、收益管理、及時市場、拍賣等動態訂價方式。

(2) 成本結構：是運作一個經營模式，會發生的所有成本，一種重要的成本分類方式是固定成本與變動成本，而透過規模經濟、範疇經濟(營運範疇大而有成本優勢，例如大公司，其行銷活動可支援數種產品)等方式，均可以改變成本。

電子商務的收益模式包含：

(1) 廣告收益模式(advertising revenue model)：網站產生收益的方式是透過吸引大群的瀏覽人數以增加廣告曝光率。

(2) 銷售收益模式(sales revenue model)：公司透過銷售商品、資訊或服務給顧客。

(3) 訂閱收益模式(subscription revenue model)：網站收取連續的定期訂閱費來提供內容或服務的存取。

(4) 免費/免費增值收益模式(free/freemium revenue model)：公司免費提供基本的服務或內容，如谷歌提供免費應用程式，再針對優質服務收取額外費用。

(5) 交易費收益模式(transaction fee revenue model)：公司收取費用使交易能得以執行與完成。

(6) 合作收益模式(affiliate revenue model)：網站(同時稱為「合作網站」)將瀏覽者引導至其他網站，進而獲取轉導費用或是以產生銷售量的固定比率做為收入。

二、B2B電子商務經營模式

　　企業間電子商務主要目的在於支援企業之間的商務流程，包含搜尋、比較、購買、銷售等流程，而且其中還有通路長度及買方賣方數量兩大變數。通路長度指的是商品從製造到消費者手中經過的機構，可能是直銷（通路長度最低），可能需要經過經銷商、零售商等單位，通路長度較長；買方賣方的數量包含一對一、一對多、多對一、多對多等不同的組合，例如電子化採購就是由一家買方對多個賣方進行採購。B2B電子商務經營模式之例如下（林東清，2018）：

(1) 電子化採購(e-Procurement)：以一家大型買方企業為主，建置自動化採購網站，匯集有合作關係的產品、目錄，並提供自動化採購流程、廠商搜尋、比價、訂單追蹤等功能。

(2) 直接銷售(Direct Sell)：大型買家為了降低中間商剝削，自行建置Extranet系統進行交易活動。

(3) 電子批發商(e-Distributor)：大型批發商建置B2B交易系統，匯集各家供應商多種產品，提供自動化客戶搜尋、比價、推薦、物流、金流等服務。

(4) 電子交易市集(e-Exchange)：由第三方中立單位，建立交易平台，供多對多的買賣交易。

三、B2C電子商務經營模式

　　企業對消費者的電子商務除了買方與賣方的數量之外，還牽涉到的是交易標的物的性質，包含商品與服務、資訊等不同類型，而資訊又有可能是數位內容、廣告訊息、仲介訊息等。B2C電子商務經營模式之例如下（林東清，2018）：

(1) 入口網站：主要的功能是運用搜尋引擎供瀏覽者搜尋，以作為瀏覽者進入其他內容網站或目的網站的入口，入口網站的價值主張是提供搜尋服務，主要的資源能力表現在其搜尋引擎，其主要的收入是來自廣告費，例如Yahoo!、Google等。

(2) 線上內容提供者：主要的功能是提供數位內容的網站，包含新聞、期刊、電影、音樂等，線上內容提供者的主要價值主張就是提供內容，而能夠取得、處理並分配這些內容是其能力，主要收益來自訂閱收入，例如Netflix、Youtube等。

(3) 線上零售商：主要功能是透過網站來銷售實體產品，主要價值來自產品的選擇、價格優勢與便利性，而資源能力在於其產品的取得與物流能力，主要收益來自銷售收入，例如Amazon等。

(4) 線上仲介商：主要功能是透過搜尋方式，尋找買賣雙方，並協助進行交易，主要收益來自佣金收入，例如104人力銀行、Trivago等。

(5) 線上市場創造者：主要功能是創造一個交易市場，並制定交易規則，也就是拍賣網站，主要收益來自佣金收入，例如Alibaba等。

(6) 線上社群提供者：主要是經營社群，聚集消費者，以分享資訊或是進行交易，主要收益來自廣告或佣金收入，例如FB、Line等。

(7) 應用服務提供者：主要是在網站上租賃Web的應用系統，諸如ERP、CRM、SCM等，或是提供其他的雲端服務，包含IaaS、PaaS、SaaS。

四、網路行銷

透過網站進行行銷活動也是普遍的活動，這可能搭配原有的4P行銷，在網路上進行廣告、促銷、比價等活動，或將網站視為銷售通路，甚至運用網站提供新產品或服務(包含數位產品)。

常見的網路行銷方式列舉如下：

(1) 搜尋引擎行銷(Search Engine Marketing, SEM)：主要包含關鍵字行銷及搜尋引擎最佳化(Search Engine Optimization, SEO)。關鍵字行銷指的是企業透過付費贊助(Paid Inclusion Policy)與競標方式，將自己的網站列入在搜尋引擎關鍵字的搜尋結果頁；搜尋引擎最佳化則是利用網頁不同的設計與撰寫技巧，將自己的網站列入搜尋結果的最前面，而吸引消費者點選(林東清，2018)。此時需要了解搜尋引擎排序的原則，其主要的指標包含普及率(例如流量、與其他網站鏈結、評論網站的排名等)、內容相關性(關鍵字與網頁關鍵字、標題、目錄等相關性)等。

(2) 推薦引擎行銷(Recommendation Engine Marketing)：運用類似搜尋引擎的技術，辨識消費者的消費行為，而適時推播給目標客群的行銷手法。推薦引擎主要包含內容導向篩選(Content-Based Filtering)、協同過濾(Collaboration Filtering)、知識導向篩選(Knowledge-Based Filtering)三種技術(林東清，2018)。

(3) 網紅行銷(Key Opinion Leader, KOL)：網紅指的是在網路上具有影響力的人，也就是對一定數量的網友具有感染力，而能夠影響這群人的想法或行動的人(林東清，2018)。網紅行銷就是在IG、FB等社群平台，透過與網紅的合作，達到代言或業配等行銷效果的手法。

(4) 聯盟式行銷(Association Marketing)：網站透過聯盟計畫，將自己網站當成一個入口網站，引導自己的顧客點選到其他合作網站，彼此交叉銷售，並互相收取轉介傭金(林東清，2018)。

(5) 智慧行銷(Intelligent Marketing)：主要是透過人工智慧的機器學習或類神經網路之深度學習技術，協助網路行銷，包含更了解瀏覽者的瀏覽行為、做更具體的預測或是監測廣告績效等，以提升網路行銷之績效。例如聊天機器人的應用、預測消費模式、精準推薦等。

(6) 其他：包含行動行銷、部落格行銷、社群網路行銷等，將分別於行動運算及社群網路章節做說明。

▶12.3 電子商務的趨勢

基於網路技術的進步，尤其是社群媒體與行動運算的發展，讓電子商務朝著社群化、行動化、在地化三個方向來進展。

一、社群化

電子商務結合社群媒體，與顧客做更緊密的互動，或提供客群之間的互動機會，以便共同創造價值，並提升顧客黏著度，稱為社群商務。

社群商務主要的意義是運用社群媒體提升商務績效，這裡指的商務與電子商務所指的商務是一樣的。但是運用社群媒體卻產生更多可能的商業模式，例如共享經濟中所談的平台模式，代表性的例子是Uber、AirBnb等。又例如社群採購模式，團購網站運用優惠折扣吸引大量的買家共同採購某項商品或服務。

電子商務結合社群媒體的演進階段如下(董和昇譯，2017)：

(1) 規劃：想像網站樣貌與介面，指派人員，任務宣示。

(2) 網站開發：獲取內容，網站設計與開發，安排網頁寄存的供應商。

(3) 網站啟用：發展關鍵字與敘述網頁的標籤，著重搜尋引擎最佳化，找尋潛在的贊助商。

(4) 社群媒體規劃：根據你的產品與服務，找尋適合的社群平台與內容。

(5) 社群媒體啟用：建立臉書、推特、Pinterest官方帳號。

(6) 行動媒體規劃：發展行動媒體的計畫，考慮將官網轉換到能與智慧型手機相容的可攜式平台方案。

二、行動化

　　行動運算主要的技術背景是無線通訊網路與行動終端設備的發達，因此可以運用無線網路及手持裝置(如智慧型手機)進行相關的商務活動。

　　行動系統是一種為移動狀態之使用者提供支援的資訊系統，具有運算裝置，可連接無線網路，使用者可處於移動狀態而且有小型、輕量、省電等特性(劉哲宏、陳玄玲譯，2019)。

　　行動商務的發展讓電子商務也額外增加一些功能，包含運用定位系統提供偵測地理位置、接觸的人物或商家的資訊，稱為適地性服務；也包含行動支付、線上與線下整合(O2O)等功能，更包含情緒運算、擴增實境(Augmented Reality)等技術的運用。

　　行動商務主要的類型扼要說明如下(林東清，2018)：

(1) 行動行銷：包含行動網站、簡訊傳遞。行動網站主要是透過App或是手機直接瀏覽網站的方式上網，行銷方式包含行動式橫幅廣告、行動式搜尋引擎廣告等；簡訊傳遞則是透過簡訊傳遞服務(Simple Message Service, SMS)傳遞行銷訊息給潛在消費者。行動行銷也包含適地性服務行銷、行動社群網路行銷、行動搜尋行銷、情境感知行銷等應用類型。

(2) 行動交易：包含行動購物、QR Code、行動票券(利用手機下載有價票券)、行動付款等。

(3) 行動服務：諸如行動銀行、行動仲介等。

三、在地化

　　在地化運用了適地性服務應用程式，適地性服務(location-based service) 包含了適地性社群服務(geosocial service)、適地性廣告(geoadvertising services)，以及適地性資訊服務(geoinformation service)。適地性社群服務指的是提供社群成員有關地點的相關資訊，例如能告訴你朋友都會相約在哪裡見面；適地性廣告服務提供與地點相關的推播或廣告服務，例如跟你說在附近可以找到何種類型的餐廳；適地性資訊服務則提供與地點相關的訊息，例如房子的價格、你路過的美術館裡正有什麼展覽等。

本章個案

香港美妝電商「草莓網」跨境電商之路

在競爭激烈的電商戰場中，東森購物營收持續極速成長，東森購物網在東森購物的營收佔比約26%，2018年營收36.64億元，年增9%，2019年目標55億元，預計要再成長50%，在楊俊元營運長接任東森購物網後，網站經過3個月努力經營，2018年8月開始獲利。東森購物整體Q1營收43億元，年增24.1%，合併草莓網營收則成長46%。東森購物宣佈2019年6月營收為15.5億元，2019年累積前半年合併營收約97.3億元，在東森購物網的助攻下，直衝百億大關。

2018年東森購物併購香港美妝電商「草莓網」後，王志仁銜命接下執行長，目標是把「草莓網」打造為全球首屈一指的跨境美妝電商平台。

顧客行為會影響行銷、推播的內容和形式，因此電子商務需要有新的思維，以前只需要發一封電子DM給客人，但是當我把客人分成20群，現在就必須發出20封，而且要一路跟蹤，他們不打開email，就自動轉成手機簡訊或App推播，配合個人化的「貼標」去精準投放廣告。例如東森購物會員有925萬人，平均年齡54歲，男女比率各為28%和72%，這些長輩需要花時間深度溝通，以前客服可能速戰速決，需要20秒，但針對長輩平均要三分鐘，花成本跟長輩「搏感情」愈久愈可能有交易，而且可能延伸出其他商機。例如跟寵物食品廠商合作，進行會員訪問時順便問：「家裡有沒有養狗？」「都吃甚麼牌子的飼料？」就做完兩萬份問卷，這是專程花錢請民調公司電訪都未必肯回答的。調查發現，三成會員家中有養寵物，狗與貓的比例是7比3，台北養貓的比例高，大多吃飼料；南部則多吃剩菜剩飯。這個結果對我們的合作廠商助益很大，馬上針對「吃其他牌飼料」的客戶，通通免費贈送一包，大狗吃大包，小狗吃小包，在預測多久吃完，發出限時優惠簡訊，希望養成消費習慣。

過去草莓網鮮少經營與當地電商的關係，在東森入主後，由於東森集團長年來與各國市場的海外企業有良好關係，連帶推動策略聯盟的合作。草莓網從2018年七月起已經與三間知名韓國電商GS、Gmarket和11街展開合作，2019年第三季另一家當地電商巨頭也表示要成為合作夥伴，顯示草莓網在當地已作出不錯的成績。

　　2019年接任香港草莓網跨境電商執行長的楊俊元就認為，草莓網未來在韓國的發展也值得期待，而且策略聯盟的合作方式也在其他市場得到驗證。以草莓網總部所在地香港來說，東森入主前草莓網與香港其他當地電商較處於傳統的競爭關係。這一年來與當地電商合作後，出現顯著的改善。因此，將策略聯盟的布局帶進其他重點市場，是楊俊元接任草莓網執行長後的一大任務。

(資料來源：王志仁：解決痛點給甜頭，讓消費者愛你就成功，遠見雜誌2019/06，pp. 200-201：ETToday新聞雲https://www.ettoday.net/news/20190710/1487055.htm，2020.7.31；數位時代https://www.bnext.com.tw/article/54167/strawberry-ehs-alliance，2020.7.31)

思考問題

請整理香港美妝電商「草莓網」的經營模式及成功要素。

≡ 本章摘要 ≡

1. 電子商務的基本流程包含下單、商家確認、付款、撥款、託送、配送六大步驟。為了有效執行電子商務，成員包含買家或消費者、賣方或網路商店、銀行與付款服務單位、認證與公信單位、物流運輸單位等

2. 電子商務網站主要的構成元件為伺服器、瀏覽器以及中介軟體。伺服器包含網站伺服器與應用伺服器；瀏覽器屬於顧客端的軟體，用以協助使用者提出對伺服器提供服務的要求；欲透過網站來取得企業內部資料，需要有轉換格式之功能，該轉換之軟體稱為中介軟體。

3. 電子商務網站系統功能通常依據顧客的決策過程來建立，也就是顧客從知悉、了解、評估、下單、收件、售後服務、訴怨等流程，每一個活動均可能透過網站與企業進行互動。典型的互動項目包含吸引顧客、產品建議、個人化促銷、下單與付款、自動服務、意見反應、以及社群討論等。

4. 電子商務加密系統的目的包含機密性、訊息完整性、無可否認性、身分辨識性。

5. 公開金鑰基礎設施，是一種安全的認證中心管理應用的體系稱為公開金鑰基礎設施。使得眾多的認證中心具有一個開放性的標準，而且認證中心之間能夠互連、互相認證。

6. 經營模式指的是描述公司如何送交產品或服務，並展示公司如何創造財富，經營模式可用價值主張、資源能力及收益模式三大構面來表示。

7. 電子商務的收益模式包含廣告收益模式、銷售收益模式、訂閱收益模式、免費/免費增值收益模式、交易費收益模式、合作收益模式等。

8. B2B電子商務經營模式包含電子化採購、直接銷售、電子批發商、電子交易市集等。

9. B2C電子商務經營模式包含入口網站、線上內容提供者、線上零售商、線上仲介商、線上市場創造者、線上社群提供者、應用服務提供者等。

10. 常見的網路行銷方式包含搜尋引擎行銷、推薦引擎行銷、網紅行銷、聯盟式行銷、智慧行銷等。

11. 電子商務朝著社群化、行動化、在地化三個方向來進展。社群化是電子商務結合社群媒體，與顧客做更緊密的互動，或提供客群之間的互動機會，以便共同創造價值，並提升顧客黏著度；行動化是運用無線網路及手持裝置(如智慧型手機)進行相關的商務活動；在地化運用了適地性服務應用程式，包含了適地性社群服務、適地性廣告，以及適地性資訊服務。

參考文獻

[1] 尤傳莉譯(2012)，獲利世代，初版，早安財經文化。

[2] 林東清(2018)，資訊管理：e化企業的核心競爭力，七版，臺北市：智勝文化。

[3] 董和昇譯(2017)，管理資訊系統，14版，新北市：臺灣培生教育出版；臺中市：滄海圖書資訊發行。

[4] 劉哲宏、陳玄玲譯（2019）。資訊管理，七版。台北市：華泰。

13

社群媒體資訊系統

學習目標

◆ 了解社群媒體資訊系統的定義與運作方式。

◆ 了解企業及個人如何運用社群媒體。

◆ 了解企業如何經營社群。

Happy Go重視社群「大聲公」，把愛你的粉絲變現

遠東集團旗下有250家公司，涵蓋百貨、醫院、電信、銀行等業態，2019年成立綜效辦公室，就是想要擴大會員經濟的效益，透過合縱連橫，快速動起來，各子公司的總經理共同參與，大家一起建立共識、分擔成本，畢竟果籃組合比單買一種水果，對客戶更有吸引力。

12年前(2007)，遠東集團發行HAPPY GO會員集點卡，透過點數，串聯跨業生態圈，目前遠東集團旗下關係企業，不僅飯店、餐廳和百貨商場點數，就連去亞東醫院健檢，都能使用點數打折，點數流通率非常好。

為串連起遠東集團的會員服務而成立的Happy Go，逐步建構起遠東百貨、愛買、遠東商銀與遠傳電信等事業體的消費點數兌換服務，消費者只需一卡在手就能到處集點與兌點。HAPPY GO卡已經超過1600萬張，所有會員的消費行為、交易行為、喜好和特徵，甚至在社群裡面扮演的角色，都能被記錄、辨認，可以清楚分辨、分析他們的喜好。

Happy Go演進轉型歷程扼要說明如下：

(1) 跨業合作，讓點數成為類現金，使Happy Go每年增加百萬會員。

(2) 融合社群世代與數位媒體，讓千萬人的會員庫成為台灣最大市場調查與精準廣告投放平台。

(3) 從實體卡片發展到手機app，再進化到行動支付服務。

由此演進歷程可以看出，拉大會員基數、結合社群媒體是非常重要的手法。

擔任遠東集團遠東零售規劃總部執行長和遠東巨城購物中心董事長的李靜芳認為會員經濟還有一個重點：「粉絲變現」。例如遠東具城購物中心的臉書粉絲團有50萬名粉絲，他們是外圍的支持大軍，從兌現我們線上給的優惠券、直接在線上預訂餐廳或玩遊戲，漸漸可以去對應到同一人和ID的連結。例如我們提供新竹在地的天氣小叮嚀，結合商品的心得分享，用更多生動的語言和粉絲互動；數位行銷粉絲小組也會觀察粉絲的反應，以及相關數據的擴散度即年濁度，回饋到集團裡，刺激跨部門的人員相互學習。

　　臉書粉絲頁裡重要的是留言，不是那幾千個按讚數，尤其要重視那些經常留言的意見領袖，他們的影響力很大。像有網友許願，跪求「Zara」和「祥富水產」趕快進駐等，他們的心聲，我們會參考。大家還會再臉書上呼朋引伴地討論「火燒的牛肉」「牛排控」等美食話題，創造歸屬感。

　　2018年巨城週慶時，我們在臉書上公布每日一物和限量名額，不少粉絲會tag好友，我們再根據討論熱度即刻反映。例如根據點閱率和現場粉絲tag朋友tag別人的熱度，可以算出當天幾點得拉好紅龍、何時排隊的人會最多？

　　所有人都了解，取得新客戶已愈來愈難，替熟客貼標籤、推出量身訂做的服務和產品越來越普遍。業者競相推陳出新，但無論比速度、比品牌力，最後還是要以客戶反應為準。

(資料來源：李靜芳：重視社群「大聲公」，把愛你的粉絲變現，遠見雜誌，2019/6，pp. 196-197：連白菜都能換點數，Happy Go圈粉千萬秘技，天下雜誌，2019.10/23，pp. 134-137)

　　由HAPPY GO的會員經營過程中，可以發現結合社群媒體是有加分效果的，同時也可以看出社群媒體經營的一些手法。

▶ **13.1** 社群媒體資訊系統的定義與運作方式

一、社群媒體資訊系統的定義

　　社群媒體是運用資訊科技來支援使用者在網絡上分享內容的媒體，社群媒體能讓讓一群人透過共同興趣連結起來形成社群。社群媒體的分類包含協同專案型(如維基百科、開源軟體等)、部落格和微型部落格(如痞克幫、推特、微博等)、內容社群(如Youtube、IG等)、社交網站(如臉書、LINE等)。

　　社群媒體提供的主要功能包含下列六項(董和昇譯，2017，請參考第二章)：

(1) 輪廓(Profile)檔案。

(2) 內容分享。

(3) 匯入及通知。

(4) 團體及團隊工作坊。

(5) 貼標籤及社群書籤。

(6) 許可及隱私。

社群媒體資訊系統 (social media information system, SMIS)是一個可以支援網絡使用者內容分享的資訊系統(劉哲宏、陳玄玲譯，2019）。

社群媒體資訊系統包含網路、社群軟體、資料庫等技術，由社群媒體提供者提供使用者使用，並形成社群。社群媒體資訊系統的架構如圖13.1所示。

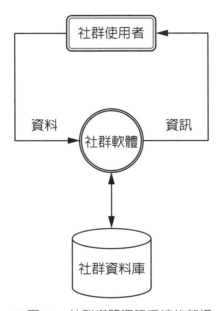

➲ 圖13.1 社群媒體資訊系統的架構

SMIS主要是由社群媒體提供，供使用者建立社群之用，社群媒體資訊系統的三個角色如下(劉哲宏、陳玄玲譯，2019）：

(1) 社群媒體提供者：Facebook、Google+、LinkedIn、Twitter 與 Instagram 提供平台，活躍用戶大多已經超越美國人口數。或許是免費使用，免費開通帳號、使用頁面，但有時也是需要付費來連結有相同愛好的使用者。

(2) 使用者：包含個人與組織。個人是一般使用社群媒體的人，例如有臉書帳號的人。組織則是企業或相關機構，運用組織的名義，使用是群媒體，達成溝通、行銷或銷售利益之效果，例如利用臉書粉絲專頁、Youtube頻道等，這樣的組織我們也稱之為社群企業。

(3) 社群：一般而言就是虛擬社群，也就是基於共同興趣，跨越了家族、地理和組織的界限的群體，每個人都可能分屬於數個不同群體，例如同學、朋友、專業社群、共同興趣社群、宗教團體等。社群媒體依據社群屬性與目標來跟不同社群產生關係，而且不同社群成員之間又可能因此而連結。如圖 13.2 所示。

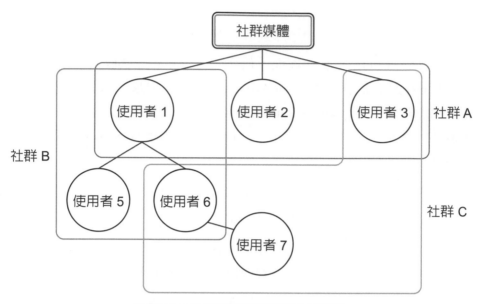

➲ 圖 13.2 社群媒體資訊系統中的社群

二、社群媒體的運作方式

　　社群運作的過程中，透過分享、知識傳遞、討論等方式，達到社會、娛樂、心理及商業實質效益等效果，分享、知識傳遞、討論等方式越有效，社群效果越大，影響該有效性的因素包含社群規模(關係數量)、關係強弱、成員角色扮演以及資源的掌握等等，這些與成員關係有關的因素稱為社會資本。

　　資本是為了未來獲利而投資的資源，資本包含傳統資本，如工廠、機器、生產設備等；資本也包含人力資本，是為了未來獲利而投資於人類的知識與技能；資本也包含社會資本，也就是為了在市場上有所回報而投資於社交關係。社群成員之間的社交關係也會產生社會資本的回報，探討社群資訊系統我們將注意力集中在社會資本。

Nahapiet and Ghoshal(1998)將社會資本區分為結構、關係、認知三個構面：。

(1) 結構構面：指的是角色與成員連結，例如成員之間的網絡連結有助於資源的取得，而成員之間關係連結的強弱，有助於資訊的傳遞。

(2) 認知構面：指的是觀念的融合，認知構面包含共同的規則與語言及共同的經歷或故事。共同的規則與語言就是行話、專業術語，也包含共同的心智模式，即價值觀、基本假設，語言影響我們的認知，有共同語言，提升連接人員與資訊的能力；共同的經歷或故事包含神話、故事、隱喻。

(3) 關係構面：指的是信任與認同。信任乃是一種心理狀態，是由對方的善意、能力等方面的信任程度，McAllister（1995）依據信任的基礎將信任區分為「認知型信任（cognition-based trust）」及「情感型信任（affect-based trust）」兩類，因此信任會包含對對方專業的信任，也包含對於善意的信任。認同是個人將自己歸屬於某個團體的程度。

社群成員透過社群的運作，產生社會資本，社會資本在四個方面帶來價值(林祐聖、葉欣怡合譯，民94，如圖13.3所示)：

(1) 資訊：社會資本使得資訊的流動變得容易，成員角色、位置、關係強度等，均可能強化資訊流動。例如有關商機的資訊流動，若能加以把握，足以提升企業的價值。

(2) 影響力：透過社會資本可能影響關鍵的組織代理人，例如主管或是招募員工的人力資源部門人員，能夠影響他們，對於個人的成功(例如升等或獲聘)都有很大的幫助。

(3) 社交憑證：某網路成員可能因為與其他成員之間的關係，而被組織代理人視為社交憑證(social credential)，因而能與網絡中的這些組織代理人交往。

(4) 強化認同與認知：可以讓成員確保與認可個人的價值所在，以及作為社群的一員，分享相同的利益與資源，不僅提供情感上的支持，同時也獲得公開得承認。

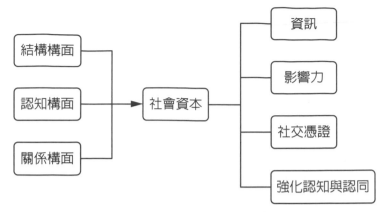

➲ 圖13.3 社會資本的構面與價值

同時，林南(Lin Nan)在其「社會資本」一書中，將這種價值區分為工具性與情感性兩類，工具性的價值包含財富、權力與聲望，情感性價值則包含肉體健康、心理健全及生活滿足等(林祐聖、葉欣怡合譯，民94)。

要達到上述價值，提升社會資本，我們需要提升社群的關係數目、關係強度以及成員所具有資源，社會資本的公式如下(劉哲宏、陳玄玲譯，2019)：

社會資本 = 關係數目 × 關係強度 × 實體資源。

增加關係數目主要是透過社群媒體中的社群或是不同社群媒體之間的社群相互連結而達成。例如某個攝影的粉絲專頁發布了訊息，這個社群粉絲看到了訊息內容，並按讚，則該粉絲再另外一個登山社群中的其他成員也會看到，此時攝影粉絲專業的攝影師就可能接觸到潛在客戶，如此擴散而增加關係的數目。

關係的強度是指關係中的其他實體（個人或其他企業）願意做一些有益於這個企業的事(劉哲宏、陳玄玲譯，2019)，例如撰寫關於企業的正面評語、張貼你個人親自使用這個企業產品或服務的照片，發送關於新產品發表的推特等等，關係的強度決定於：他們願不願意幫你一個忙。

在資源方面，指的是社群成員所擁有的資源，可能包含人脈、資金、知識等，有龐大人群關係網絡卻擁有較小資源的人，相較於較小關係網絡卻有大量資源的人，可能最後會變得比較沒有價值。就組織使用者而言，資源的取得或提供必須要跟企業有攸關性。

▸13.2 社群企業

就企業而言，主要的目的是採用資訊技術以提升競爭力。當然，一般的企業也可以經營社群，用以凝聚員工共識、知識交流或是提升知名度甚至顧客忠誠度。而企業如何運用這些社群網站進行商務及行銷活動也是重要的議題，例如在臉書可以投廣告、可以經營粉絲頁，在 Youtube，可以做影片行銷。

社群企業運用社群媒體主要的目的包含產品促銷、關係建立、了解意見、獲得創意、顧客服務、口碑提升、夥伴互動等(林東清，2018)，同時，社群企業也運用社群媒體強化企業內部的運作，例如營運、製造等。在企業價值鏈的每一個階段，都有可能運用社群媒體提升價值，Laudon & Laudon 認為社群企業的應用包含社群、社群網路、群眾資源、共享工作空間、部落格和維基、社群商務、社群行銷、檔案分享等(董和昇譯，2017)。

一、社群

企業運用社群資訊系統建立社群，而可以在公開論壇上討論議題，也可以分享專業知識。

二、社群網路

社群成員建立社群網路，除了可以在社群中分享訊息之外，也可以與成員所參與的另一個社群進行交流，因而可以將個人及企業的輪廓資料串接起來，這也是擴大關係數量的方式。

三、群眾資源

運用社群網路可以匯集知識，產生新的想法及答案。例如運用群眾創意，讓使用者參與產品設計或再設計的動態社群媒體流程，也可以運用影音平台(例如 YouTube 頻道)播放有關產品評論和測試以及工廠參訪的影片。群眾募資也算是群眾資源的一環，包含群眾募資、群眾投票、群眾創意等。群眾智慧(the wisdom of crowds)意指在大量不同主題或產品之間，團隊可能會比個人或一小群專家做出更好的決策，公司也能主動地藉由群眾外包(crowdsourcing)來協助處理企業問題。

四、共享工作空間

主要是透過社群媒體，進行工作有關溝通、協調或分享事宜。例如在專案管理團隊中，協調專案任務；在企業與顧客的互動中，共同創造內容等。

五、部落格和維基

透過部落格和維基，可以迅速發布及存取知識，同時也可以討論想法與意見。例如企業可以運用類似維基百科的軟體，創造、編輯企業有關的知識，可以迅速累積知識，以供應用；也可以透過撰寫部落格的方式，達成知識創早與意見分享的目的。

六、社群商務

社群商務主要的意義是運用社群媒體提升商務績效，這裡指的商務與電子商務所指的商務是一樣的。但是運用社群媒體卻產生更多可能的商業模式，例如共享經濟中所談的平台模式，代表性的例子是 Uber、AirBnb 等。又例如社群採購模式，團購網站運用優惠折扣吸引大量的買家共同採購某項商品或服務。

社群商務的特色如下 (董和昇譯，2017)：

(1) 動態消息：一串來自朋友與廣告主更新動態的通知，顯示在用戶的首頁上。

(2) 動態時報：由過去所組成一連串照片與活動，建立了專屬的個人歷史回憶，並能分享給朋友。

(3) 社群登入：網站允許使用者利用其臉書或其他社群帳戶登入他們的網站，藉此從臉書接收寶貴的社群檔案資訊，並應用於他們自計的行銷之中。

(4) 集體購物：創造一個可以讓人們分享購物體驗的環境，包含憶起瀏覽商品、聊天或傳訊，朋友之間能在線上聊聊品牌、商品和商務。

(5) 網路通知：創造一個可以讓消費者針對產品、服務或內容表示贊成 (不贊成) 的意見，與平有分享自己所在的地理位置，例如正處於哪間餐廳或酒吧。臉書無所不在的「讚」按鈕即是一個範例，而推特的「推」與「跟隨」則是另一個例子。

(6) 社群搜尋 (推薦)：讓消費者可以詢問朋友關於購買商品、服務或內容等意見的環境。當谷歌正在幫你找你想要的東西，社群搜尋則是聽取你朋友或你朋友的朋友之意見，來幫助你評估此東西的品質。舉例來說，亞馬遜的社群推薦系統能利用你的臉書社群檔案來進行相關推薦。

七、社群行銷

運用社群網站也可以提升許多行銷的績效,例如線上口碑行銷(包含線上評論)、部落格行銷、Youtube行銷、社群採購、社群直播行銷等。此外,企業也可以透過網紅行銷的方式,與網紅合作,達到代言或業配等行銷效果。

八、檔案分享

檔案分享是運用社群媒體,在社群平台上上傳、分享與評論照片、影像、聲音和文字文件。

▶13.3 社群媒體經營

一、社群媒體經營流程

企業如何利用社群媒體來強化現有的競爭策略是值得探討的議題,企業依其策略,以不同的方式使用不同的社群媒體平台。

企業經營媒體社群,可能有其形象上或行銷上的目的,而且經營過程牽涉使用媒體平台的技術問題,以及與粉絲互動的人際面及社會面議題,因此需要妥善規劃與執行,以求成效。社群媒體發展的步驟主要包含擬定社群媒體目標、定義衡量指標、確定目標受眾、界定社群價值、建立個人連結、蒐集與分析資料等(劉哲宏、陳玄玲譯,2019),以下分別說明之。

1.擬定社群媒體目標

企業必須先了解整體想要提升的目標,進而擬定方法、指導下屬,使全體朝目標邁進,以達到最後成效。目標可以設定為營運上,社群本身或行銷方面的目標,例如:增加營業額、增加品牌知名度、提升轉換率、提升網頁流量、增加粉絲數量、提升粉絲黏著度等。

2.定義衡量指標

目標擬定之後,需要分解為更具體可衡量的指標,以便在執行時容易追蹤其成果。社群媒體各目標的衡量指標包含:

(1) 提升品牌知名度:受眾追蹤率、粉絲成長數等。

(2) 提升轉換率:例如內容點擊率、由點擊到購買的比率等。

(3) 提升網頁流量：造訪頻率、社群媒體的導引流量等。

(4) 提升粉絲黏著度：社群媒體互動次數、社群媒體內容轉載等。

3. 確定目標受眾

決定粉絲專頁類型及對象中，主要的關鍵項目是找出品牌的核心價值，並定位確切的粉絲專頁類型，才能引起潛在用戶的興趣。訂出目標族群，再加以研究該族群的偏好、習慣等生活型態，根據研究出的結果選定粉絲專頁特有的主題及風格，以吸引該族群的用戶成為粉絲並吸引粉絲持續關注。主題必須明確，而且要圍繞在品牌的核心價值。

4. 界定社群價值

從前述社會資本帶來價值來看，社群的價值包含資訊、影響力、社交憑證、強化個人等價值。而人們加入社群媒體的主要動機來看，主要的價值包含：社會價值、娛樂價值、心理價值及實際效益(林東清，2018)。社群價值必須明確定義，讓社群成員充分了解他們參與社群會有那些收穫。

5. 建立個人連結

依據社群價值理論，人們希望有知識及有效益的互動能幫助他們解決某些具體問題，滿足他們獨特的需求。企業或社群應該以個性化、人性化，及以關係為導向的方式，使用社群媒體去跟顧客、員工、還有夥伴互動，社群媒體的真正價值才可以展現。例如主動分享、即時互動、親切誠懇、提供粉絲發表意見的管道並聆聽等。可能適時提供小驚喜、甜頭，才能引發成員興趣與忠誠度。

6. 蒐集與分析資料

指的是運用適當的工具，針對社群的資料加以分析，以便更了解你的紛絲，了解社群媒體是如何影響企業，以及社群媒體運作是否有達成預期的目標。例如行銷評估 CPC（每次點擊成本）、CPM（每千次曝光成本）及 CPA（每次行動成本）、轉換率等。

二、安全考量

除了追求媒體經營的成效之外，也需要注意媒體經營的風險，尤其是安全議題。經營社群媒體的安全威脅來自內部與外部，內部的安全威脅包含員工的不當傳播與資訊安全的威脅，外部的安全威脅主要是針對外部人士提供不恰當內容的風險。

(一)、內部的安全威脅

內部風險一般是指員工參與或經營社群媒體所造成的風險問題，員工可能造成的內部風險包含(劉哲宏、陳玄玲譯，2019)：

(1) 對資訊安全的威脅：員工在使用社群媒體過程中可能有意無意地洩漏公司機密資訊，例如一些不經易回答的內容可能會提供密碼設定問題的資訊，可能獲得存取企業資源的權限，例如在媒體上告訴陌生人你的生日，就可能被用來盜用你的權限。造成的風險可能是不經意地洩漏智權、機密活動、產品瑕疵等。

(2) 增加企業負擔：員工使用社群媒體會增加企業負擔，例如觀看色情網站造成公司被罰，或是員工觸法造成公司損失。

(3) 減少員工生產力：有相當大比例的員工每天都瀏覽跟工作無關的社群媒體網頁，花費時間使用社群媒體，但公司並未因此而獲益，卻造成生產力降低。

企業針對內部風險，應該要建立社群媒體政策(social media policy)。社群媒體政策是一份描述員工權利和責任的說明書，並且在公司的安全教育訓練中，納入社群媒體政策的內容。

(二)、外部的安全威脅

在外部風險方面，既然社群媒體網頁上的內容是由使用者來創造的，可能產生的問題包含(劉哲宏、陳玄玲譯，2019)：

(1) 無用和不切實際的內容（廢文）：既然開放了，也就提供被PO廢文的機會，包含情緒的、抱怨的、誇張的、陰謀的，企業應隨時監控，隨時移除。

(2) 不合宜的內容。

(3) 劣評：網友的劣評，有時候很主觀，有時候講得很難聽，給非常低的評等，企業應該採取審慎的回應措施。

(4) 抗爭舉動：抗爭舉動是烈平的延伸，引發網友採取抗爭行為。

針對外部風險，有三種可能的處理方式：不管它、回覆它、刪除它。但是在甚麼情況之下要採取哪種行動也沒有精準的準則，以下有一些原則可供參考(劉哲宏、陳玄玲譯，2019)：

(1) 若問題的內容是對企業產品或服務的合理批評，最好的方式是不管它。

(2) 回覆有問題的內容要很小心，如果用了高高在上或是侮辱網友的語句，可能會激怒整個社群而產生更激烈的反擊；如果回覆太有防禦性，可能造成負面公關。有問題的內容最好是等到企業做出正面處理之後再回覆。

(3) 如果做出適當的回覆，還是受到同一個使用者不斷糾纏，最好不要理會這個使用者。

(4) 刪除內容需要針對不當的言論，例如憑空杜撰、與網頁無關、腥羶色等，刪除負面評論可能會導致強而有力的抗辯。

(5) 一個完美的原則是不要問你不想回答的問題，對社群網路而言，不要建立一個會產生你沒有辦法有效回覆的網頁。

本章個案

網紅店喜茶，三年就威脅台灣手搖茶

在中國大陸快速竄紅的最新連鎖茶飲店：喜茶，利用微博、微信上的網紅效應推波助瀾，並搭配飢餓行銷策略，以驚人速度抓住年輕消費族群的心。最為人津津樂道的是，「喜茶」創造了一種排隊的文化，凡是有店面的地方，必會看到人龍排隊，再加上年輕人拍照轉發社交圈，通過社交網路快速發酵，實現了一種近乎病毒式傳播的成效。

喜茶的前身是廣東江門一家名為「皇茶」的奶茶店，創始人聶雲宸為了做出一杯真正好喝的奶茶，「喜茶」穩定、高品質的產品，再加上精緻舒適的店面空間，幾乎可說是茶飲界的星巴克，只是從咖啡豆換成了茶葉，成功地將「喝茶」打造成另一種舒適的生活體驗。

　　「喜茶」另外一個成功的要訣，在於結合時下「網紅」概念的行銷方式。「喜茶」最為人津津樂道的一個標誌性現象即是排隊，凡只要有分店的地方，必定會看到人龍，它將排隊做成了一種文化，讓年輕消費族群爭先恐後的買來嚐鮮，再加上結合微博、消費者的口碑傳播，毫無保留的擁抱各種媒體爭取曝光可能，讓喜茶的品牌出現在每個人的微博頁面中。在上海、廣州、深圳幾乎有一半以上的網路媒體都對「喜茶」進行推薦和報導。新舊媒體的聯合並進，讓喜茶成功地打進中國大陸的消費族群。從另一個角度而言，喜茶的成功也證明了現下零售端仍然是引爆話題的中心點，產品的賣點、服務體驗、甚至是排隊的現象，都有機會成為傳播一環中的重要資產。

　　飲茶界的中國巨獸喜茶從2017年暴紅至今，門市依舊爆滿。2019年喜茶開出二百二十家直營店，去年營收逾新台幣六十億元，台灣五十嵐前進中國的品牌「Koi」，店數是二百三十家，而喜茶的營收是它的三倍之多。喜茶走的是大型店，進駐百貨商場，一杯茶飲標價約新台幣一百一十元，與當地的星巴克相當。

　　許多茶飲店因為競爭門檻不高，難以累積品牌忠誠度。喜茶的創辦人聶雲宸，身為網路原生世代，他從社群網站找靈感。他發現，芒果和起司，因為顏色鮮艷，口味大眾化，最容易被分享到社群。喜茶由此找到破口，將自己定位為「社交貨幣」，可被拿來討論、可被社群媒體分享，藉此圈起粉絲，形成品牌力，打造出手搖杯的IP(智慧財產)。這代表顏值和口味一樣重要，因此，當同業聚焦在好喝時，喜茶喊出的口號是：「酷、靈感、蟬意、設計」，不僅研發出結合現泡茶和新鮮起司的「芝士奶蓋茶」，在視覺上，運用漸層效果，成為適合拍照的高顏值產品。

　　目前喜茶正在打造會員經濟平台。喜茶總部已經是超過五百人的團隊，人數最多的是IT(資訊部門)，超過一百位，未來要做到消費者來消費，我們就能判斷出喜好，也不排除會有無人店。

　　產品開發方面，光2018年，就出了四十八款新品，一般茶飲業多是一季一個新品，兩者差了十二倍之多。喜茶研發總監林子芳曾在台式手搖茶任職，或來到中國咖啡店工作，如今帶領喜茶研發部四十八人，林子芳認為研發核心要扣緊消費者需求。比如喜茶的常規性商品，她在這三年不斷看網路評價，改了超過四十次的配方；此外，創意無所不在，比如古裝劇《延禧攻略》暴紅時，她就開始研發該劇帶起的「莫蘭迪色」香閨視覺產品，搭上市場話題。另一方面，喜茶透過周邊商品，品牌保有新鮮感，不只是賣一杯茶，光是2018年就推出近百件周邊商品，包括與Nike、Lee、倩碧等大廠聯名。例如香港的沙田區新店開幕，上架兩千個手機殼與手機袋，就在五分鐘內售罄。

　　喜茶的跨界合作，再加上會員平台經營，讓本業在創新空間上倍增，發展出如烘焙、甜品等品類延伸，讓品牌具有生命力，成為正向循環。

　　最近喜茶又開始開啓外帶店「喜茶GO」，透過線上下單、線下取餐模式，降低排隊人流，未來將快速展店。

(資料來源：網紅店喜茶，三年就威脅台灣手搖茶，商業週刊1650期，2019.6，pp. 48-54；台灣區飲料工業同業公會網站：http://www.bia.org.tw/zh-tw/news-42720/中國大陸茶飲界的最新網紅：喜茶.html，2020.07.30，取材自食品市場資訊106卷第04期)

思考問題

　　喜茶結合社交網路進行行銷達成很好的效果，是討論社群媒體經營的要領或其成功關鍵要素。

≡ 本章摘要 ≡

1. 社群媒體的分類包含協同專案型(如維基百科、開源軟體等)、部落格和微型部落格(如痞克幫、推特、微博等)、內容社群(如Youtube、IG等)、社交網站(如臉書、LINE等)，社群媒體提供的主要功能包含輪廓檔案、內容分享、匯入及通知、團體及團隊工作坊、貼標籤及社群書籤、許可及隱私。

2. 社群媒體資訊系統是一個可以支援網路使用者內容分享的資訊系統，社群媒體資訊系統的三個角色為社群媒體提供者、使用者及社群。

3. 社會資本在資訊、影響力、社交憑證、強化認同與認知等四個方面帶來價值，林南也將這種價值區分為工具性與情感性兩類，工具性的價值包含財富、權力與聲望，情感性價值則包含肉體健康、心理健全及生活滿足等。

4. 要提升社會資本，我們需要提升社群的關係數目、關係強度以及成員所具有資源。

5. 就企業而言，主要的目的是採用資訊技術以提升競爭力。當然，一般的企業也可以經營社群，用以凝聚員工共識、知識交流或是提升知名度甚至顧客忠誠度。而企業如何運用這些社群網站進行商務及行銷活動也是重要的議題，例如在臉書可以投廣告、可以經營粉絲頁，在 Youtube，可以做影片行銷。

6. 社群企業的應用包含社群、社群網路、群眾資源、共享工作空間、部落格和維基、社群商務、社群行銷、檔案分享等。

7. 經營社群媒體的步驟主要包含擬定社群媒體目標、定義衡量指標、確定目標受眾、界定社群價值、建立個人連結、蒐集與分析資料等。

8. 經營社群媒體的安全威脅來自內部與外部，內部的安全威脅包含員工的不當傳播與資訊安全的威脅，外部的安全威脅主要是針對外部人士提供不恰當內容的風險。企業針對內部風險，應該要建立社群媒體政策；針對外部風險，有三種可能的處理方式：不管它、回覆它、刪除它。

參考文獻

[1] 林東清(2018)，資訊管理：e化企業的核心競爭力，七版，臺北市：智勝文化

[2] 林祐聖、葉欣怡合譯(民94)，社會資本(Lin Nan著)，初版，臺北市：弘智文化

[3] 董和昇譯(2017)，管理資訊系統，14版，新北市：臺灣培生教育出版；臺中市：滄海圖書資訊發行

[4] 劉哲宏、陳玄玲譯（2019）。資訊管理，七版。台北市：華泰。

14

資訊安全與社會議題

學習目標

◆ 了解資訊安全的威脅以及因應之道。

◆ 了解資訊倫理議題以及因應之道。

◆ 了解與資訊有關的社會議題以及因應之道。

章前案例

全球一夜之間開始用Zoom，卻也引發資安問題

新冠肺炎演變為全球驚恐的大瘟疫，百業蕭條，唯獨視訊會議一枝獨秀。總部位於加州聖荷西的新創公司Zoom Video Communications，是專注於網路視訊會議的公司，於2011年成立，2019年四月於那斯達克上市，2020年三月創下App下載全球第二名，三個月股價大漲127%，總市值逼近一兆二千億台幣，可謂瞬間爆紅，成為數十萬家企業維持運作的必備服務，公司股票大漲，創辦人袁征身價也超越郭台銘。

Zoom曾在台灣盛大宣傳，在日本發展相當成功，在美國，創辦人袁征的母校史丹佛大學、網銀孫正義旗下的UBER及軟體公司甲骨文都加入了Zoom的陣營。

Zoom在視訊會議領域是後起之秀，除了設計更為順暢的使用介面，還在全球各大城市租用頻寬、設立數據中心，透過扎實的基本功，打出「影音順暢不中斷」的訴求，強調即使一百人同時參加會議、與會者來自多國，視覺體驗都能完美呈現，Zoom的行銷甚至宣傳有能力舉辦「一萬人同時上線的雲端研討會」。Zoom的流量因疫情而大增，2019年十二月每日活躍人數為一千萬人，2020年五月已經達到二億人。

Zoom能成為民眾的首選，原因之一是便捷的使用方式，用戶只要點一下就能加入會議。不光遠端會議愛用Zoom，學校也開始用Zoom授課，人們用它與親友線上會面，甚至用Zoom舉辦婚禮的也不在少數。

新用戶大舉湧入，首當其衝的是流量無法負荷，Zoom因此增加了兩個資料中心，並購買更多雲端空間，雖然仍有通話品質不佳的抱怨，官方網頁也關機維修，不過Zoom顯然已經挺過第一個難關。

然而後續爆發資安及隱私疑慮，才是令他們頭疼的真正難題，每日開會人數從一千萬增加到二億，暴增的使用者帶來意外資安漏洞，包含視訊會議易被有心人亂入、直接連結臉書帳號及自動開啟筆電鏡頭等。接連有媒體發現Zoom會與廣告業者分享通話內容，iOS版本Zoom會悄悄的向臉書傳送數據、Zoom也沒有如對外界聲稱的「會對通話進行點對點加密」……諸如此類問題陸續爆出，還有媒體指出，該軟體會將通話內容傳送至中國境內伺服器，引發歐美強烈擔憂。更糟糕的是，有心人士可以在沒有被邀請下，利用漏洞擅闖遠端會議惡作劇，例如到兒童課程中張貼色情內容，這令袁征輾轉難眠。

為了彌補過錯並挽回用戶，Zoom大刀闊斧改革，袁征也出面解釋，通話內容傳送至中國境內伺服器是因為流量問題，現已重新設定，同時所有會議都會自動設定密碼，避免有心人士闖入。

(資料來源：生活型態改變 隱含資安商機，今周刊，2020.05.25，pp. 98-99；生活型態改變 隱含資安商機，今周刊，2020.05.25，pp. 98-99；視訊會議專家Zoom 因武漢肺炎一夕爆紅，今周刊，2020.04.06，pp. 46-48)

Zoom的使用大增，因而引發諸多資訊安全及社會議題，當然Zoom也必須採取適當的措施，來預防及處理這些議題。

▶14.1 資訊安全

一、不安全的來源與後果

系統不安全的來源為電腦硬體當機、設定錯誤、程式撰寫錯誤、安裝不當、不當使用或未經授權的更動、犯罪行為等，也包含停電、水災、火災、地震等天災也會造成電腦系統當機。

其次，在網路時代，由於Internet的開放性與匿名性、資料容易複製與傳播、犯罪容易且不容易抓、法律周延性不足等問題，造成資訊安全問題加劇。

資安問題若從網路系統來看，包含客戶端、通訊網路、公司伺服器及公司系統，都有可能發生。客戶端可能發生操作錯誤、未經授權的存取等問題，通訊網路可能發生監聽、側錄、竄改等問題；公司伺服器可能接受駭客入侵、惡意軟體、阻斷攻擊等事件；公司系統則可能發生資料竊取、竄改、系統當機等問題。這些資訊安全的威脅有三類(劉哲宏、陳玄玲譯，2019)：

(1) 人為失誤：由於系統發展或使用人員基於系統開發錯誤、流程或其操作的錯誤、資料存取上的錯誤等，包含有意或無意的錯誤。

(2) 電腦犯罪：由於駭客入侵、阻斷攻擊等電腦犯罪行為造成資安問題。也包含撰寫病毒程式，或是心懷不滿的員工或離職員工，偷竊資料或破壞設備。

(3) 自然災害：包含停電、水災、火災、地震等天然災害。

資訊安全問題造成的損失分為資料、服務及設備三方面：

(1) 資料本身：諸如洩密、資料錯誤等。

(2) 資訊服務：包含程序錯誤、服務阻斷等因素，影響資訊相關的服務。

(3) 設備損壞：由於系統本身、恐怖攻擊或是天然災害，造成基礎設施損壞。

資訊資產擁有極大的價值，如果遺失、損毀或落入不法之徒的手中，將會發生可怕的後果，而且不當的安全與控制措施會引發嚴重的法律責任。以資料外洩為例，單一資料外洩事件對企業的損失成本平均是380萬美元(劉哲宏、陳玄玲譯，2019)。處理資料外洩事件的成本包含(劉哲宏、陳玄玲譯，2019，P.544)：

(1) 直接成本：通知、偵測、支出級距上調、矯正、訴訟和諮詢費用。

(2) 間接成本：商譽損失 、顧客大量流失、增加舉辦重新吸收客源的活動，在美國一個事件平均要多花330萬美元。

二、網路攻擊

包含駭客、有心人士、不滿員工，甚至一般大眾，都可能攻擊網路，網路攻擊的方式主要區分為惡意軟體、駭客與電腦犯罪、內部威脅及軟體漏洞等四大類(董和昇譯，2017)，以下分別說明：

(一)、惡意軟體程式

惡意軟體程式(malware)包含電腦病毒或其他具不良企圖之軟體，惡意軟體程式有許多類型，而且造成多種威脅，包含：

(1) 電腦病毒(computer virus)：是一種附加在其他軟體或檔案的惡意軟體程式，以便在使用者未知或未經允許下執行。

(2) 木馬程式(Trojan horse)：未經授權程式偽裝成授權程式來執行，看似無害，但會做出超出我們想像的事。

(3) 蠕蟲(worms)：是一種獨立的電腦程式，會自行複製並透過網路在電腦間散播。

(4) 間諜軟體(spyware)：惡意程式碼滲入合法廣告軟體盜取隱私，也會扮演惡意軟體的角色。

(5) 勒索軟體(ransomware)：為另一個正在桌機與行動裝置上蔓延的惡意軟體，往往謊稱中毒必須支付贖金才能解毒。

(二)、駭客與電腦犯罪

駭客(hacker) 意指企圖在未經授權下存取電腦系統的個人，而潰客(cracker，有時又稱爲黑帽駭客) 通常是指具有犯罪意圖的駭客，但一般的大眾媒體會將駭客和潰客交替使用。駭客與電腦犯罪包含：

(1) 欺騙與網路竊聽：欺騙(spoofing)是將網址重新引導到僞裝成使用者想要連接的目的地網站；網路監聽(sniffer)是一種監控網路上資訊流動的竊聽程式。

(2) 阻斷服務(DoS) 攻擊(denial-of-service attack) 意指駭客發送成千上萬個假的通訊服務需求，來淹沒網路伺服器或網站伺服器，造成網路癱瘓。

(3) 電腦犯罪：美國司法部對電腦犯罪的定義如下：「於遂行、追訴或審判過程中，需要電腦科技知識的所有違犯刑事法規的行爲。」電腦犯罪包含將電腦視爲犯罪的目標，例如入侵未經受權的電腦、入侵受保護的資料等；電腦犯罪也包含將電腦視爲犯罪工具，例如竊取商業機密、詐欺、擷取通訊內容等。

(4) 身分盜用(identity theft)：是一種非法取得個資關鍵資訊的犯罪行爲。網路釣魚(phishing) 會建立假網站或發送看似合法公司所發送的電子郵件，來要求使用者輸入個資，亦即利用虛設網站用誘人條件吸引人釣到個人資料。

(5) 點擊詐欺(click fraud)：意指個人或電腦程式蓄意點選線上廣告，但卻沒有進一步了解廣告或是購買商品的意圖。有些公司會雇用第三方公司(通常爲薪資較低的國家)，蓄意點擊競爭對手的廣告，進而增加對手的行銷成本，削弱其競爭力。

(6) 網路戰爭(cyberwarfare) 爲國家所發起的行動，企圖透過駭入他國電腦或網路，來達到破壞與瓦解的目的，進而癱瘓和擊敗這個政府或國家。

(三)、內部威脅

內部威脅是指員工有意或無意的不當行爲造成資安問題，可能的原因如下：

(1) 使用者認知：使用者知識的缺乏，是網路安全的最大問題來源，例如允許同事使用其密碼。

(2) 人性的弱點：惡意入侵者會僞裝成需要資訊的公司成員，以騙取員工告知密碼，並找機會進入系統，這種手法稱作社交工程術(social engineering) (董和昇譯，2017)，也就是歹徒利用人(包含員工)的天性，如同情好奇貪心恐懼，吸引人登入惡意社交網站。

(3) 公司鬆散的管理程序：公司對於資訊安全議題並未制訂管理程序或是具有管理程序，而其內容會執行層面鬆散，無法達成資安效果。

(4) 人員疏失：主要是系統開發者開發錯誤的系統或是寫錯程式，人員疏失也包含使用者操作錯誤或是輸入錯誤資料。

(四)、軟體漏洞

軟體漏洞是程式臭蟲(bugs)或是錯誤的程式碼，程式中複雜的決策程序是臭蟲的主要來源，也造成程式測試的困難。

三、安全解案

針對資訊安全的威脅，解決方案可以從資訊安全管理、資訊技術防護兩大方向來著手。

(一)、資訊安全管理

資訊安全管理主要是從規劃及流程的角度來確保資訊安全，包含擬定安全目標、程序以及執行要領，再做績效評估，以下介紹一些具體的措施。

1.風險評估

決定公司在某個特定活動或流程控制不當時，所將承受的風險等級。風險評估的流程是先列出可能的風險清單，例如在人員上、技術上、環境上分別有哪些風險，再針對清單中的每一項風險評估其發生機率以及嚴重性，根據評估的結果(綜合評判機率與嚴重性)，再決定是否需要擬定因應措施。

2.安全政策

安全政策(security policy)敘述資訊風險的分類等級、定義可接受的安全目標，並描繪可以達到這些目標的機制(董和昇譯，2017)。

資訊安全政策制定過程中需考量嚇阻、預防、偵測及回復四道關卡(林東清，2018)。嚇阻是運用政策規範、懲處、資安角色定義、資安教育等方式，警告攻擊者，達嚇阻作用；預防資運用系統開發、網路安全技術、密碼管控等方式，預防攻擊者入侵；偵測則是運用入侵偵測、病毒掃描、稽核日誌等方式猜測出攻擊行為；回復則是採企業風險管理流程、資安事件處理流程、懲處流程等方式，處理資安事件。

3. 人員防護

　　人員防護首先是推動身分管理(identity management)，包含界定合法系統使用者，以及控管他們存取系統資源的企業流程與軟體工具。界定合法使用者的具體做法是身分認證(authentication)，指的是確認某個人是否為他／她所宣稱的那個人之能力，常見的方法包含(董和昇譯，2017)：

(1) 密碼(passwords)：為身分認證最常使用的方法

(2) 令牌(token)：是一個類似身分證、用來證明身分的實體設備，常被裝在鑰匙圈上，會不斷地改變密碼

(3) 智慧卡(smart card)：是一個信用卡大小、內有存放存取許可與其他資料的晶片

(4) 生物辨識(biometric authentication)：透過系統讀取與解譯個人的生理特徵，像是指紋、虹膜與聲音，來決定是否讓其登入

(5) 雙因子認證(two-factor authentication)：透過多個階段流程來驗證使用者，進而提高安全性

　　控管人員存取系統的具體做法是帳號管理，帳號管理的任務包含(劉哲宏、陳玄玲譯，2019)：

(1) 帳號管理：工作包括建立新使用者帳號、修改現有帳號的權限，以及移除不需要的帳號等，並制訂標準程序

(2) 密碼管理：使用者應該經常變更密碼

(3) 服務支援單位的標準程序：提供某種機制讓支援人員能用來驗證使用者是否合乎上述規則。

4. 資訊系統稽核

　　資訊系統稽核(information systems audit)是針對資訊系統進行定期或不定期的查核，除了檢驗公司的整體安全環境外，也控管個別資訊系統的治理機制(董和昇譯，2017)。

5. 災難復原計畫

　　災難復原計畫(disaster recovery planning)說明電腦與通訊服務中斷後，恢復正常運作的方式，例如欲確保系統可用度，可採取容錯電腦系統(fault-tolerant computer systems)設計，包括備援的軟硬體與電源供應元件，用來打造出持續沒有中斷的服務環境(董和昇譯，2017)。

(二)、資訊技術防護

資訊技術安全防護式運用技術方式來偵測防範，資訊安全威脅說明如下。一些具體措施說明如下。

1.識別與驗證

運用技術進行身分管理(identity management)、身分認證(authentication)、帳號管理等，進行識別與驗證，以便界定合法系統使用者，以及控管他們存取系統資源的企業流程與軟體工具。

2.防火牆

防火牆(firewall)是一組具有防護網路安全的軟硬體設備，防火牆能防止未經授權的使用者存取私有網路(董和昇譯，2017)。其防護的主要原理包含：

(1) 封包過濾(packet filtering)：檢查進出可信賴網路(trusted network)與網際網路之間的資料封包之特定欄位資訊(例如標頭、位址等)，也會獨立檢視每個封包，檢視的標準依據企業的安全政策而定，例如有指定位址(信賴網路)的才能進入或是沒有指定位址(不信賴的網路)的都可以進入。

(2) 代理伺服器過濾(application proxy filtering)：建置兩個網路介面卡的主機，一個接網際網路一個接內部網路，檢視所有封包的應用內容。

3.入侵偵測系統

入侵偵測系統(intrusion detection systems)配備全天候監視工具，安裝在公司最可能被攻擊之處或公司網路的「熱點」，進行監視防止入侵(董和昇譯，2017)。

4.防毒軟體

運用防毒軟體(antivirus software)來預防、偵測以及移除惡意軟體。

5.加密與公開金鑰基礎設施

運用加密技術建置加密系統，例如運用數位簽章(Digital Signature)、雙簽章(Dual Signature)、數位信封(Digital Envelope)、認證中心(Certificate Authority, CA)、數位證書等技術，設計安全通訊協議(Secure Sockets Layer, SSL)、傳輸層安全協議(Transport Layer Security, TLS)、安全超文字傳輸協定(Secure Hypertext Transfer Protocol, S-HTTP)等安全機制。

公開金鑰基礎設施(PKI，Public Key Infrastructure)，是一種安全的認證中心管理應用的體系稱為公開金鑰基礎設施，使得眾多的認證中心具有一個開放性的標準，而且認證中心之間能夠互連、互相認證。

▸14.2資訊倫理

　　法律是明確定義一個社會之行為準則，及違背此行為準則所應該接受處罰之一套規則，法律是應規範，是最低限度的約束。道德(moral)則說明事情的對錯、善惡，偏向個人性格、行為、選擇及動機，是人倫關係中判斷是非善惡的標準，道德的消極面是不傷害，積極面是促進快樂幸福。比較容易引起道德爭議的構面包含性、金錢與權力。倫理(ethics)是說明、制定或規範社會成員之間關係的原則，是人與人之間各種正常關係的的道德規律，偏重社會層面。

　　倫理包含普世價值觀，例如自由、人權等，也包含各專業領域的倫理規範，稱為專業倫理。專業團體對於部份職業規定負有責任，倫理守則是專業人員依社會整體利益考量所訂定用以規範自身的行為，以下是一些專業倫理的例子：

(1) 公司治理倫理：有效公司治理的基本精神就是負責與誠正(integrity)，應該增進市場透明度與效率，確保大眾利益，保護與促進股東權利的行使，公平對待所有股東，尊重法律或共同契約所賦予利害關係人的權利，確保公司的資訊能即時且正確的揭露等。

(2) 生產倫理：關注在產品安全與消費者權益，避免將私人的生產成本強行轉給社會大眾共同負擔。

(3) 行銷倫理：規範行銷流程需要符合消費者權益，在產品標示方面，應該顯著、明確、合法；產品責任方面，應該著重產品安全性及無害性的責任；定價策略方面，不可藉由誇大的定價策略獲取不當的超額利潤；廣告方面則不可有欺騙性廣告或虛偽不實的廣告。

(4) 人力資源管理倫理：著重於員工之間的關係以及員工與公司之間關係的合理性，包含勞資關係、招募甄選的歧視、升遷的公平、性騷擾、薪酬公平、安全的工作環境等議題。

(5) 職場倫理：職場倫理包含忠誠態度、利益衝突、公器私用、監守自盜等議題。

(6) 專案管理倫理：美國專案管理協會(Project Management Institute, PMI)的道德倫理與專業守則包含責任(Responsibility)、尊重(Respect)、公平(Fairness)、誠實(Honesty)(資料來源：PMI PMBOX)

(7) 財務管理倫理：財報揭露、資本結構(例如不當舉債)、長短期利潤(不可為了要獲取個人的短期利益，犧牲企業長期的利潤作為代價)、納稅議題(不可逃漏稅)等。

(8) 管理會計專業倫理守則：專業能力(Competence)、保密(Confidentiality)、正直(Integrity)、客觀性(Objectivity)。(陳美月編著，民95)

資訊倫理也是專業倫理的一環，由於資訊技術進步、網際網路普及、社群媒體發達等因素，企業及民眾運用資訊媒體的廣度及深度都提升，也產生許多新的資訊倫理議題。產生資訊倫理議題的關鍵資訊科技趨勢包含：

(1) 運算能力加倍：更多組織依靠電腦系統做重要的營運，而電腦運算能力快速增加，使得處理及儲存資料的能力提升，製造出如隱私權侵犯之議題。

(2) 儲存資訊的成本快速下降：組織可以輕易保存個人詳細的資料庫，若有不當使用，也引發資訊倫理議題。

(3) 網路的進步：從一個地點複製到另一個和從遠端存取個人資料變得容易很多，資料傳輸的快速及便利性，對於倫理議題造成威脅。

(4) 資料分析的進步：例如利用資料挖掘的技術快速地找出顧客的購物型態與個別回應的建議；利用輪廓描繪，可以使用電腦從多種來源結合資料，並產生個人細節資訊的電子檔；不明顯關聯覺察是從許多不同的來源取得人們的相關資訊，以找出隱藏的模糊連結(董和昇譯，2017)。

(5) 移動裝置成長的影響：智慧型手機日益普遍，且其功能大增，以地點追蹤為例，使用個人手機則你的位置可以被追蹤。

針對資訊倫理議題，需要建立倫理規範，據以共同遵守。以美國電腦計算機協會(ACM)為例，其道德規範與專業人員行為指引包含：

(1) 對社會及人類作出貢獻。

(2) 避免傷害他人。

(3) 為人誠實可靠且值得信賴。

(4) 以公平的原則處事且採取行動杜絕歧視行為。

(5) 尊重知識產權，包括版權與專利權。

(6) 擁有適當的智慧財產權信用。

(7) 尊重他人隱私。

(8) 尊重機密。

ACM倫理法則與專業行為的一般道德規範中，就有避免傷害到別人、尊重財產權（包括智慧財產權）和尊重他人隱私權的規定。在這些倫理原則之下，資訊倫理所欲確保的權力包含隱私權(Privacy)、正確權(Accuracy)、財產權(Property)及存取權(Accessibility)，稱為PAPA模式(Mason, 1986)，以下分別介紹之。

一、隱私權

隱私權是對於個人要求獨處，不受他人或組織甚至政府的監視或干擾的一種權利。資訊科技對於隱私權有所衝擊，例如複製、拷貝、資料傳輸等，均可能影響隱私權。

以網際網路而言，技術上對對隱私權的挑戰包含：

(1) Cookies：辨認訪問者的網頁瀏覽軟體，例如 Super cookies (Flash cookies)。

(2) 網路信標(網蟲)：是非常小的軟體程式，嵌在電子郵件的訊息和網頁中，監控使用者瀏覽網站或寄發電子郵件的行為。

(3) 間諜軟體：秘密的安裝在網際網路使用者的電腦上，可傳送使用者在網際網路上的活動給其他電腦或顯示非希望的廣告

針對隱私權議題，可能的技術解決方案包含(林東清，2018)：

(1) 法律保護：運用法律規範來確保民眾隱私權，例如台灣「資通安全管理法」。

(2) 廠商自律行動：由廠商發起自運行動，來保護隱私權，這種行動一方面可以符合法律或社會期望，一方面又可提升消費者信心。自律行動包含採取隱私權政策，提供選擇不加入與選擇加入之選項等。

(3) 技術保護：運用技術方案保護隱私權，可能包含電子郵件加密、匿名工具、反間諜軟體工具等。

(4) 制定員工倫理守則。

二、正確權(accuracy)

人們有獲得正確資訊的權利，如果資訊或系統錯誤，其責任歸屬應該有所規範。

資訊或系統錯誤可能來自資料輸入錯誤、軟體開發錯誤、軟硬體設備故障等，其防範的措施包含(林東清，2018)：

(1) 系統開發的品質與操作流程之確保。

(2) 硬體安全與問題防範。

(3) 重視倫理守則。

在責任歸屬與賠償責任的議題上，需要考量的問題是：如果軟體失敗誰該負責？

三、財產權(property)

針對資訊科技對財產權的威脅，我們偏重於智慧財產權來討論，智慧財產(intellectual property)是個人或公司所發展的無形財產。資訊技術的快速發展讓智慧財產的保護變得很困難，因為電腦化的資訊在網路上很容易被複製或散佈，數位媒體不同於實體媒體(例如書)，因而容易被複製、傳送、變更，而且軟體作品很難被歸類，儲存小巧使得竊取容易，因此對智慧財產權而言是一大挑戰。

主要的智慧財產包含商業機密、著作權和專利權。公司的智慧成果包含處方、設計、流行樣式、資料的編輯等，只要用在商業用途而需要保護，就可歸類為商業機密 (trade secret)。商業機密一般採取「不公開」的方式加以保護，主要是賦予工作成果背後隱含的想法一個專賣權。

著作權(copyright)是禁止他人假借任何目的去複印、複製該智慧財產的權力。公司所有的創作，包含書籍、期刊、演講、戲劇、音樂作品、地圖、繪畫、任何型式的藝術品及電影。就權利保護的範圍而言，作者只要一開始創作，就受到保護。

專利權(patent)主要針對創作人的發明、新型或新式樣予以保護，可能包含新的機器、設計或方法等。專利權是將技術公開，經由申請核准而獲得保護。

智慧財產權的保護措施包含數位內容管理、數位浮水印等技術保護，也包含宣導與教育、法律保護等措施

四、存取權(accessibility)

存取權在於保護個人擁有其對本身資訊存取的權利，並同時規範有分配資訊能力者應負的義務。

公平資訊慣例是一系列管理個人資訊的使用與蒐集的原則。聯邦交易委員會公平資訊實行原則包含(董和昇譯，2017)：

(1) 通知和警告 (核心原則)：網站在蒐集資料前，必須揭露它們的資訊運用。

(2) 選擇和同意 (核心原則)：必須有選擇制度，允許客戶選擇他們的資訊如何被用在支持該交易的第二目的上，包含內部使用，和移轉給第三方。

(3) 存取和參與：客戶應該得以用及時且不貴的過程檢視及質疑關於他們被蒐集的資料的準確性和完整性。

(4) 安全：資料蒐集者必須採取步驟確保個人資料的精確性與安全性。

(5) 執行：必須設置機制執行 FIP 原則，這牽涉到自我規範、立法給予客戶在受侵犯時有合法的補償、或聯邦條例和規定。

▶14.3 其他社會議題

資訊系統的普及，對社會也會造成一些負面效應，除了倫理道德議題之外，此處也針對資訊科技造成的其他社會議題加以說明。

(一)、依賴與工作平衡

人們及組織機構越來越依賴電腦系統，例如人們對於智慧型手機有很高的依賴，企業也對資訊系統有很大的依賴，如果手機遺失、系統當機、資料不見，都會造成相當大的恐慌與不便。同時資訊系統及網際網路使用會拉長工作日，侵害家庭與個人的時間，如何在工作及生活保持平衡是重要議題。

(二)、電腦犯罪和濫用

電腦犯罪是透過利用電腦或反抗電腦系統進行非法行為 -- 電腦或電腦系統可以是犯罪的目標，也可以是犯罪的工具。電腦濫用是牽涉到電腦的非犯法但不道德的行為，例如垃圾郵件為容易被丟棄的電子郵件，由組織或個人寄送給大量網際網路使用者，造成使用者困擾。

(三)、就業問題

由於機器替代人工，讓人憂心企失去工作職位，例如執行重複資料處理或動作的人員，擔心工作被資訊系統或機器人所取代，尤其資訊科技造成了組織扁平化，爭階主管的職位也受到衝擊。

其次，就業的不平衡也是重要議題，例如使用資訊系統或電腦設備的技能培養，無法因業務所需而培養資訊能力者，工作就受到限制；又例如資訊科技的掌控，可能集中在少數人身上(雖然電腦越來越普及，但電腦資源的使用並沒有受到同等比率的普及)，也造成就業不平衡。

(四)、健康風險

由於持續操作電腦造成重複壓力傷害(RSI)，例如電腦鍵盤的使用造成腕關節症候群(CTS))。而由於電腦螢幕的過長使用也造成電腦視力症候群(CVS)，輕則眼睛疲勞，重則傷害視力。

此外長期使用電腦也會造成科技壓力症，包含易怒、對人有敵意、沒耐心和精神衰弱。電腦成癮症，就造成人們在人際關係、工作及健康上都有許多影響。

本章個案

愛沙尼亞發行數位身分證(eID)的成功關鍵

任何國家發行數位身分證(eID)及其衍生的數位應用，經常引發人民不同程度的反彈。即使是數位政府模範生的愛沙尼亞，也是在推行十八年期間持續修正優化，才有今日成果。

全球準備發展數位身分證的國家，幾乎都將愛沙尼亞列為第一個參訪對象。大家都懷抱同樣的疑問，這個東歐小國如何突破萬難，發行數位身分證，並在2019年達到98%的發卡率？

愛沙尼亞從1999年就有eID的想法，在2002年正式發行。一開始推動起來非常不容易，因為這對一般民眾而言是全新的概念，不過經過努力推動，不斷修正，算是相當成功，成功的關鍵因素有三。

第一，99%政府服務可線上申辦。政府內部數位化，是推動eID的基礎建設。早在2000年，愛沙尼亞政府就規定官員線上讀取資料、跨部門會議不再列印資料，簽核公文也採用線上簽核系統。同時政府宣布，「使用網路」為基本人權，因而大舉布建免費網路，提升頻寬速度，也打造政府部門間的數據交換網路，開發電子報稅功能，並在兩年後發行eID。因此，愛沙尼亞政府結合公私部門，研發數位化服務，包含電子健保、電子處方簽、線上開辦銀行帳戶，試圖讓eID融入民眾日常生活，2005年，愛沙尼亞政府更成為全球第一個實施線上投票的國家。

第二，維護隱私，修法釐清疑慮。除了便利性，確保隱私與個人資料安全，才是讓eID獲得民眾新任的必要條件。世界銀行報告分析，愛沙尼亞eID政策之所以能成為世界典範，源自於該國完整的法律架構。為推動eID，愛沙尼亞曾修訂包括《個資法》、《國家檔案法》、《國家機密法》在內的至少十項法規，內容除了硬性規範政府外，所有政策必須配合eID系統，也將民眾納入一套嚴謹的隱私保護體系。

例如，愛沙尼亞政府建立一套開源監測系統(Personal Data Usage Monitor)，當政府人員進入系統、查閱民眾資料時，便會留下紀錄。這類似區塊鏈的技術，讓民眾可以隨時得知甚麼政府機關、在甚麼時間點、查過他甚麼資料；民眾若認為政府不當使用個資，也可以向法院提出異議，維護個人隱私。

第三，及時修補漏洞，公開對話。愛沙尼亞的eID晶片中，雖未存放病例、存款或駕照等資料，卻是一把「開啓數位服務」的身分證鑰匙。而能順利存取不同資料的代價，便是承擔資訊外洩的風險，即使是法規嚴謹的愛沙尼亞eID系統，也差點成為資安破口。

2017年八月，捷克資安學者發現愛沙尼亞政府發行的eID卡片有資安漏洞，可能引來駭客攻擊，三分之二領有eID卡片、約八十萬愛沙尼亞人的數位生活足跡有遭竊風險。發現警訊後第三天，愛沙尼亞便緊急展停發卡，並連繫製卡廠商。證實該漏洞確實存在後，愛沙尼亞政府於2018年對廠商提告，具體求償1.5億歐元(約四十九億新台幣)。

與廠商交涉期間，愛沙尼亞政府為了讓社會繼續支持eID，堅持與民眾、廠商公開對話，而非私下談判，這確實帶來正面效果。而且愛沙尼亞將eID系統程式碼公布於開元軟體程式碼平台商，一旦民眾發現漏洞或程式臭蟲，都可向上通報要求修復。愛沙尼亞政府認為，民眾的信任才是eID系統成功的主因。

(資料來源：eID模範生的建議：信任比技術更重要，今周刊，2020.02.24，pp. 34-35)

思考問題

愛沙尼亞導入eID系統有哪些資安及社會議題?如何因應?政府與企業所面對的議題及解決方式有所不同嗎?

本章摘要

1. 資訊安全的威脅有三類：人為失誤、電腦犯罪、自然災害。資訊安全問題造成的損失分為資料、服務及設備三方面。

2. 處理資料外洩事件的成本包含直接成本與間接成本，直接成本包含通知、偵測、支出級距上調、矯正、訴訟和諮詢費用，間接成本包含商譽損失、顧客大量流失、增加舉辦重新吸收客源的活動之成本。

3. 網路攻擊的方式主要區分為惡意軟體、駭客與電腦犯罪、內部威脅及軟體漏洞等四大類。惡意軟體程式包含電腦病毒、木馬程式、蠕蟲、間諜軟體、勒索軟體等；駭客與電腦犯罪包含欺騙與網路竊聽、阻斷服務攻擊、電腦犯罪、身分盜用、點擊詐欺、網路戰爭等；內部威脅是指員工有意或無意的不當行為造成資安問題，可能的原因包含使用者認知、人性的弱點、公司鬆散的管理程序、人員疏失等；軟體漏洞是程式臭蟲或是錯誤的程式碼。

4. 針對資訊安全的威脅，解決方案可以從資訊安全管理、資訊技術防護兩大方向來著手。資訊安全管理包含風險評估、安全政策、人員防護、資訊系統稽核、災難復原計畫等；資訊技術防護包含識別與驗證、防火牆、入侵偵測系統、防毒軟體、加密與公開金鑰基礎設施等。

5. 資訊倫理所欲卻包的權力包含隱私權、正確權、財產權及存取權。

6. 隱私權是對於個人要求獨處，不受他人或組織甚至政府的監視或干擾的一種權利。針對隱私權議題，可能的技術解決方案包含法律保護、廠商自律行動、技術保護、制定員工倫理守則等。

7. 正確權確保人們有獲得正確資訊的權利，如果資訊或系統錯誤，其責任歸屬應該有所規範。資訊或系統錯誤可能來自資料輸入錯誤、軟體開發錯誤、軟硬體設備故障等，其防範的措施包含系統開發的品質與操作流程之確保、硬體安全與問題防範、重視倫理守則。

8. 主要的智慧財產包含商業機密、著作權和專利權。

9. 存取權在於保護個人擁有其對本身資訊存取的權利，並同時規範有分配資訊能力者應負的義務。公平資訊慣例是一系列管理個人資訊的使用與蒐集的原則，包含通知和警告、選擇和同意、存取和參與、安全、執行。

10. 系統的負面社會效果包含依賴與工作平衡、快速改變、保持界線、依賴和脆弱性等。

11. 資訊化的就業問題包含憂心企失去工作職位、就業的不平衡等。

12. 資訊化的健康風險包含重複壓力傷害(例如腕關節症候群、電腦視力症候群)、科技壓力症(例如易怒、對人有敵意、沒耐心和精神衰弱)、電腦成癮症等。

參考文獻

[1] 林東清(2018)，資訊管理：e化企業的核心競爭力，七版，臺北市：智勝文化。

[2] 董和昇譯(2017)，管理資訊系統，14版，新北市：臺灣培生教育出版；臺中市：滄海圖書資訊發行。

[3] 劉哲宏、陳玄玲譯（2019）。資訊管理，七版。台北市：華泰。

[4] 陳美月編著(民95)，管理會計學，第六版，台北市：台灣西書出版社

[5] Mason, R.O., (1986), „Four Ethical Issues of the Information Age," MIS Quarterly, 10:1, pp. 5-12

國家圖書館出版品預行編目資料

管理資訊系統概論/徐茂練編著. -- 初版. -- 新
北市：全華圖書, 2020.11
　　面；　公分
ISBN 978-986-503-518-1(平裝)

1.管理資訊系統
494.8　　　　　　　　　　109016566

管理資訊系統概論

作者 / 徐茂練

發行人 / 陳本源

執行編輯 / 王詩蕙

封面設計 / 盧怡瑄

出版者 / 全華圖書股份有限公司

郵政帳號 / 0100836-1 號

印刷者 / 宏懋打字印刷股份有限公司

圖書編號 / 06460

初版二刷 / 2022 年 1 月

定價 / 新台幣 400 元

ISBN / 978-986-503-518-1

全華圖書 / www.chwa.com.tw

全華網路書店 Open Tech / www.opentech.com.tw

若您對本書有任何問題，歡迎來信指導 book@chwa.com.tw

臺北總公司(北區營業處)
地址：23671 新北市土城區忠義路 21 號
電話：(02) 2262-5666
傳真：(02) 6637-3695、6637-3696

南區營業處
地址：80769 高雄市三民區應安街 12 號
電話：(07) 381-1377
傳真：(07) 862-5562

中區營業處
地址：40256 臺中市南區樹義一巷 26 號
電話：(04) 2261-8485
傳真：(04) 3600-9806(高中職)
　　　(04) 3601-8600(大專)

✂（請由此線剪下）

歡迎加入 全華會員

● 會員獨享

會員享購書折扣、紅利積點、生日禮金、不定期優惠活動…等。

● 如何加入會員

掃 QRcode 或填安讀者回函卡直接傳真 (02) 2262-0900 或寄回，將由專人協助登入會員資料，待收到 E-MAIL 通知後即可成為會員。

如何購書

1. 網路購書

全華網路書店「http://www.opentech.com.tw」，加入會員購書更便利，並享有紅利積點回饋等各式優惠。

2. 實體門市

歡迎至全華門市（新北市土城區忠義路21號）或各大書局選購。

3. 來電訂購

(1) 訂購專線：(02) 2262-5666 轉 321-324
(2) 傳真專線：(02) 6637-3696
(3) 郵局劃撥（帳號：0100836-1　戶名：全華圖書股份有限公司）
※ 購書未滿 990 元者，酌收運費 80 元。

OpenTech.com.tw 全華網路書店

全華網路書店 www.opentech.com.tw
E-mail: service@chwa.com.tw

※ 本會員制如有變更則以最新修訂制度為準，造成不便請見諒。

得　分

管理資訊系統概論

學後評量

CH01 資訊系統的角色與重要性

班級：＿＿＿＿＿＿＿

學號：＿＿＿＿＿＿＿

姓名：＿＿＿＿＿＿＿

一、選擇題 (每題2分)

(　) 1. 管理資訊系統這門課最主要目的為何？ (A)研發資訊技術 (B)運用資訊技術提升競爭力 (C)熟悉如何使用公司的資訊系統 (D)以上皆是。

(　) 2. 以下何者為資通訊技術？ (A)硬體 (B)軟體 (C)通訊網路 (D)以上皆是。

(　) 3. 資訊技術最早在組織方面的應用是在哪個領域？ (A)科學運算 (B)交易處理 (C)決策支援系統 (D)大數據應用。

(　) 4. 下列何項最能代表資訊系統的功能？ (A)提升組織的競爭力 (B)提升組織的卓越營運 (C)讓公司得以生存 (D)以上皆是。

(　) 5. 假設傳統雜貨店因為缺乏POS系統而逐漸被淘汰，則POS系統對該雜貨店的重要性如何表示？ (A)效率 (B)效能 (C)改善關係 (D)生存的條件。

(　) 6. 某公司運用資訊系統來取代人工計算薪資，該系統主要的貢獻是下列哪一項？ (A)生產力 (B)效能 (C)顧客關係 (D)以上皆非。

(　) 7. 某企業資訊部門的主管為課長，下列對該企業的敘述何項最為合理？ (A)資訊技術為其重要競爭武器 (B)資訊系統多屬於交易處理系統 (C)資訊預算的比例相對較大 (D)企業使用資訊系統人員比率較高。

(　) 8. ERP系統是應用系統的一種，而銷售模組又是ERP系統的模組，以上敘述主要是強調系統的什麼特性？ (A)環境 (B)目標 (C)階層性 (D)元件關聯性。

(　) 9. 威名百貨(Wal-mart)運用資訊系統，使得其產品具有價格優勢，則資訊系統對威名百貨的效益如何表示？ (A) 效率 (B) 新產品與服務 (C) 新經營模式 (D) 生存的條件。

( ) 10. 下列哪一項訊息最適合稱為資料？ (A)NISSAN March在台灣平均月銷售量是10台 (B) NISSAN March上個月在台灣銷售量增加10% (C) NISSAN March十月一日在台灣銷售量2台 (D)NISSAN March在台灣平均月銷售量高於TOYOTA VIOS車種。

二、問答題 (每題16分)

1. 資訊通訊技術的進步，對企業產生哪些影響？

2. 對企業而言，資訊系統產生的效益有哪些？

3. 資訊系統的定位為何？其元件有哪些？

4. 應用程式處理資料的方法有哪些？

5. 資訊系統有效的條件是甚麼？

得　分

管理資訊系統概論
學後評量
CH02 資訊系統的分類

班級：＿＿＿＿＿＿＿

學號：＿＿＿＿＿＿＿

姓名：＿＿＿＿＿＿＿

一、選擇題 (每題2分)

(　　) 1. 下列何者是確定性的資訊？　(A)銷售統計　(B)銷售預測　(C)市場需求 (D)以上皆非。

(　　) 2. 下列何者為資訊需求的項目？　(A)資訊內容　(B)輸出格式　(C)輸出時間 (D)以上皆是。

(　　) 3. 資訊系統的使用者若為基層人員，下列何項是該使用者使用資訊之主要特色？　(A)詳細資訊　(B)彙整資訊　(C)外部資訊　(D)以上皆是。

(　　) 4. 至醫院看診之後，資訊系統將醫師對這位病患的診斷、處方、檢驗等費用加以計算並傳至結帳櫃台，該系統是屬於哪一種系統？　(A)交易處理系統 (B)決策支援系統　(C)管理資訊系統　(D)專家系統。

(　　) 5. 資訊系統以交談式的方式來解決半結構化或非結構化的問題，此資訊系統屬於哪一種系統？　(A)交易處理系統　(B)管理資訊系統　(C)決策支援系統 (D)以上皆非。

(　　) 6. 數位儀表板最常出現在下列哪一個系統？　(A)交易處理系統　(B)管理資訊系統　(C)決策支援系統　(D)高階主資訊系統。

(　　) 7. 下列哪一項不是跨組織系統？　(A)ERP　(B)CRM　(C)SCM　(D)Extranet。

(　　) 8. 入口網站主要的收入是來自？　(A)廣告費　(B)訂閱收入　(C)銷售收入 (D)佣金收入。

(　　) 9. Amazon運用庫存管理系統協助顧客管理庫存，是屬於哪一種電子商務？ (A)B2B　(B)B2C　(C)C2C　(D)以上皆非。

(　　)10.臉書(FB)是基於哪一種社群媒體？　(A) 協同專案型　(B)部落格　(C)社交媒體　(D)內容社群。

二、問答題 (每題16分)

1. 資訊內容的特質有哪些？資訊需求包含哪些項目？

2. 依據專業領域或組織功能，資訊系統有哪些類別？

3. 依據組織的管理層級，資訊系統有哪些類別？

4. 何謂ERP系統？連結企業的系統有哪些？

5. B2C電子商務經營模式有哪些？ B2B電子商務經營模式有哪些？ 行動商務有哪些應用？

得　分

管理資訊系統概論
學後評量
CH03 組織與資訊系統

班級：＿＿＿＿＿＿＿＿

學號：＿＿＿＿＿＿＿＿

姓名：＿＿＿＿＿＿＿＿

一、選擇題 (每題2分)

(　　) 1. 某資訊系統專案人員正在與使用者溝通，了解其需求，該專案人員扮演甚麼角色？　(A)專案經理　(B)系統分析師　(C)程式設計師　(D)資料庫管理師。

(　　) 2. 資訊系統可以用來做線上的訂單進度追蹤而降低下列哪一項成本？　(A)機會成本　(B)代理成本　(C)交易成本　(D)以上皆非。

(　　) 3. 下列何者是屬於代理成本？　(A)搜尋成本　(B)束縛成本　(C)監控成本　(D)以上皆非。

(　　) 4. 下列哪一項不是資訊系統對於組織行為上的衝擊？　(A)扁平化　(B)人員抗拒　(C)降低交易成本　(D)以上皆非。

(　　) 5. 資訊系統可協助公司分析顧客的購買 為、品味、喜好，專注在特定市場，提供優於其他競爭者的服務，此時資訊科技支援哪一種策略？　(A)低成本　(B)差異化　(C)焦點(集中)　(D)顧客與供應商關係。

(　　) 6. 有關電腦訂貨系統的描述和者有誤？　(A)協助市場行銷之價值活動　(B)協助主要的價值活動　(C)協助支援的價值活動　(D) 以上皆非。

(　　) 7. Nike在網站上推出NIKEiD計畫，販售客製化的運動鞋，該系統最主要用來支援哪一種策略？　(A)低成本　(B)差異化　(C)焦點(集中)　(D)顧客與供應商關係。

(　　) 8. 運用資訊系統來提升客戶的轉換成本，該系統最主要用來支援哪一種策略？　(A)低成本　(B)差異化　(C)焦點(集中)　(D)顧客與供應商關係。

( ) 9. 下列何者是以資訊技術(資訊系統)為主軸來建立核心競爭力，以便連結組織多項能力，達到價值創造、不容易被模仿等目標？ (A)綜效 (B)核心競爭力 (C)網路策略 (D)以上皆非。

( ) 10.運用軟體模擬系統來監控機器設備之操作，這是工業4.0時代哪一種特色？ (A)協同作業 (B)視覺化 (C)分散式自主 (D) 模組化。

二、問答題 (每題16分)

1. 資訊系統能與組織結構、制度及文化有哪些關聯？

2. 就資訊系統而言，繪製流程圖的目的為何？

3. 資訊部門有哪些成員？其職責為何？

4. 從經濟面及組織行為面來說，資訊系統對組織有哪些衝擊？

5. IT的策略選項有哪兩大類？

得　分

管理資訊系統概論
學後評量
CH04 資訊技術基礎建設

班級：＿＿＿＿＿＿＿

學號：＿＿＿＿＿＿＿

姓名：＿＿＿＿＿＿＿

一、選擇題 (每題2分)

(　) 1. 思科電腦(Cisco)販賣路由器，在基礎建設中提供哪一種服務？ 　(A)運算服務 (B)通訊服務 　(C)資料管理服務 　(D)技術及顧問服務。

(　) 2. 企業購買ERP系統使用，在資訊科技基礎建設中，屬於哪一種應用領域？ (A)企業內部電子化 　(B)電子商務 　(C)內容 　(D)社群。

(　) 3. 下列何項是作業系統？ 　(A)Linux 　(B)C++ 　(C)ERP 　(D)購物車。

(　) 4. 在資訊科技基礎建設中，SAP公司與下列哪一種元件最有關係？ 　(A)電腦硬體平台 　(B)作業系統平台 　(C)企業應用軟體 　(D)網路/電信平台。

(　) 5. 在資訊科技基礎建設中，DB2與SQL server應該屬於下列哪一種元件？(A)顧問公司與系統整合商 　(B)資料管理與儲存 　(C)企業應用軟體 (D)網際網路平台。

(　) 6. 在資訊科技基礎建設中，若要確保新的系統與企業舊的系統（或稱作遺留系統）間能夠順利共同運作，此時最需要下列哪一種元件？ 　(A)顧問公司與系統整合商 　(B)資料管理與儲存 　(C)企業應用軟體 　(D)網際網路平台。

(　) 7. 網路、作業系統、資料庫平台都能透過平台設計或是遵循標準而能彼此溝通互動、程式相互操作、資料相互擷取，這符合哪一項資訊科技基礎建設的指標？ 　(A)彈性 　(B)擴充性 　(C)相容性 　(D)安全性。

(　) 8. 在技術資產的總持有成本項目中，提供技術諮詢服務的成本是屬於哪一項成本項目？ 　(A)安裝 　(B)支援 　(C)教育訓練 　(D)維護。

( ) 9. 公司逐漸朝向使用統一的網路標準與軟體工具，將企業中分散的網路與應用整合成為整體企業的基礎建設，此時位於資訊科技基礎建設的哪一個時期？ (A)大型主機與迷你電腦時期　(B)個人電腦時期　(C)主從式架構時期　(D)企業網際網路時期。

( ) 10.建置以支援消費者日常生活為目的的軟硬體資訊平台架構，這是屬於哪一種資訊技術應用趨勢？　(A)行動化　(B)消費化　(C)服務化　(D)智慧化。

二、問答題 (每題16分)

1. 資訊科技基礎建設的服務項目有哪些？

2. 資訊科技基礎建設應用領域有哪些？

3. 資訊科技基礎建設的組成元件項目有哪些？

4. 資訊科技基礎建設的績效指標有哪些？這些指標與資訊部門人員有何關係？

5. 資訊科技基礎建設的演進可區分為哪幾個階段？

得　分

管理資訊系統概論
學後評量
CH05 資料處理

班級：＿＿＿＿＿＿
學號：＿＿＿＿＿＿
姓名：＿＿＿＿＿＿

一、選擇題 (每題2分)

(　　) 1. 關聯式資料庫管理系統正在建立一個符合選擇標準的子集合，也就是找出符合條件的紀錄，該資料庫管理系統正在執行哪一項運作功能？　(A)選擇　(B)合併　(C)投影　(D)以上皆非。

(　　) 2. 結構化查詢語言(SQL)執行了資料庫管理系統(DBMS)的哪一項功能？　(A)資料定義　(B)資料字典　(C)資料操作　(D)以上皆非。

(　　) 3. 下列何者不是資料倉儲的特性？　(A)昂貴建置費用　(B)分析使用時的方便性　(C)限用於分析目前狀況　(D)包含歷史資料與外部資料。

(　　) 4. 下列哪一項系統所處理的資料最接近大數據？　(A)ERP　(B)CRM　(C)WEB　(D)以上皆是。

(　　) 5. 運用分析模式處理不確定性的資料，例如執行「若則分析」是屬於哪一種系統？　(A)交易處理系統　(B)管理資訊系統　(C)決策支援系統　(D)專家系統。

(　　) 6. 運用許多組的數據，去學習不同的特徵組合是屬於甚麼類別，在機器進行學習時，會有結果標籤存在，作為學習的依據，屬於哪一種機器學習方式？　(A)監督式學習　(B)非監督式學習　(C)強化學習　(D)以上皆非。

(　　) 7. 下列何者不是卷積神經網路主要應用領域？　(A)圖像辨識　(B)機器翻譯　(C)人臉辨識　(D)物件追蹤。

(　　) 8. 下列何者是自然語言處理主要應用領域？　(A)圖像辨識　(B)機器翻譯　(C)人臉辨識　(D)物件追蹤。

( )9. 資訊部門明確說明了組織分享、散播、取得、正規化、分類及庫存資訊的規則，資訊部門正在執行哪一樣工作？ (A)資訊政策 (B)資料管理 (C)資料庫監督 (D)以上皆非。

( )10.資料資源管理中，有系統地調查資訊系統中資料的準確度與完整程度，是在執行哪一項活動？ (A)資料淨化 (B)資料清除 (C)資料品質稽核 (D)以上皆非。

二、問答題 (每題16分)

1. 資料庫管理系統的主要功能有哪些？

2. 大數據主要來源有哪些？大數據的特性是甚麼？

3. 資料倉儲多維度分析有哪些優點？那些缺點？

4. 何謂監督式學習？何謂非監督式學習？

5. 何謂資訊政策？

得　分

管理資訊系統概論
學後評量
CH06 通訊網路

班級：＿＿＿＿＿＿＿＿

學號：＿＿＿＿＿＿＿＿

姓名：＿＿＿＿＿＿＿＿

一、選擇題 (每題2分)

(　　) 1. 連結區域網路連線的簡單設備，傳送資料封包到所有其他連結的設備，這是哪一種轉接設備？　(A)路由器　(B)交換器　(C)集線器　(D)中繼器。

(　　) 2. 傳輸控制協定(TCP)是屬於網際網路的哪一個層次的通訊協定？　(A)應用層　(B)傳輸層　(C)網際網路層　(D)網路介面層。

(　　) 3. 下列何者是網域名稱系統(DNS)的主要功能？　(A)分配IP位址　(B)安排封包路徑　(C)轉換網域名稱為IP位址　(D)定義頂級網域名稱。

(　　) 4. 網際網路常用分封交換的方式來傳輸資料，下列有關分封資料的敘述何者有誤？　(A)封包包含訊息、來源與目的位址、長度等內容　(B)同一個訊息的數個封包可能循著不同路徑傳送　(C)路由器具有接收及轉送封包的功能　(D)以上皆非。

(　　) 5. WWW、FTP、TELNET等應用程式在網際網路中屬於哪一層？　(A)應用層　(B)傳輸層　(C)網路層　(D)實體層。

(　　) 6. 有關Internet 的敘述何者有誤？　(A)以TCP/IP為通訊協定　(B)應用層的通訊協定是HTTP　(C)沒有一個組織擁有它　(D)傳輸層通訊協定為TCP。

(　　) 7. 搜尋你的朋友的建議、瀏覽過的網頁、或按讚的地方，這是屬於哪一類的搜尋？　(A)行動搜尋　(B)搜尋引擎最佳化　(C)社會化搜尋　(D)語意搜尋。

(　　) 8. 下列有關3G網路的敘述何者正確？　(A)對於影像、圖形與多媒體都有傳輸能力，影片傳輸速度較慢　(B)只能傳遞語音與簡單訊息　(C)可提供100Mbps的傳輸速度　(D)以上皆非。

( ) 9. 透過手持裝置內建的衛星定位系統，獲知使用者目前位置，並利用這個位置資訊來提供相關服務，是屬於下列哪一種行動運算服務？ (A)適地性服務 (B)行動搜尋 (C)擴增實境 (D)情境感知運算。

( ) 10.Salesforce.com在網站上出租CRM給相關業者，請問該公司提供哪一種雲端運算服務？ (A)IaaS (B)PaaS (C)SaaS (D)以上皆非。

二、問答題 (每題16分)

1. 網際網路的構成要素有哪些？網際網路區分為哪幾個層次？

2. 網際網路的主要技術有哪三項？

3. 行動運算主要的應用有哪些？

4. 何謂雲端運算？

5. 何謂物聯網？

得　分

全華圖書（版權所有，翻印必究）

管理資訊系統概論
學後評量
CH07 資訊系統策略規劃

班級：＿＿＿＿＿＿＿

學號：＿＿＿＿＿＿＿

姓名：＿＿＿＿＿＿＿

一、選擇題 (每題2分)

( )1. 下列何者不是策略制定過程重要的步驟？　(A)環境偵測　(B)衝擊分析　(C)擬定因應方案　(D)資訊系統設計。

( )2. 下列何者最能代表願景的意義？　(A)遠大的目標　(B)明確的價值觀　(C)未來的影像　(D)以上皆是。

( )3. 對於環境事件或趨勢給予機會或威脅的解釋，是屬於策略制定過程的哪一個步驟？　(A)環境偵測　(B)衝擊分析　(C)擬定因應方案　(D)以上皆非。

( )4. 在擬定企業策略時，考慮了「MP3的興起與進入市場，使得音樂產業受到非常大的衝擊，各種期刊、報紙，也受到數位化產品的強大威脅。」請問此時資訊系統(或資訊技術)扮演甚麼角色？　(A)資訊技術為總體環境趨勢之一　(B)資訊系統為產業環境因素　(C)資訊系統為現有能力之一　(D) 資訊系統為策略方案。

( )5. 下列哪一項投資評估方法不屬於財務模型？　(A)投資組合分析　(B)資本預算模型　(C)淨現值法　(D)以上皆非。

( )6. 公司運用潛在利益與專案風險的評估來選擇適當的資訊系統專案，該公司運用下列哪一中資訊系統規劃的方法？　(A)關鍵成功因素法　(B)系統投資組合法　(C)計分模型　(D)實質選擇權。

( )7. 使用財務模型來建立資訊系統的企業價值，以下敘述何者有誤？　(A)淨現值是其中一種方法　(B)容易忽略資訊系統的社會和組織構面　(C)相當依賴專家的主觀判斷　(D)可使用實質選擇權計價模型。

( )8. 運用資訊技術組合各種能力，產生市場價值而且不易被模仿，稱為　(A)綜效　(B)核心能力　(C)虛擬組織　(D)長尾模式。

（　　）9. 採用雲端租用ERP是屬於哪一種資訊系統策略方案？ （A）建置應用軟體 （B）建置IT解案 （C）社群企業模式 （D）平台投資決策。

（　　）10.資訊系統若配合公司推動全面品質管理制度，這屬於哪一種組織結構的改變？ （A）自動化 （B）程序合理化 （C）重新設計 （D）典範轉移。

二、問答題 (每題16分)

1. 資訊科技對總體環境有哪些影響？

2. 資訊科技對產業環境有哪些影響？

3. 組織的資訊科技能力如何表達？

4. 資訊系統策略方案有哪四種類型？

5. 建置IT解案有哪些類別？

得　分

管理資訊系統概論
學後評量
CH08 資訊系統建置

班級：＿＿＿＿＿＿＿
學號：＿＿＿＿＿＿＿
姓名：＿＿＿＿＿＿＿

一、選擇題 (每題2分)

(　)1. 某資訊系統專案人員正在與使用者溝通，了解其需求，該專案人員扮演甚麼角色？ (A)專案經理 (B)系統分析師 (C)程式設計師 (D)資料庫管理師。

(　)2. 建築專案中的建築物藍圖與系統開發生命週期哪一個階段的工作相同？(A)系統分析 (B)系統設計 (C)系統實作(施) (D)系統維護。

(　)3. 某人正在評估資訊系統方案在技術、法律、財務、操作等方面之可行性，某人正在從事？ (A)系統分析 (B)系統設計 (C)系統實作(施) (D)系統維護。

(　)4. 測試每支程式是屬於哪一種測試方式？ (A)單元測試 (B)系統測試 (C)整合測試 (D)驗收測試。

(　)5. 逐步將舊系統的元件換成新系統的元件是屬於資訊系統的哪一種啟動策略？ (A)直接轉換 (B)階段性導入 (C)先導式啟動 (D)平行式啟動。

(　)6. 某人正在定期檢視系統，以決定系統滿足目標的程度，並決定是否需要對系統進行修正或改良，則此時系統已經進到哪一個階段？ (A)系統分析 (B)程式設計 (C)測試 (D)上線使用與維護。

(　)7. 有關資訊系統導入的敘述何者有誤？ (A)需進行變革管理 (B)只包含採用資訊技術的活動 (C)系統分析師擔任變革代理人的工作 (D)使用者參與將有助於系統導入。

(　)8. 下列何種條件不適合採用委外的系統建置方法？ (A)節省成本 (B)資訊能力不足 (C)資訊為該公司之核心能力 (D)以上皆非

(　)9. 下列何項不是應用套裝軟體法之優點？ (A)可高度客製化 (B)可獲技術支援 (C)可節省時間成本 (D)以上皆非。

(　)10.下列有關資訊系統委外的敘述何者有誤？ 　(A)資訊系統委外業務可以全部委
　　　外也可以部份委外 　(B)資訊系統委外需注意安全性的問題 　(C)資訊系統委
　　　外不影響資訊部門組織及人員角色 　(D)資訊系統委外需審慎處理合約。

二、問答題 (每題16分)

1. 系統建置的步驟為何？

2. 系統分析的工作包括哪些項目？

3. 何謂資訊需求？包含哪些項目？

4. 資料流程圖的繪製步驟為何？

5. 系統發展的方法有哪些？

得　分

管理資訊系統概論
學後評量
CH09 專案管理

班級：＿＿＿＿＿＿＿＿
學號：＿＿＿＿＿＿＿＿
姓名：＿＿＿＿＿＿＿＿

一、選擇題 (每題2分)

(　　) 1. 下列何者是不良的資訊系統專案管理造成的後果？ (A)成本超支 (B)時間延宕 (C)技術績效不如預期 (D)以上皆是。

(　　) 2. 討論訂單輸入、傳送等模組是否為訂單系統之功能，這是專案管理的哪一個變數？ (A)成本 (B)時間 (C)範圍 (D)品質。

(　　) 3. 專案成員正在討論各項專案活動所需要的期程，這是專案管理的哪一個變數？ (A)成本 (B)時間 (C)範圍 (D)品質。

(　　) 4. 列出可能風險的清單，是屬於風險管理的哪一個步驟？ (A)辨識風險 (B)評估風險 (C).擬定風險因應策略 (D)以上皆非。

(　　) 5. 有關資訊系統專案風險的敘述，以下何者有誤？ (A)專案規模愈大則風險愈大 (B)專案結構性愈高則風險愈大 (C)專案複雜度愈小則風險愈大 (D)專案團隊越欠缺經驗則風險愈大。

(　　) 6. 表達工作分解結構是屬於哪一個領域的專案管理知識體？ (A)專案範圍管理 (B)專案時間管理 (C)專案人資管理 (D)專案整合管理。

(　　) 7. 指定及授權專案經理是屬於哪一個領域的專案管理知識體？ (A)專案範圍管理 (B)專案時間管理 (C)專案人資管理 (D)專案整合管理。

(　　) 8. 專案經理向客戶或上級報告專案進度及績效是屬於哪一個領域的專案管理知識體？ (A)專案範圍管理 (B)專案溝通管理 (C)專案人資管理 (D)專案整合管理。

(　　) 9. 定義專案範圍是屬於專案管理哪一個階段的工作？ (A)起始 (B)規劃 (C)執行 (D)控制。

( ) 10.是由實際上執行的進度來乘以所分配到的預算，稱為？ (A)計畫值 (B)實獲值 (C)時程變異 (D)成本變異。

二、問答題 (每題16分)

1. 專案管理主要是針對哪五大要素進行管理？

2. 專案風險管理的步驟為何？

3. 專案管理的知識體包含哪九大領域？

4. 專案流程區分為哪五個階段？

5. 專案起始階段包含哪三項主要工作？

得　分

全華圖書（版權所有，翻印必究）
管理資訊系統概論
學後評量
CH10 企業應用系統

班級：＿＿＿＿＿＿＿＿

學號：＿＿＿＿＿＿＿＿

姓名：＿＿＿＿＿＿＿＿

一、選擇題 (每題2分)

(　　) 1. 下列何者是資訊孤島問題？　(A)資料隔離地存在於互不相聯結的資訊系統　(B)數個資訊系統相互連結　(C)資訊系統已經有相當的整合　(D)人資與行政管理流程。

(　　) 2. 涵蓋整個組織的資訊系統，稱為？　(A)個人資訊系統　(B) 工作群組資訊系統　(C)企業資訊系統　(D)跨企業資訊系統。

(　　) 3. ERP的生產規劃模組支援哪一個企業流程？　(A)銷售與訂單管理流程　(B)生產與製造流程　(C)財務會計管理流程　(D)人資與行政管理流程。

(　　) 4. 供應鏈的生產排程是依據預測或產品需求的最佳猜測所推導而來，此為哪一種供應鏈模式？　(A)拉式模式　(B)推式模式　(C)需求導向模式　(D)接單後生產模式。

(　　) 5. 消費者偏好改變是屬於哪一類的不確定性問題？　(A)需求面　(B)製造面　(C)供給面　(D)以上皆非。

(　　) 6. 支援需求管理是哪一個供應鏈管理模組？　(A)採購規劃模組　(B)製造規劃模組　(C)運輸規劃模組　(D)銷售管理模組。

(　　) 7. 計算最低成本的採購量是哪一個供應鏈管理模組？　(A)採購規劃模組　(B)製造規劃模組　(C)運輸規劃模組　(D)銷售管理模組。

(　　) 8. 下列何項最不能代表顧客關係管理的動機？　(A)對顧客的投資是可以回報的　(B)開發新顧客比維繫舊顧客更耗成本　(C)將行銷經費善用以提升行銷的效果　(D)投入維繫顧客的活動提升顧客終身價值。

（請沿虛線撕下）

(　) 9. 顧客關係管理軟體可以協助結帳，該軟體具有甚麼功能？ 　(A)顧客聯繫 (B)交易流程支援 　(C)顧客服務 　(D)機會分析。

(　) 10. 社群媒體是屬於哪一類型的顧客關係管理系統？ 　(A)操作型系統 　(B)分析型系統 　(C)協同型系統 　(D)以上皆非。

二、問答題 (每題16分)

1. 依照組織應用範圍，企業應用系統分為哪四類？

2. 企業資源規劃系統有哪些模組？分別支援那些企業流程？

3. 供應鏈管理系統有哪些模組？分別支援那些供應鏈流程？

4. 顧客互動方案一般區分為哪四種？其主要流程或內涵為何？

5. 顧客關係管理軟體區分為哪三類？

得　分

管理資訊系統概論
學後評量
CH11 知識管理與智慧系統

班級：＿＿＿＿＿＿＿＿＿

學號：＿＿＿＿＿＿＿＿＿

姓名：＿＿＿＿＿＿＿＿＿

一、選擇題 (每題2分)

(　　) 1. 無法被表達、收納、記載的知識稱為？　(A)外顯知識　(B)內隱知識　(C)智慧　(D)以上皆非。

(　　) 2. 電腦輔助設計是屬於哪一類的知識管理系統？　(A)整體企業知識管理系統　(B)知識工作系統　(C)智慧型技術　(D)以上皆非。

(　　) 3. 讓電腦創造出3D的虛擬空間是哪一種技術？　(A)虛擬實境　(B)擴增實境　(C)電腦輔助設計　(D)以上皆非。

(　　) 4. 下列何者是專家系統的儲存元件？　(A)資料庫　(B)模式庫　(C)規則庫　(D)推論引擎。

(　　) 5. 資料倉儲是企業智慧的哪一個元件？　(A)介面　(B)分析　(C)儲存　(D)資料來源。

(　　) 6. 以下何者為監督式學習的演算法？　(A)決策樹　(B)K-Means　(C)Q-Learning　(D)以上皆非。

(　　) 7. 以下何者為人工智慧中所謂的深度學習？　(A)單一隱藏層的神經網路學習　(B)兩個隱藏層的神經網路學習　(C)多個隱藏層的神經網路學習　(D)以上皆非。

(　　) 8. 自動駕駛為了要辨識道路環境，最可能應用人工技術的哪一種技術？　(A)影像辨識　(B)語音辨識　(C)語意分析　(D)知識發現。

(　　) 9. 下列何者為卷積神經網路主要應用？　(A)影像辨識　(B)語音辨識　(C)語意分析　(D)知識發現。

(　　) 10.預測購物行為以做適當的商品推薦,可能應用人工技術的哪一種知識發現模式? (A)關聯規則 (B)序列樣式 (C)分類 (D)分群。

二、問答題 (每題16分)

1. 知識管理系統區分為哪三類?個有哪些子系統或技術?

2. 企業智慧包含哪些元件? 企業智慧的應用領域包含哪些?

3. 何謂卷積神經網路?主要有哪些應用?

4. 何謂語音識別?主要有哪些應用?

5. 何謂自然語言處理?主要有哪些應用?

得　分

管理資訊系統概論
學後評量
CH12 電子商務

班級：＿＿＿＿＿＿＿
學號：＿＿＿＿＿＿＿
姓名：＿＿＿＿＿＿＿

一、選擇題 (每題2分)

(　) 1. 用以協助使用者提出對網站提供服務的要求，是電子商務的哪一個元件？
(A)伺服器　(B)瀏覽器　(C)中介軟體　(D)以上皆非。

(　) 2. 欲透過網站來取得企業內部資料，需用到電子商務的哪一個元件？　(A)網站伺服器　(B)應用伺服器　(C)瀏覽器　(D)中介軟體。

(　) 3. 智慧代理人通常執行電子商務網站的哪一個功能？　(A)吸引顧客　(B)產品建議　(C)個人化促銷　(D)自助服務。

(　) 4. Amazon運用庫存管理系統協助顧客管理庫存，是屬於哪一種電子商務？
(A)B2B　(B)B2C　(C)C2C　(D)以上皆非。

(　) 5. 試圖保證資料在網路上沒有被竄改，會採用哪一種技術？　(A)數位證書　(B)數位簽章　(C)數位信封　(D)以上皆非。

(　) 6. 共同創造主要是屬於經營模式的哪一個構面？　(A)目標客群　(B)通路(C)顧客關係　(D)價值主張。

(　) 7. 網站將瀏覽者引導至其他網站，進而獲取轉導費用是屬於哪一種收益模式？
(A)廣告收益模式　(B)訂閱收益模式　(C)免費增值收益模式　(D) 合作收益模式。

(　) 8. 由第三方中立單位，建立交易平台，供多對多的買賣交易，此種模式稱為？
(A)電子化採購　(B)直接銷售　(C)電子批發商　(D)電子交易市集。

(　) 9. 協同過濾是屬於哪一種網路行銷技術？　(A) 搜尋引擎行銷　(B)推薦引擎行銷　(C)網紅行銷　(D)聯盟式行銷。

（請沿虛線撕下）

(   )10.能告訴你朋友都會相約在哪裡見面，是屬於哪一種適地性服務？ (A)適地性社群服務 (B)適地性廣告服務 (C)適地性資訊服務 (D)以上皆是。

二、問答題 (每題16分)

1. 電子商務網站系統功能為何？

2. 電子商務的收益模式有哪些？

3. B2B電子商務經營模式有哪些？

4. B2C電子商務經營模式有哪些？

5. 網路行銷的模式有哪些？

得　分

管理資訊系統概論
學後評量
CH13 社群媒體資訊系統

班級：＿＿＿＿＿＿＿＿＿
學號：＿＿＿＿＿＿＿＿＿
姓名：＿＿＿＿＿＿＿＿＿

一、選擇題 (每題2分)

(　　) 1. 臉書扮演社群媒體資訊系統哪一種角色？ (A)社群媒體提供者 (B)使用者 (C)社群 (D)以上皆非。

(　　) 2. 個人開啓IG帳號，扮演社群媒體資訊系統哪一種角色？ (A)社群媒體提供者 (B)使用者 (C)社群 (D)以上皆非。

(　　) 3. 共同的規則與語言及共同的經歷或故事是社會資本的哪一個構面？ (A)結構構面 (B)認知構面 (C)關係構面 (D)以上皆非。

(　　) 4. 能與網絡中獲得高度尊敬的人交往是社會資本的哪一種價值？ (A)資訊 (B)影響力 (C)社交憑證 (D)強化個人。

(　　) 5. 能從社群成員互動中帶來商機是社會資本的哪一種價值？ (A)資訊 (B)影響力 (C)社交憑證 (D)強化個人。

(　　) 6. 衡量某一個人願不願意幫你的忙的指標是？ (A)關係數目 (B)關係強度 (C)關係資源 (D)以上皆是。

(　　) 7. 運用群眾創意，讓使用者參與產品設計或再設計的動態社群媒體流程，是社群媒體在哪一個領域之應用？ (A)行銷活動 (B)顧客服務 (C)物流 (D)營運／製造。

(　　) 8. 提升由點擊到購買的比率，是社群媒體在哪一個衡量指標？ (A)品牌知名度 (B)轉換率 (C)網頁流量 (D)粉絲黏著度。

(　　) 9. 下列何者為經營社群媒體的內部風險？ (A)廢文 (B)劣評 (C)抗爭舉動 (D)減少員工生產力。

(　　) 10.企業針對社群上張貼的廢文，應如何處理？　(A)報警　(B)回罵　(C)隨時監控並移除　(D)不理他。

二、問答題 (每題16分)

1　依據林南(Lin Nan)的說法，社會資本在四個方面帶來價值？

2. 社群企業針對社群媒體有哪些應用？

3. 何謂社群商務？社群商務有哪些特色？

4. 社群行銷的方法有哪些？

5. 社群媒體經營流程為何？

得　分

管理資訊系統概論
學後評量
CH14 社群媒體資訊系統

班級：＿＿＿＿＿＿＿＿

學號：＿＿＿＿＿＿＿＿

姓名：＿＿＿＿＿＿＿＿

一、選擇題 (每題2分)

(　)1. 心懷不滿的員工或離職員工偷竊資料是資訊安全的哪一類威脅？　(A)人為失誤　(B)電腦犯罪　(C)自然災害　(D)以上皆非。

(　)2. 惡意程式碼滲入合法廣告軟體盜取隱私，這是哪一種惡意程式？　(A)電腦病毒　(B)木馬程式　(C)蠕蟲　(D)間諜軟體。

(　)3. 建立假網站或發送看似合法公司所發送的電子郵件，來要求使用者輸入個資，這是哪一種電腦犯罪手法？　(A)欺騙與網路竊聽　(B)阻斷服務　(C)身分盜用　(D) 點擊詐欺。

(　)4. 社交工程術主要是利用哪一種內部資安的漏洞？　(A)使用者知識的缺乏　(B)人性的弱點　(C)公司鬆散的管理程序　(D) 人員疏失。

(　)5. 下列何者為處理資料外洩事件的間接成本？　(A)通知　(B)偵測　(C)商譽　(D)訴訟。

(　)6. 下列各項何者與防火牆無關？　(A)網路安全機制　(B)封包過濾　(C)網頁伺服器　(D)代理伺服器。

(　)7. 規範資訊或系統錯誤之責任歸屬，是在保障哪一種資訊倫理？　(A)隱私權　(B)正確權　(C)財產權　(D)存取權。

(　)8. 隱私權政策是隱私權的哪一種技術解案？　(A)法律保護　(B)廠商自律行動　(C)技術保護　(D)制定員工倫理守則。

(　)9. 採用反間諜軟體工具是隱私權的哪一種技術解案？　(A)法律保護　(B) 廠商自律行動　(C)技術保護　(D)制定員工倫理守則。

(　) 10.長期使用電腦也會造成科技壓力症，是屬於哪一類社會議題？ 　(A)系統的負
面社會效果 　(B)電腦犯罪和濫用 　(C)就業問題 　(D)健康風險。

二、問答題 (每題16分)

1. 惡意軟體程式有哪些類型？

2. 駭客與電腦犯罪包含哪些？

3. 資訊安全管理的方案有哪些？ 資訊技術防護的方案有哪些？

4. 資訊倫理所欲確保的權力包含哪四項？

5 系統的負面社會效果有哪些？